Inhaltsverzeichnis

Anhang: Kontenrahmen für den Groß- und Außenhandel

Gliederung der Bilanz (§ 266 HGB) mit Kontenzuweisung

Gliederung der Gewinn- und Verlustrechnung (§ 275 HGB) mit Kontenzuweisung

Anmerkungen zum Jahresabschluss der Kapitalgesellschaften

Steuerbuchungen (Überblick)

65774

1 Notwendigkeit und Bedeutung der Buchführung

1.1 Aufgaben der Buchführung

Geschäftsfälle. In einem Großhandelsunternehmen werden täglich vielfältige Arbeiten ausgeführt: Waren werden eingekauft, gelagert und verkauft, Rechnungen werden geschrieben, eingehende Rechnungen werden bezahlt, Löhne und Gehälter werden überwiesen usw. Sofern diese Tätigkeiten

- **Vermögenswerte** und **Schulden** der Unternehmung verändern,
- zu **Geldeinnahmen** oder **Geldausgaben** führen,
- **Werteverzehr (Aufwand)** oder **Wertezuwachs (Ertrag)** darstellen,

nennt man sie **Geschäftsfälle.**

Beleg. Jedem Geschäftsfall muss ein Beleg zugrunde liegen, der über

▶ **Vorgang,**   ▶ **Datum**   und   ▶ **Betrag**

Auskunft gibt. Der Beleg (Rechnungen, Bankauszüge, Quittungen u. a.) ist der **Nachweis für die Richtigkeit der Aufzeichnung** (Buchung).

Beispiele:	Geschäftsfall	Beleg
	Einkauf von Waren auf Kredit (Ziel)	Eingangsrechnung (ER)
	Verkauf von Waren auf Kredit (Ziel)	Ausgangsrechnung (AR)
	Banküberweisung der Gehälter	Gehaltsliste, Bankauszug

Merke: **Zu jedem Geschäftsfall gehört ein Beleg als Nachweis der Buchung.**

Die Buchführung muss alle **Geschäftsfälle laufend, lückenlos und sachlich geordnet** nach Wareneinkäufen, Warenverkäufen, Verbindlichkeiten gegenüber Lieferern, Forderungen an Kunden usw. **erfassen und aufzeichnen** (buchen). Ohne eine ordnungsgemäße Aufzeichnung der Geschäftsfälle würde die Unternehmensleitung in kürzester Zeit den Überblick über die Vermögens-, Schulden- und Erfolgslage sowie das gesamte Betriebsgeschehen verlieren. Außerdem fehlten ihr dann die zahlenmäßigen Grundlagen für alle Planungen, Entscheidungen und Kontrollen.

Die Buchführung im Großhandelsunternehmen erfüllt wichtige Aufgaben:

- Sie stellt den **Stand des Vermögens und der Schulden** fest.
- Sie zeichnet **alle Veränderungen** der Vermögens- und Schuldenwerte lückenlos und sachlich geordnet auf.
- Sie ermittelt den **Erfolg des Unternehmens,** also den **Gewinn** oder den **Verlust,** indem sie alle Aufwendungen (Werteverzehr) und Erträge (Wertezuwachs) erfasst.
- Sie liefert die Zahlen für die **Preisberechnung (Kalkulation) der Waren.**
- Sie stellt Zahlen für **innerbetriebliche Kontrollen** zur Verfügung, die der Steigerung der Wirtschaftlichkeit dienen.
- Sie ist die Grundlage zur **Berechnung der Steuern.**
- Sie ist wichtiges **Beweismittel** bei Rechtsstreitigkeiten mit Kunden, Lieferern, Banken, Behörden (Finanzamt, Gerichte) u. a.

Merke:
- **Die Buchführung ist die sachlich geordnete und lückenlose Aufzeichnung aller Geschäftsfälle eines Unternehmens aufgrund von Belegen.**
- **Die Buchführung, auch Finanz- oder Geschäftsbuchhaltung genannt, liefert auch die Zahlen für die übrigen Zweige des Rechnungswesens:**
  ▷ **Kosten- und Leistungsrechnung,**   ▷ **Statistik**   und   ▷ **Planung.**

1.2 Gesetzliche Grundlagen der Buchführung

Buchführungspflicht. Die Buchführung ist das zahlenmäßige Spiegelbild des gesamten Unternehmensgeschehens. Sie erfüllt wichtige Aufgaben nicht nur für die Unternehmensleitung und die **Unternehmenseigner,** sondern auch für den **Staat** zur richtigen Ermittlung der Steuern. Letztlich dient eine ordnungsmäßige Buchführung auch dem **Schutz der Gläubiger** des Unternehmens. Es liegt daher nahe, dass sowohl das **Handelsgesetzbuch** (§ 238 HGB) als auch die **Abgabenordnung** (§§ 140 f. AO) den Unternehmer zur Buchführung verpflichten. **Nach Handelsrecht** ist nur **der ins Handelsregister eingetragene Kaufmann** mit dem Firmenzusatz **e. K., e. Kffr.** oder **e. Kfm.** und **OHG, KG, GmbH** oder **AG** zur Buchführung verpflichtet:

„Jeder **Kaufmann** ist verpflichtet Bücher zu führen und in diesen seine Handelsgeschäfte und die Lage seines Vermögens nach den Grundsätzen ordnungsmäßiger Buchführung ersichtlich zu machen." (§ 238 [1] HGB)

Nach Steuerrecht ist zunächst auch der Unternehmer zur Buchführung verpflichtet, der nach Handelsrecht gemäß § 238 HGB buchführungspflichtig ist (§ 140 AO). Darüber hinaus ist nach Steuerrecht jeder andere gewerbliche Unternehmer, auch der Nichtkaufmann, z. B. Handwerker u. a., zur Buchführung verpflichtet, der gemäß § 141 AO **eine** der folgenden **Voraussetzungen** erfüllt:

- **Jahresumsatz** übersteigt .... 350.000,00 €
  oder
- **Jahresgewinn** übersteigt .... 30.000,00 €

Merke: Das HGB unterscheidet zwischen dem Kaufmann (= im Handelsregister eingetragen) und dem Nichtkaufmann.

Die handelsrechtlichen Vorschriften über die Rechnungslegung, nämlich
Buchführung und **Jahresabschluss,**
enthält das Handelsgesetzbuch in seinem 3. Buch **„Handelsbücher".**

Das 3. Buch „Handelsbücher" im HGB gliedert sich in **drei Abschnitte:**

- Der **1. Abschnitt (§§ 238–263 HGB)** enthält Vorschriften, die auf **alle Kaufleute** anzuwenden sind. Zu diesen **grundlegenden Vorschriften** zählen die Buchführungspflicht, die Führung von Handelsbüchern, das Inventar, die Pflicht zur Aufstellung des Jahresabschlusses (Bilanz und Gewinn- und Verlustrechnung), die Bewertung der Vermögensteile und Schulden sowie die Aufbewahrung von Buchführungsunterlagen u. a. m.

- Der **2. Abschnitt (§§ 264–335 HGB)** enthält – ergänzend zum 1. Abschnitt – **spezielle Vorschriften für alle Kapitalgesellschaften,** insbesondere über die **Gliederung, Prüfung und Veröffentlichung des Jahresabschlusses** der Aktiengesellschaft, Kommanditgesellschaft auf Aktien und Gesellschaft mit beschränkter Haftung. Die Vorschriften dieses Abschnitts entsprechen zugleich den Rechnungslegungsvorschriften aller **EU-Mitgliedstaaten** aufgrund des Bilanzrichtlinien-Gesetzes.

- Der **3. Abschnitt (§§ 336–339 HGB)** enthält für **eingetragene Genossenschaften** über den 1. und 2. Abschnitt hinausgehende Regelungen.

Rechtsformspezifische Vorschriften der jeweiligen Unternehmensform sind im Aktiengesetz, GmbH-Gesetz und Genossenschaftsgesetz enthalten.

Steuerrechtliche Vorschriften über die Buchführung enthalten die **Abgabenordnung** (AO), das **Einkommensteuergesetz** (EStG), **Körperschaftsteuergesetz** (KStG), **Umsatzsteuergesetz** (UStG) sowie die entsprechenden **Durchführungsverordnungen** (EStDV, KStDV, UStDV) und **Richtlinien** (EStR, KStR, UStR).

Merke: Das 3. Buch HGB enthält in drei Abschnitten eine geschlossene Darstellung der handelsrechtlichen Rechnungslegungsvorschriften (siehe Anhang).

65776

1.3　Ordnungsmäßigkeit der Buchführung

Die Buchführung gilt als ordnungsgemäß, wenn sie so beschaffen ist, dass sie einem sachverständigen Dritten (Steuerberater, Betriebsprüfer des Finanzamtes) in angemessener Zeit einen **Überblick** über die

> ▶ **Geschäftsfälle** und ▶ **Lage des Unternehmens**

vermitteln kann (§ 238 HGB, § 145 AO). Die Buchführung muss deshalb

> ▶ **allgemein anerkannten** und ▶ **sachgerechten Normen**

entsprechen, und zwar den **„Grundsätzen ordnungsmäßiger Buchführung"** (GoB).

Quellen der GoB sind vor allem Wissenschaft und Praxis, die Rechtsprechung sowie Empfehlungen der Wirtschaftsverbände. Zahlreiche Grundsätze haben ihren Niederschlag in handels- und steuerrechtlichen Vorschriften gefunden.

Aufgabe der GoB ist es, Unternehmenseigner sowie Gläubiger des Unternehmens vor falschen Informationen und Verlusten zu schützen.

Die wichtigsten Grundsätze ordnungsmäßiger Buchführung (GoB)

● **Die Buchführung muss klar und übersichtlich sein.**
  - Sachgerechte und überschaubare Organisation der Buchführung
  - Übersichtliche Gliederung des Jahresabschlusses (§§ 243 [2], 266, 275 HGB)
  - Keine Verrechnung zwischen Vermögenswerten und Schulden sowie zwischen Aufwendungen und Erträgen (§ 246 [2] HGB)
  - Buchungen dürfen nicht unleserlich gemacht werden (§ 239 [3] HGB).

● **Ordnungsmäßige Erfassung aller Geschäftsfälle.**
  Die Geschäftsfälle sind **fortlaufend und vollständig, richtig und zeitgerecht** sowie **sachlich** geordnet zu buchen, damit sie leicht überprüfbar sind (§§ 238 [1], 239 [2] HGB). **Kasseneinnahmen und -ausgaben** sind **täglich** aufzuzeichnen (§ 146 [1] AO).

● **Keine Buchung ohne Beleg!**
  Sämtliche Buchungen müssen anhand der Belege jederzeit nachprüfbar sein. Die Belege müssen fortlaufend nummeriert und **geordnet aufbewahrt** werden (§ 257 [1] HGB).

● **Ordnungsmäßige Aufbewahrung der Buchführungsunterlagen.**
  Alle Buchungsbelege, Buchungsprogramme, Konten, Bücher, Inventare, Eröffnungsbilanzen sowie Jahresabschlüsse einschließlich Anhang und Lagebericht sind **zehn Jahre** geordnet aufzubewahren (§ 257 [4] HGB, § 147 [3] AO).
  Mit Ausnahme der Eröffnungsbilanz und des Jahresabschlusses können alle Buchführungsunterlagen auf einem **Bildträger** (Mikrofilm) oder auf einem anderen **Datenträger** (Disketten, CD-ROM, DVD u. a.) aufbewahrt werden. **„Grundsatz ordnungsmäßiger DV-gestützter Buchführungssysteme"** (GoBS): Die gespeicherten Daten müssen **jederzeit** durch Bildschirm oder Ausdruck **lesbar** zu machen sein (§§ 239, 257 HGB, § 147 AO).

Merke: **Nur eine ordnungsmäßige Buchführung besitzt Beweiskraft (§§ 258 f. HGB).**

Verstöße gegen die GoB sowie die handels- und steuerrechtlichen Vorschriften können eine **Schätzung der Besteuerungsgrundlagen** (Umsatz, Gewinn) durch die Finanzbehörden zur Folge haben (§ 162 AO). Mit **Freiheitsstrafe** oder mit **Geldstrafe** wird bestraft, wer Jahresabschlüsse unrichtig wiedergibt oder verschleiert (§ 331 HGB, §§ 370 f. AO). Im Insolvenzfall können Verstöße gegen die GoB Strafverfolgung (Freiheitsstrafe) nach sich ziehen (§ 283 Strafgesetzbuch).

Aufgabe

1. Nennen Sie mindestens drei wichtige Aufgaben der Buchführung.
2. Nennen Sie mindestens vier Geschäftsfälle mit den zugehörigen Belegen.
3. Welche Bedeutung hat die Buchführung für die übrigen Zweige des Rechnungswesens?
4. Welchen Sinn haben die „Grundsätze ordnungsmäßiger Buchführung"?

2   Inventur, Inventar und Bilanz

2.1   Inventur

Nach § 240 HGB sowie §§ 140, 141 AO ist der Kaufmann verpflichtet

      ▶ **Vermögen**   und   ▶ **Schulden**

seines Unternehmens festzustellen, und zwar

- bei **Gründung** oder **Übernahme** eines Unternehmens,
- für den **Schluss eines jeden Geschäftsjahres** (in der Regel zum 31. Dezember),
- bei **Auflösung** oder **Veräußerung** seines Unternehmens.

Die hierzu erforderliche Tätigkeit nennt man **Inventur** (lat. invenire = vorfinden).

Die Inventur, auch **Bestandsaufnahme** genannt, erstreckt sich auf **alle Vermögensteile und alle Schulden** des Unternehmens, die jeweils **einzeln** nach ihrer **Art** (Bezeichnung), **Menge** (Stückzahl, nach Gewicht, Länge u. a.) und **Wert** (in Euro[1]) zu einem bestimmten Zeitpunkt (Stichtag) zu erfassen sind.

Merke: **Inventur ist die mengen- und wertmäßige Bestandsaufnahme aller Vermögensteile und Schulden eines Unternehmens zu einem bestimmten Zeitpunkt.**

Arten der Inventur. Nach der Art ihrer Durchführung unterscheidet man

      ▶ **körperliche Inventur**   und   ▶ **Buchinventur.**

Die **körperliche Inventur** ist die **mengenmäßige Aufnahme** aller körperlichen Vermögensgegenstände (z. B. Technische Anlagen und Maschinen, Fahrzeuge, Betriebs- und Geschäftsausstattung, Bestände an Waren, Barmittel) durch **Zählen, Messen, Wiegen** und notfalls durch **Schätzen mit nachfolgender Bewertung** der Mengen in €.

Die **Buchinventur** erstreckt sich auf alle **nicht körperlichen** Vermögensteile und Schulden. Forderungen, Bankguthaben sowie alle Arten von Schulden sind **wertmäßig** aufgrund der buchhalterischen **Aufzeichnungen und Belege** (z. B. Kontoauszüge) festzustellen und nachzuweisen. Im Rahmen dieser **buchmäßigen Bestandsaufnahme** werden häufig auch Saldenbestätigungen bei Kunden und Lieferern eingeholt.

Anlagenkartei. Die jährliche körperliche Bestandsaufnahme des **beweglichen** Anlagevermögens (Maschinen, Fahrzeuge u. a.) entfällt, wenn für jeden Anlagegegenstand eine gesonderte **Anlagenkarte** geführt wird, die folgende Angaben buchmäßig ausweist: Bezeichnung, Tag der Anschaffung, Anschaffungswert, Nutzungsdauer, jährliche Abschreibung, Tag des Abgangs u. a. (Abschnitt 31 der Einkommensteuerrichtlinien) → siehe 2. Teil.

Vorbereitung und Durchführung der Inventur. Die körperliche (mengenmäßige) Inventur des Vorratsvermögens (Waren) bedarf vor allem einer sorgfältigen Vorbereitung und Durchführung. Zunächst wird ein **Inventurleiter** ernannt. Der Inventurleiter erstellt einen genauen **Aufnahmeplan.** Dieser Aufnahmeplan legt die einzelnen **Inventurbereiche** fest sowie **personelle Besetzung** der Aufnahmegruppen, die **Aufnahmevordrucke und -richtlinien,** die Hilfsmittel (z. B. Diktiergeräte) und den **Zeitpunkt der Inventur.** Bestimmte Aufsichtspersonen müssen durch **Stichproben** die Bestandsaufnahme überprüfen.

Merke:
- **Körperliche Inventur**   ▷   **mengen- und wertmäßige Bestandsaufnahme**
- **Buchinventur**   ▷   **nur wertmäßige Bestandsaufnahme aufgrund von Aufzeichnungen und Belegen**

---

1 Im Folgenden wird überwiegend das Kurzzeichen „€" verwendet.

65778

2.2 Inventurverfahren für das Vorratsvermögen

Inventurvereinfachungsverfahren. Die Bestandsaufnahme des Warenvorratsvermögens ist in der Regel mit erheblichem Arbeitsaufwand verbunden. Der Gesetzgeber (§ 241 HGB, Abschnitt 30 der Einkommensteuerrichtlinien) erlaubt deshalb folgende Verfahren zur **Vereinfachung der Inventur** der Lagervorräte:

1. Stichtagsinventur = zeitnahe körperliche Bestandsaufnahme

Zeitnahe Stichtagsinventur. Die **mengenmäßige** Bestandsaufnahme der Vorräte muss nicht am Abschluss-Stichtag (31. Dez.) erfolgen. Sie muss aber **zeitnah** innerhalb einer **Frist von 10 Tagen vor oder nach dem Abschluss-Stichtag** durchgeführt werden. Zugänge und Abgänge zwischen dem Aufnahmetag und dem Abschluss-Stichtag werden anhand von Belegen **mengen- und wertmäßig** auf den 31. Dez. **fortgeschrieben bzw. zurückgerechnet.**

Nachteile. Die Stichtagsinventur führt zu einem großen Arbeitsanfall innerhalb weniger Tage, der oft Betriebsunterbrechungen zur Folge hat.

2. Verlegte Inventur = vor- bzw. nachverlegte körperliche Bestandsaufnahme

Die vor- bzw. nachverlegte Inventur stellt gegenüber der Stichtagsinventur bereits eine wesentliche Erleichterung dar. Die **körperliche** Bestandsaufnahme erfolgt an einem beliebigen Tag innerhalb der letzten **3 Monate vor oder der ersten 2 Monate nach dem Abschluss-Stichtag.** Die einzelnen Artikel dürfen zu unterschiedlichen Zeitpunkten aufgenommen werden. Der am Tag der Inventur ermittelte Bestand wird **nur wertmäßig** (nicht mengenmäßig!) auf den Abschluss-Stichtag fortgeschrieben oder zurückgerechnet:

Wertfortschreibung	Wertrückrechnung
Wert am Tag der Inventur (z. B. 15. Okt.) + Wert der Zugänge vom 15. Okt.–31. Dez. − Wert der Abgänge vom 15. Okt.–31. Dez.	Wert am Tag der Inventur (z. B. 28. Febr.) − Wert der Zugänge vom 1. Jan.–28. Febr. + Wert der Abgänge vom 1. Jan.–28. Febr.
= **Wert am Abschluss-Stichtag (31. Dez.)**	= **Wert am Abschluss-Stichtag (31. Dez.)**

3. Permanente Inventur = laufende Inventur anhand der Lagerkartei

Voraussetzung. Die permanente Inventur ermöglicht es, den am Abschluss-Stichtag vorhandenen Bestand des Vorratsvermögens nach Art, Menge und Wert auch ohne gleichzeitige körperliche Bestandsaufnahme festzustellen. Der Bestand für den Abschluss-Stichtag kann in diesem Fall nach Art und Menge der **Lagerkartei** entnommen werden. Für jeden einzelnen Artikel werden alle Mengenbewegungen (Zu- und Abgänge) laufend buchmäßig erfasst. In jedem Geschäftsjahr muss **mindestens einmal** – der Zeitpunkt ist beliebig! – durch **körperliche Bestandsaufnahme** geprüft werden, ob der in der Lagerkartei ausgewiesene Buch- bzw. Sollbestand des Vorratsvermögens mit dem tatsächlich vorhandenen Bestand (Istbestand) übereinstimmt. Tag und Ergebnis der körperlichen Inventur sind auf der entsprechenden Lagerkarteikarte zu vermerken und zu unterschreiben.

Vorteile. Die permanente Inventur ist ein rationelles und aussagefähiges Inventurverfahren, das der Unternehmensleitung **täglich,** vor allem beim Einsatz von Datenverarbeitungsanlagen, **wichtige Daten** über die Bestandsbewegungen liefert. Ihr besonderer Vorzug liegt darin, dass die körperliche Bestandsaufnahme der einzelnen Gruppen des Vorratsvermögens zu beliebigen Zeitpunkten durchgeführt werden kann.

4. Stichprobeninventur mithilfe mathematisch-statistischer Methoden

Der Lagerbestand nach Art, Menge und Wert kann auch mithilfe **anerkannter** mathematisch-statistischer Verfahren (z. B. Mittelwertschätzung) aufgrund von Stichproben ermittelt werden. Dabei werden die als **Stichprobe** ausgewählten Lagerpositionen zunächst körperlich aufgenommen und bewertet. Das **Stichprobenergebnis** wird sodann auf den Gesamtinventurwert der Lagervorräte **hochgerechnet.** Die Stichprobeninventur gilt als zuverlässiges, Zeit und Kosten sparendes Hilfsverfahren der Inventur.

2.3 Inventar

Die mithilfe der Inventur ermittelten **Bestände der einzelnen Vermögensposten und Schulden** werden in einem besonderen

Bestandsverzeichnis = Inventar

zusammengefasst. Das Inventar besteht aus **drei Teilen:**

A. Vermögen	B. Schulden	C. Eigenkapital = Reinvermögen

Das **Vermögen** gliedert sich in **Anlage- und Umlaufvermögen.**

Das **Anlagevermögen** bildet die **Grundlage der Betriebsbereitschaft.** Deshalb gehören dazu alle Vermögensposten, die dem Unternehmen **langfristig** dienen, wie z. B.:

- **Grundstücke**
- **Gebäude**
- **Technische Anlagen und Maschinen**
- **Fahrzeuge** (Fuhrpark)
- **Betriebs- und Geschäftsausstattung** (z. B. Büroeinrichtung)

Das **Umlaufvermögen** umfasst alle Vermögensposten, die sich **kurzfristig** in ihrer Höhe **verändern,** weil sie sich ständig „im Umlauf" befinden: **Waren** werden eingekauft und wieder verkauft. Werden Waren mit einem Zahlungsziel verkauft, entstehen im Unternehmen **Forderungen aus Lieferungen und Leistungen (a. LL).** Begleichen die Kunden ihre Rechnungen durch Banküberweisung, vermindert sich der Forderungsbestand, wobei sich zugleich das **Bankguthaben** erhöht, das wiederum zum Kauf von Waren verwendet werden kann. **Zum Umlaufvermögen rechnen vor allem folgende Posten:**

- **Waren**
- **Forderungen aus Lieferungen und Leistungen** (a. LL)
- **Kassenbestand** (Bargeld)
- **Bankguthaben**

Die Vermögensposten werden im Inventar **nach steigender Flüssigkeit** (Liquidität) geordnet, also nach dem Grad, wie schnell sie in Geld umgesetzt werden können. So sind die weniger „flüssigen" (liquiden) Posten, wie z. B. Grundstücke, im Inventar zuerst und die bereits liquiden Mittel, wie Bargeld und Bankguthaben, zuletzt aufzuführen.

Die Schulden (Verbindlichkeiten) werden im Inventar nach ihrer **Fälligkeit** geordnet:

- **Langfristige Verbindlichkeiten,** wie z. B. Hypotheken- und Darlehensschulden
- **Kurzfristige Verbindlichkeiten,** wie z. B. Verbindlichkeiten a. LL, Mietschulden

Die Verbindlichkeiten stellen das im Unternehmen arbeitende **Fremdkapital** dar.

Das Eigenkapital oder Reinvermögen des Unternehmens ergibt sich, indem man die Schulden vom Vermögen abzieht:

Summe des Vermögens
− Summe der Schulden
= Eigenkapital (Reinvermögen)

Merke:
- **Das Inventar weist zu einem bestimmten Tag (Stichtag) alle Vermögensposten und Schulden eines Unternehmens nach Art, Menge und Wert aus.**
- **Das Vermögen wird in Anlage- und Umlaufvermögen gegliedert, wobei die Vermögensposten nach steigender Flüssigkeit geordnet werden.**
- **Die Schulden bzw. Verbindlichkeiten werden nach ihrer Fälligkeit geordnet.**

INVENTAR der Möbelgroßhandlung Kurt Jansen e. K., Nürnberg, für den 31. Dezember ..	€	€
A. Vermögen		
I. Anlagevermögen		
1. Grundstücke		260.000,00
2. Gebäude:		
Ausstellungshalle	240.000,00	
Verwaltungsgebäude	270.000,00	
Lagergebäude	110.000,00	620.000,00
3. Fuhrpark lt. Anlagenverzeichnis 1		170.000,00
4. Betriebs- und Geschäftsausstattung		
lt. Anlagenverzeichnis 2		150.000,00
II. Umlaufvermögen		
1. Warenvorräte:		
Möbel lt. Verzeichnis 3	1.645.700,00	
Kleinmöbel lt. Verzeichnis 4	412.300,00	
568 Sessel T 8 je 250,00 €	142.000,00	2.200.000,00
2. Forderungen aus Lieferungen u. Leistungen (a. LL):		
Schnickmann GmbH, Fürth	145.800,00	
Hamm KG, Würzburg	177.900,00	
Bodo Herms e. K., Erlangen	76.300,00	400.000,00
3. Kassenbestand		6.000,00
4. Bankguthaben:		
Stadtsparkasse, Nürnberg	159.000,00	
Deutsche Bank, Nürnberg	35.000,00	194.000,00
Summe des Vermögens		**4.000.000,00**
B. Schulden		
I. Langfristige Schulden		
1. Hypothek der Sparkasse, Nürnberg		700.000,00
2. Darlehen der Deutschen Bank, Nürnberg		600.000,00
II. Kurzfristige Schulden		
Verbindlichkeiten aus Lieferungen und Leistungen:		
Heyn GmbH, München	120.000,00	
Hermanns OHG, Augsburg	80.000,00	
Gellert KG, Frankfurt	100.000,00	300.000,00
Summe der Schulden		**1.600.000,00**
C. Eigenkapital		
Summe des Vermögens		4.000.000,00
− Summe der Schulden		1.600.000,00
Eigenkapital (Reinvermögen)		**2.400.000,00**

Aufbewahrung. Inventare sind **10 Jahre** geordnet aufzubewahren. Die Aufbewahrung kann auch auf einem **Bildträger** (Mikrofilm) oder auf einem anderen **Datenträger** (Disketten, CD-ROM, DVD u. a.) erfolgen, wenn sichergestellt ist, dass die Wiedergabe oder die Daten jederzeit lesbar gemacht werden können (§ 257 HGB).

Merke:	● Inventur = Bestandsaufnahme ➔ Inventar = Bestandsverzeichnis.
	● Das Inventar ist Grundlage eines ordnungsgemäßen Jahresabschlusses.

Aufgaben

2   *Welche Vermögensposten gehören zum Anlagevermögen (I) und zum Umlaufvermögen (II)? Ordnen Sie die folgenden Vermögensposten nach steigender Flüssigkeit.*

1. Bankguthaben
2. Maschinen
3. Bargeld
4. Gebäude
5. Warenvorräte

6. Lastkraftwagen
7. Forderungen aus Lieferungen Leistungen (a. LL)
8. Postbankguthaben
9. Betriebs- und Geschäftsausstattung

10. Grundstücke
11. Förderband
12. Gabelstapler

3   *Ordnen Sie die folgenden Schulden nach ihrer Laufzeit (Fälligkeit) im Bereich der langfristigen (I) und kurzfristigen (II) Schulden:*

1. Verbindlichkeiten aus Lieferungen und Leistungen (a. LL)
2. Hypothekenschulden

3. Verbindlichkeiten aus Steuern
4. Darlehensschulden

4   Die Sanitärgroßhandlung Karl Schnickmann e. K., Erlangen, hat folgende Inventurbestände:

Grundstück 120.000,00 €, Gebäude 440.000,00 €; Technische Anlagen und Maschinen lt. Verzeichnis 1: 61.500,00 €; Fuhrpark lt. Verzeichnis 2: 27.500,00 €; Betriebs- und Geschäftsausstattung lt. Verzeichnis 3: 160.400,00 €;

Warenvorräte lt. Verzeichnis 4: 464.100,00 €; Kundenforderungen an Hans Floßmann e. K., Tübingen, 61.500,00 €, an Fritz Herberts e. K., Offenbach, 12.600,00 €; Kassenbestand 13.400,00 €; Bankguthaben bei der Deutschen Bank, Erlangen, 62.300,00 €, bei der Stadtsparkasse, Erlangen, 40.000,00 €;

Verbindlichkeiten gegenüber Lieferern lt. Verzeichnis 5: 153.400,00 €; Hypothekenschulden 586.000,00 €; Darlehensschulden: bei der Stadtsparkasse, Erlangen, 124.000,00 €, bei der Deutschen Bank, Erlangen, 90.000,00 €.

Stellen Sie das Inventar auf. Wie hoch ist der %-Anteil des AV und UV am Gesamtvermögen?

5
6   Die Werkzeuggroßhandlung Juliane Hamm e. Kffr., Würzburg, stellte zum 31. Dez. 01[1] (Aufgabe 5) und zum 31. Dez. 02[1] (Aufgabe 6) folgende Inventurwerte fest:

	5	6
Grundstücke	100.000,00	100.000,00
Gebäude: Verwaltungsgebäude	420.000,00	411.600,00
Lagergebäude	135.000,00	132.300,00
Technische Anlagen und Maschinen lt. Anlagenverzeichnis 1	170.000,00	236.400,00
Fuhrpark: 1 LKW	32.300,00	27.840,00
1 PKW	12.700,00	10.160,00
Betriebs- u. Geschäftsausstattung lt. Verzeichnis 2	91.600,00	76.900,00
Warenvorräte lt. Verzeichnis 3	483.300,00	541.400,00
Forderungen a. LL: Schnell KG, Tübingen	52.800,00	72.800,00
Rolf Peters e. K., Frankfurt	33.500,00	61.500,00
Kasse (Barbestand)	2.800,00	2.600,00
Postbankguthaben	18.900,00	29.400,00
Bankguthaben bei der Commerzbank, Würzburg	126.700,00	131.000,00
Hypothekenschulden: Stadtsparkasse, Würzburg	290.000,00	260.000,00
Darlehensschulden: Stadtsparkasse, Würzburg	160.300,00	120.225,00
Handelsbank, Frankfurt	120.700,00	90.525,00
Verbindlichkeiten a. LL lt. Verzeichnis 4	89.500,00	146.800,00

1. *Erstellen Sie die Inventare der beiden aufeinander folgenden Geschäftsjahre.*
2. *Vergleichen Sie die beiden Inventare und erklären Sie die Veränderungen im Anlage- und Umlaufvermögen, in den Schulden und im Eigenkapital.*

---

1 In diesem Lehrbuch bedeuten die Ziffern „00" = Vorjahr, „01" = 1. Jahr, „02" = 2. Jahr usw.

657712

Baumarkt Gärtner OHG, Augsburg, stellte zum 31. Dez. 01 (Aufgabe 7) und zum 31. Dez. 02 (Aufgabe 8) folgende Inventurwerte fest, die in beiden Inventaren entsprechend zu gliedern sind:

7
8

	7	8
Grundstücke	200.000,00	200.000,00
Gebäude: Verwaltungsgebäude	550.000,00	528.000,00
Lagergebäude	280.000,00	268.400,00
Warenvorräte lt. Verzeichnis 4	396.900,00	420.700,00
Technische Anlagen und Maschinen lt. Verzeichnis 1	161.500,00	256.200,00
Forderungen a. LL lt. Verzeichnis 5	35.000,00	56.700,00
Kassenbestand	4.800,00	3.900,00
Fuhrpark lt. Verzeichnis 2	37.500,00	31.400,00
Betriebs- und Geschäftsausstattung lt. Verzeichnis 3	90.300,00	93.900,00
Bankguthaben bei der Deutschen Bank, Augsburg	73.100,00	84.200,00
bei der Stadtsparkasse, Augsburg	51.400,00	55.300,00
Verbindlichkeiten a. LL lt. Verzeichnis 6	48.600,00	67.100,00
Hypothekenschulden	414.000,00	390.000,00
Darlehensschulden: Deutsche Bank, Augsburg	192.000,00	186.400,00
Stadtsparkasse, Augsburg	120.400,00	118.400,00

Vergleichen Sie die beiden Inventare und erklären Sie bedeutende Veränderungen.

9

In der Aufgabe 7 wird darauf hingewiesen, dass der Gesamtwert der Warenvorräte dem Verzeichnis 4 entnommen wurde. In diesem Verzeichnis sind die **einzelnen Warenpositionen** mit ihren **jeweiligen Einzelwerten** erfasst. In der folgenden Aufgabe ist der Inventurwert für die Position „Fliesenkleber" auf der Grundlage des **gewogenen Durchschnittspreises** aus den Einzelpreisen der zurückliegenden Lieferungen zu berechnen. Der **Inventurbestand an Fliesenkleber beträgt 24 Gebinde zu je 10 kg.**

Datum	Menge	Einzelpreis	Datum	Menge	Einzelpreis
1. Jan.	14 Gebinde	22,50 €	21. Aug.	30 Gebinde	22,90 €
5. März	40 Gebinde	22,60 €	9. Okt.	40 Gebinde	23,00 €
12. Juni	50 Gebinde	22,80 €	10. Dez.	20 Gebinde	23,10 €

Berechnen Sie den Inventurwert des Fliesenklebers im Verzeichnis 4.

10

Ermitteln Sie im Rahmen der zeitlich verlegten Inventur durch Wertfortschreibung bzw. Wertrückrechnung jeweils den Vorratsbestand an Profileisen U 642 zum Abschluss-Stichtag (31. Dez.):

a) Bestand am Tag der Inventur (1. Okt.): 32.800,00 €; Wert der Zugänge vom 1. Okt. bis 31. Dez.: 58.300,00 €. Wert der Abgänge vom 1. Okt. bis 31. Dez.: 76.300,00 €.

b) Bestand am Aufnahmetag (20. Febr.): 43.600,00 €; Wert der Abgänge vom 1. Jan. bis 20. Febr.: 22.800,00 €; Wert der Zugänge vom 1. Jan. bis 20. Febr.: 15.200,00 €.

11

1. *Nach welchen Gesetzen ist der Unternehmer zur Buchführung verpflichtet?*
2. *Unterscheiden Sie zwischen Inventur und Inventar.*
3. *Worin unterscheiden sich grundlegend Anlage- und Umlaufvermögen?*
4. *Was versteht man unter körperlicher Bestandsaufnahme?*
5. *Welche Bestände können nur aufgrund einer Buchinventur festgestellt werden?*
6. *Wie lange sind Inventare aufzubewahren?*
7. *Nennen Sie die Nachteile der Stichtagsinventur und die Vorteile der permanenten Inventur.*
8. *Unterscheiden Sie zwischen vorverlegter und nachverlegter Inventur.*

2.4   Erfolgsermittlung durch Eigenkapitalvergleich

Auf der Grundlage des Inventars lässt sich auch auf einfache Weise der

Erfolg des Unternehmens,

also der **Gewinn oder Verlust** des Geschäftsjahres, ermitteln. Dies geschieht durch

Eigenkapitalvergleich,

der dem „Betriebsvermögensvergleich" nach § 4 [1] Einkommensteuergesetz entspricht.

Man vergleicht zunächst das Eigenkapital vom Ende eines Geschäftsjahres mit dem vom Schluss des vorangegangenen Geschäftsjahres. Hat sich das **Eigenkapital erhöht,** ist das positiv zu sehen und lässt grundsätzlich auf einen im Geschäftsjahr erzielten **Gewinn** schließen. Eine **Verminderung des Eigenkapitals** deutet dagegen grundsätzlich auf einen **Verlust** hin.

Beispiel:	Die Möbelgroßhandlung Kurt Jansen e. K. weist in ihrem Inventar auf S. 11 zum Schluss des Geschäftsjahres 02 ein Eigenkapital von 2.400.000,00 € aus. Zum Schluss des vorangegangenen Geschäftsjahres 01 betrug das Eigenkapital 2.120.000,00 €.

	Eigenkapital zum 31. Dezember 02	2.400.000,00 €
−	Eigenkapital zum 31. Dezember 01	2.120.000,00 €
	Erhöhung des Eigenkapitals	**280.000,00 €**

Privatentnahmen. Die Erhöhung des Eigenkapitals um 280.000,00 € kann nur dann zugleich als Gewinn des Geschäftsjahres gedeutet werden, wenn dem Betriebsvermögen während des Geschäftsjahres weder Vermögensposten für private Zwecke des Unternehmers entzogen noch private Kapitaleinlagen gemacht wurden. Hat der Unternehmer Kurt Jansen im Vorgriff auf den erwarteten Gewinn 60.000,00 € für die Anschaffung eines Sportwagens dem betrieblichen Bankkonto gegen Quittung (Beleg) entnommen, ist im Inventar die Summe des Vermögens und damit auch das Reinvermögen bzw. Eigenkapital um diesen Betrag geringer ausgewiesen. Zur genauen Ermittlung des Jahresgewinns müssen deshalb alle **Privatentnahmen** der Eigenkapitalerhöhung wieder **hinzugerechnet** werden:

> **Entnahmebeleg**
> Dem Geschäftskonto 119 233 815 bei der Sparkasse Nürnberg wurden heute durch Überweisung an die Sportcar GmbH 60.000,00 € privat entnommen.
> Nürnberg, 10. Nov. 02   *K. Jansen*

	Eigenkapital zum 31. Dezember 02	2.400.000,00 €
−	Eigenkapital zum 31. Dezember 01	2.120.000,00 €
	Erhöhung des Eigenkapitals	280.000,00 €
+	**Privatentnahme**	**60.000,00 €**
	Gewinn zum 31. Dezember 02	**340.000,00 €**

Privateinlagen. Geld- und Sachwerte, die der Unternehmer während des Geschäftsjahres in das Betriebsvermögen eingebracht hat, sind **nicht vom Unternehmen erwirtschaftet** worden und stellen somit auch keinen Gewinn dar. Deshalb muss der Möbelgroßhändler Kurt Jansen, der ein geerbtes Grundstück im Wert von 160.000,00 € auf sein Unternehmen übertragen hat, diesen Betrag wieder von der Erhöhung des Eigenkapitals **abziehen:**

> **Kapitaleinlage**
> Das unbebaute Grundstück in Nürnberg, Hansastraße 50–52, wurde lt. Grundbuchauszug vom 15. Dezember 02 von mir zum Zeitwert von 160.000,00 € in das Betriebsvermögen meiner Möbelgroßhandlung eingebracht.
> Nürnberg, 19. Dez. 02   *K. Jansen*

Erfolgsermittlung durch Eigenkapitalvergleich[1]	
Eigenkapital zum 31. Dezember 02	2.400.000,00 €
− Eigenkapital zum 31. Dezember 01	2.120.000,00 €
Erhöhung des Eigenkapitals	280.000,00 €
+ **Privatentnahme**	60.000,00 €
− **Privateinlage**	160.000,00 €
Gewinn zum 31. Dezember 02	**180.000,00 €**

Merke: **Gewinn ist der Unterschiedsbetrag zwischen dem Eigenkapital am Schluss des Geschäftsjahres und dem Eigenkapital am Schluss des vorangegangenen Geschäftsjahres, vermehrt um den Wert der Privatentnahmen und vermindert um den Wert der Privateinlagen (§ 4 Abs. 1 EStG).**

Verzinsung des Eigenkapitals. Setzt man den Jahresgewinn ins Verhältnis zum Anfangseigenkapital, erhält man die Verzinsung (Rentabilität) des im Unternehmen arbeitenden Eigenkapitals. Ein Vergleich des Ergebnisses mit einer anderen langfristigen Kapitalanlage, z. B. in Form von festverzinslichen Wertpapieren (4–6 %), zeigt, ob sich der Einsatz des Eigenkapitals gelohnt hat.

$$
\begin{aligned}
2.120.000,00\ € \text{ Eigenkapital} &= 100\ \% \\
180.000,00\ € \text{ Gewinn} &= x\ \%
\end{aligned}
\qquad
x\ \% = \frac{180.000,00\ € \cdot 100\ \%}{2.120.000,00\ €} = \mathbf{8,49\ \%}
$$

$$
\text{Rentabilität des Eigenkapitals} = \frac{\text{Jahresgewinn} \cdot 100\ \%}{\text{Anfangseigenkapital}}
$$

Aufgaben

12 Die Textilgroßhandlung Janine Kolberg e. Kffr., Leverkusen, weist im Inventar zum 31. Dez. 02 ein Eigenkapital in Höhe von 480.000,00 € aus. Am 31. Dez. 01 betrug das Eigenkapital 450.000,00 €. Im Geschäftsjahr 02 hatte Frau Kolberg insgesamt 72.000,00 € vom Bankkonto des Unternehmens für private Zwecke abgehoben.
Wie hoch ist der Gewinn des Unternehmens zum 31. Dez. 02?

13 Das Inventar der Möbelgroßhandlung Kurt Jansen e. K. (vgl. Seite 11) weist ein Eigenkapital von 2.400.000,00 € aus. Am Ende des darauf folgenden Geschäftsjahres ergibt sich aus dem Inventar ein Eigenkapital von 2.540.000,00 €.
Für Privatzwecke hatte Kurt Jansen dem Geschäftsbankkonto 48.000,00 € entnommen.
a) Wie hoch ist der Gewinn des Geschäftsjahres?
b) Wie hoch ist der Verlust, wenn das Eigenkapital statt 2.540.000,00 € lediglich 2.300.000,00 € beträgt?

14
15 Die Elektrogroßhandlung Ronald Weber e. K. hat am Anfang des Geschäftsjahres ein Reinvermögen (Eigenkapital) von 590.000,00 € (680.000,00 €). Am Ende des Geschäftsjahres betragen lt. Inventur die Vermögensteile 890.000,00 € (985.000,00 €), die Schulden 210.000,00 € (150.000,00 €).
Während des Geschäftsjahres sind als Privatentnahmen 48.000,00 € (36.000,00 €) und als Einlagen 25.000,00 € (20.000,00 €) gebucht worden.
Ermitteln Sie den Erfolg des Unternehmens durch Kapitalvergleich.

---

1 Lt. § 4 Abs. 1 Einkommensteuergesetz auch **„Betriebsvermögensvergleich"** genannt.

2.5 Bilanz

Das Inventar ist eine ausführliche Aufstellung der einzelnen Vermögensteile und Schulden nach Art, Menge und Wert, das ganze Bände umfassen kann. Dadurch verliert es erheblich an Übersichtlichkeit.

§ 242 HGB verlangt daher außer der regelmäßigen Aufstellung des Inventars noch eine **kurz gefasste Übersicht,** die es ermöglicht, geradezu mit einem Blick das **Verhältnis zwischen Vermögen und Schulden** des Unternehmens zu überschauen. Eine solche Übersicht ist die **Bilanz.**

Die Bilanz ist eine Kurzfassung des Inventars in Kontenform. Sie enthält auf der linken Seite die Vermögensteile, auf der rechten Seite die Schulden bzw. Verbindlichkeiten (Fremdkapital) und das **Eigenkapital als Ausgleich (Saldo).** Beide Seiten der Bilanz (ital. bilancia = Waage) weisen daher die **gleichen Summen** aus. **Aktiva** heißen die Vermögenswerte, **Passiva** die Kapitalwerte. Aktiva werden nach der Flüssigkeit und Passiva nach der Fälligkeit geordnet.

Aus dem Inventar auf Seite 11 ergibt sich folgende **Bilanz:**

Aktiva		Bilanz zum 31. Dezember ..		Passiva
I. Anlagevermögen		**I. Eigenkapital**	2.400.000,00	
1. Grundstücke	260.000,00	**II. Fremdkapital**		
2. Gebäude	620.000,00			
3. Fuhrpark	170.000,00	1. Hypothekenschulden . .	700.000,00	
4. Betriebs- und		2. Darlehensschulden	600.000,00	
Geschäftsausstattung . .	150.000,00	3. Verbindlichkeiten a. LL .	300.000,00	
II. Umlaufvermögen				
1. Warenvorräte	2.200.000,00			
2. Forderungen a. LL	400.000,00			
3. Kasse	6.000,00			
4. Bank	194.000,00			
	4.000.000,00			4.000.000,00

Nürnberg, 10. Januar ..   *Kurt Jansen*

Merke:
- Die Bilanz ist eine kurz gefasste Gegenüberstellung von Vermögen (Aktiva) und Kapital (Passiva) in Kontenform.
- Grundlage für die Aufstellung der Bilanz ist das Inventar.
- Die Bilanz muss klar und übersichtlich gegliedert sein (§ 243 [2] HGB). Anlage- und Umlaufvermögen, Eigenkapital und Verbindlichkeiten sind gesondert auszuweisen und aufzugliedern (§§ 247, 266 HGB → siehe Anhang).

  Vermögensposten (Aktiva) ➡ Ordnung nach der **Flüssigkeit**
  Kapitalposten   (Passiva) ➡ Ordnung nach der **Fälligkeit**
- Der Jahresabschluss (Bilanz und Gewinn- und Verlustrechnung) ist vom Unternehmer unter Angabe des Datums persönlich zu unterzeichnen (§ 245 HGB).

2.6 Aussagewert der Bilanz

Inhalt der Bilanz. Die Bilanz lässt nahezu auf einen Blick erkennen, woher das Kapital stammt und wo es im Einzelnen angelegt (investiert) worden ist:

Aktiva   **Bilanz**   Passiva

Vermögens**formen**	Vermögens**quellen**
Vermögens- oder Aktivseite zeigt die **Formen** des Vermögens: I. Anlagevermögen . . . . . . 1.200.000,00 II. Umlaufvermögen . . . . . . 2.800.000,00 **Vermögen** . . . . **4.000.000,00** =	Kapital- oder Passivseite zeigt die **Herkunft** des Vermögens: I. Eigenkapital . . . . 2.400.000,00 II. Fremdkapital . . . . 1.600.000,00 **Kapital** **4.000.000,00**
Wo ist das Kapital angelegt?	*Woher stammt das Kapital?*

Man kann auch sagen:

- **Die Passivseite** der Bilanz gibt Auskunft über **die Herkunft der finanziellen Mittel.** Sie zeigt also die **Mittelherkunft oder Finanzierung.**
- **Die Aktivseite** weist dagegen die Anlage bzw. **Verwendung des Kapitals** aus. Sie gibt also Auskunft über die **Mittelverwendung oder Investierung.**

Aussagewert der Bilanz. Die oben dargestellte Kurzfassung der Bilanz zeigt bereits deutlich die **Zusammensetzung (Struktur) des Kapitals und des Vermögens** in absoluten Zahlen. Man erkennt, dass das Unternehmen überwiegend mit eigenen Mitteln arbeitet. Der Unternehmer bewahrt damit seine Unabhängigkeit gegenüber seinen Gläubigern. Außerdem ist die Zinsbelastung durch fremde Mittel nicht zu hoch. Die solide Ausstattung des Unternehmens mit Kapital (die Finanzierung) kommt auch dadurch zum Ausdruck, dass nicht nur das gesamte Anlagevermögen, sondern auch ein Teil des Umlaufvermögens mit Eigenkapital beschafft (finanziert) worden ist.

Die Bilanzstruktur wird noch aussagefähiger, wenn man sie **in Gliederungszahlen (%)** darstellt. Dadurch werden folgende **Verhältnisse** überschaubarer:

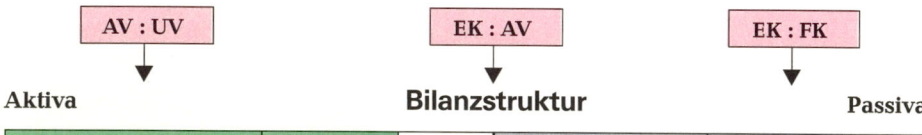

| AV : UV | | EK : AV | | EK : FK | |

Aktiva   **Bilanzstruktur**   Passiva

Vermögens**struktur**	€	%	**Kapital**struktur	€	%
Anlagevermögen (AV)	1.200.000,00	30 %	Eigenkapital (EK)	2.400.000,00	60 %
Umlaufvermögen (UV)	2.800.000,00	70 %	Fremdkapital (FK)	1.600.000,00	40 %
Gesamtvermögen	4.000.000,00	100 %	Gesamtkapital	4.000.000,00	100 %

Merke:	• Die Bilanz ist eine kurz gefasste Gegenüberstellung von: ▷ Vermögens**formen** und Vermögens**quellen,** ▷ Mittel**verwendung** und Mittel**herkunft,** ▷ **Investierung** und **Finanzierung.** • Die Bilanzstruktur zeigt deutlich den Vermögens- und Kapitalaufbau.

Diese rechnerische Gleichheit beider Bilanzseiten, also von Vermögen und Kapital, kann auch in einer Gleichung ausgedrückt werden:

Bilanzgleichung			
Vermögen	=	Kapital	
Vermögen	=	Eigenkapital	+ Fremdkapital
Eigenkapital	=	Vermögen	− Fremdkapital
Fremdkapital	=	Vermögen	− Eigenkapital

2.7   Vergleich zwischen Inventar und Bilanz

Die Inventur ist die Voraussetzung für die Aufstellung des Inventars. Das Inventar bildet die Grundlage für die Erstellung der Bilanz:

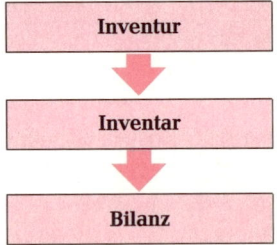

Inventar und Bilanz sind aufzustellen:

- bei **Gründung** oder **Übernahme** eines Unternehmens,
- regelmäßig zum **Schluss des Geschäftsjahres,**
- bei **Veräußerung** oder **Auflösung** des Unternehmens.

Inventar und Bilanz zeigen beide den Stand des Vermögens und des Kapitals eines Unternehmens. **Sie unterscheiden sich nur in der Art der Darstellung:**

Inventar	Bilanz
• **Ausführliche** Darstellung der einzelnen Vermögens- und Schuldenwerte.	• **Kurz gefasste** überschaubare Darstellung des Vermögens und des Kapitals.
• Angabe der Mengen, Einzelwerte **und** Gesamtwerte.	• **Nur** Angabe der **Gesamtwerte** der einzelnen Bilanzposten.
• Darstellung des Vermögens und des Kapitals **untereinander:** ▷ **Staffelform**	• Darstellung des Vermögens und des Kapitals **nebeneinander:** ▷ **Kontenform**

Merke:	1. Inventar und Bilanz sind 10 Jahre lang im Inventar- und Bilanzbuch aufzubewahren (§ 257 [4] HGB).
	2. Den Jahresabschluss (Bilanz und Gewinn- und Verlustrechnung) unterzeichnen (§ 245 HGB)
	• bei der Einzelunternehmung: ▷ Inhaber persönlich,
	• bei der OHG: ▷ alle Gesellschafter,
	• bei der KG: ▷ alle persönlich haftenden Gesellschafter,
	• bei der AG: ▷ alle Mitglieder des Vorstandes,
	• bei der GmbH: ▷ alle Geschäftsführer.

Aufgaben

Beachten Sie die Gliederung der Bilanz auf Seite 16.

Stellen Sie nach folgenden Angaben die Bilanz für die Textilgroßhandlung Heinz Jommersbach e. K., München, zum 31. Dezember .. auf.

16
17

	16	17
Gebäude	350.000,00	340.000,00
Betriebs- und Geschäftsausstattung (BGA)	48.000,00	45.000,00
Warenvorräte	575.000,00	485.000,00
Forderungen aus Lieferungen und Leistungen	22.000,00	35.000,00
Kasse	5.000,00	3.000,00
Bankguthaben	80.000,00	32.000,00
Darlehensschulden	385.000,00	290.000,00
Verbindlichkeiten aus Lieferungen und Leistungen	30.000,00	50.000,00

1. *Mit welchem Gesamtkapital, Eigenkapital und Fremdkapital arbeitet die Unternehmung?*
2. *Wie beurteilen Sie das Verhältnis der eigenen zu den fremden Mitteln?*
3. *Reichten die eigenen Mittel zur Beschaffung (Finanzierung) des Anlagevermögens aus?*

Stellen Sie nach folgenden Angaben die Bilanz für die Werkzeuggroßhandlung Marc Gruppe e. K., Leverkusen, zum 31. Dezember .. auf. Ordnen Sie die Vermögens- und Kapitalposten.

18
19

	18	19
Warenvorräte	300.000,00	320.000,00
Verbindlichkeiten aus Lieferungen und Leistungen	85.000,00	90.000,00
Kasse	5.000,00	4.000,00
Forderungen aus Lieferungen und Leistungen	40.000,00	70.000,00
Gebäude	420.000,00	400.000,00
Darlehensschulden	70.000,00	150.000,00
Hypothekenschulden	260.000,00	210.000,00
Fuhrpark	42.000,00	35.000,00
Betriebs- und Geschäftsausstattung (BGA)	128.000,00	135.000,00
Bankguthaben	80.000,00	96.000,00

1. *Mit welchem Gesamtkapital, Eigenkapital und Fremdkapital arbeitet die Unternehmung?*
2. *Wie beurteilen Sie das Verhältnis der eigenen zu den fremden Mitteln?*
3. *Reichten die eigenen Mittel zur Beschaffung (Finanzierung) des Anlagevermögens aus?*

Stellen Sie die Bilanz der Großhandlung Karl Schnickmann e. K., Erlangen, aufgrund des Inventars (Aufgabe 4) zum 31. Dezember .. auf.

20

Mit welchem Gesamtkapital, Eigenkapital und Fremdkapital arbeitet die Unternehmung?

Aufgrund der Inventare sind die Schlussbilanzen folgender Unternehmen aufzustellen:

21

Juliane Hamm e. Kffr., Würzburg (Aufgaben 5/6),
Gärtner OHG, Augsburg (Aufgaben 7/8)

Stellen Sie für die Bilanzen der Aufgaben 16 bis 21 jeweils die Bilanzstruktur dar, indem Sie den Prozentanteil des Eigen- und Fremdkapitals sowie des Anlage- und Umlaufvermögens an der Bilanzsumme (= 100 %) ermitteln (vgl. auch Muster auf Seite 17 unten).

22

1. *Beurteilen Sie vor allem das Verhältnis der eigenen zu den fremden Mitteln?*
2. *Wie viel Eigenkapital verbleibt nach Deckung des Anlagevermögens noch für das Umlaufvermögen?*

3　　Buchen auf Bestandskonten

3.1　　Wertveränderungen in der Bilanz

Bilanz bedeutet Waage. Stellen wir uns die Bilanz als eine **Waage** mit vielen kleinen Waagschalen vor:

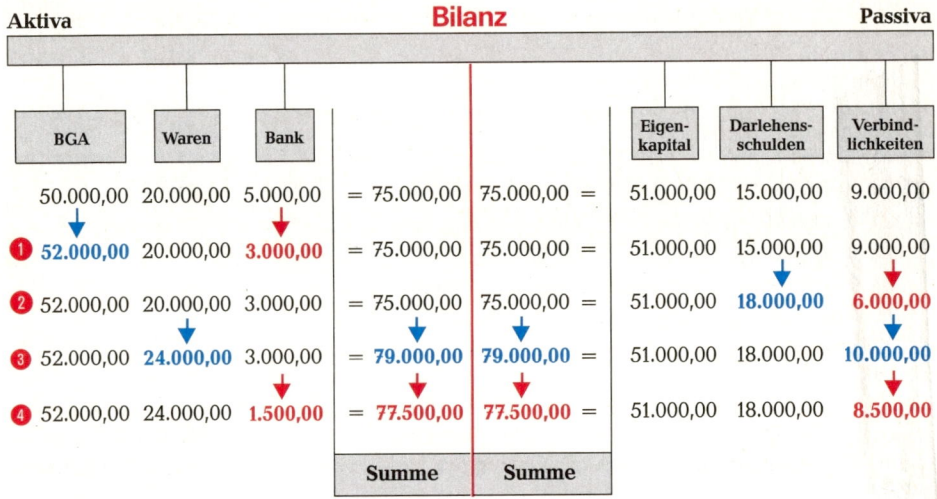

Jeder Geschäftsfall hat Auswirkungen auf die Posten der Bilanz, und zwar in doppelter Weise. Auch wenn nicht jeder Geschäftsfall in der Bilanz dargestellt wird, können wir **vier Möglichkeiten der Bilanzveränderung** unterscheiden:

❶ **Aktivtausch,** d. h., der Geschäftsfall betrifft **nur die Aktivseite** der Bilanz. Die Bilanzsumme ändert sich somit nicht:

Wir kaufen eine EDV-Anlage gegen Bankscheck für 2.000,00 €.	

❷ **Passivtausch,** d. h., der Geschäftsfall wirkt sich **nur auf der Passivseite** aus. Daher ändert sich die Bilanzsumme nicht:

Eine kurzfristige Liefererschuld wird in eine Darlehensschuld umgewandelt: 3.000,00 € (Umschuldung).	

❸ **Aktiv-Passivmehrung,** d. h., der Geschäftsfall betrifft **beide Seiten** der Bilanz. Der Erhöhung eines Aktivpostens steht auch die Erhöhung eines Passivpostens gegenüber. Die Bilanzsummen nehmen auf beiden Seiten um den gleichen Betrag zu. Die Bilanzgleichung bleibt somit gewahrt.

Wir kaufen Waren auf Ziel (Kredit) für 4.000,00 €.	Waren ＋　Verbindlichk. ＋

❹ **Aktiv-Passivminderung;** auch hier betrifft der Geschäftsfall **beide Seiten** der Bilanz. Der Verminderung eines Aktivpostens entspricht die Verminderung eines Passivpostens. Die Bilanzgleichung bleibt durch Abnahme der Bilanzsumme auf beiden Seiten gewahrt.

Wir begleichen eine bereits gebuchte Liefererrechnung über 1.500,00 € durch Banküberweisung.	

657720

Merke:	1. Jeder Geschäftsfall wirkt sich auf mindestens zwei Posten der Bilanz aus. Möglich sind:

- **Aktivtausch:** ▷ Tauschvorgang auf der Aktivseite
- **Passivtausch:** ▷ Tauschvorgang auf der Passivseite
- **Aktiv-Passivmehrung:** ▷ Erhöhung auf beiden Bilanzseiten
- **Aktiv-Passivminderung:** ▷ Verminderung auf beiden Bilanzseiten

2. Bei allen vier Möglichkeiten der Wertveränderungen bleibt das Gleichgewicht der Bilanzseiten (Bilanzgleichung) erhalten. Es verändert sich lediglich der zahlenmäßige Inhalt der Bilanz.

Bei jedem Geschäftsfall sind folgende Fragen zu beantworten:

1. Welche Posten der Bilanz werden berührt?
2. Handelt es sich um Aktiv- oder/und Passivposten der Bilanz?
3. Wie wirkt sich der Geschäftsfall auf die Bilanzposten aus?
4. Um welche der vier Arten der Bilanzveränderung handelt es sich?

Aufgaben

Aktiva: Betriebs- und Geschäftsausstattung (BGA) 120.000,00, Fuhrpark 40.000,00, Waren 65.000,00, Forderungen a. LL 25.000,00, Kasse 6.000,00, Bank 48.000,00 €.

23

Passiva: Eigenkapital ?, Darlehensschulden 60.000,00, Verbindlichkeiten a. LL 30.000,00 €.

Stellen Sie sich für die folgenden Geschäftsfälle zuerst die oben genannten Fragen und nennen Sie jeweils die Art der Wertveränderung. Buchen Sie danach in der Bilanz.

1. Wir kaufen Waren auf Ziel (= mit Zahlungsziel bzw. Kredit des Lieferers) 4.500,00
2. Kauf eines PKWs gegen Bankscheck 18.000,00
3. Wir verkaufen eine gebrauchte EDV-Anlage bar für 2.500,00
4. Wir kaufen Waren gegen Barzahlung für 6.500,00
5. Wir begleichen die gebuchte Eingangsrechnung (Fall 1) durch Bankscheck 4.500,00
6. Ein Kunde begleicht unsere gebuchte Ausgangsrechnung durch Banküberweisung 7.200,00
7. Wir tilgen eine Darlehensschuld durch Banküberweisung 6.000,00

Aktiva: Gebäude 250.000,00, Betriebs- und Geschäftsausstattung (BGA) 160.000,00, Waren 100.000,00, Forderungen a. LL 35.000,00, Kasse 5.000,00, Bank 50.000,00 €.

24

Passiva: Eigenkapital 400.000,00, Darlehensschulden 140.000,00, Verbindlichkeiten a. LL 60.000,00 €.

Buchen Sie die folgenden Geschäftsfälle und erläutern Sie die Wertveränderungen.

1. Wir begleichen eine gebuchte Eingangsrechnung durch Banküberweisung 3.800,00
2. Kauf einer EDV-Anlage gegen Bankscheck 15.000,00
3. Unser Kunde begleicht eine gebuchte Ausgangsrechnung bar 650,00
4. Eine kurzfristige Liefererschuld wird in eine Darlehensschuld umgewandelt 8.000,00
5. Wir kaufen Waren auf Ziel und erhalten folgende Eingangsrechnung 9.000,00
6. Unser Kunde begleicht eine Ausgangsrechnung durch Banküberweisung 4.500,00
7. Bareinzahlung auf unser Bankkonto durch uns 3.000,00
8. Teilrückzahlung unserer Darlehensschuld mit Bankscheck 12.000,00

3.2   Auflösung der Bilanz in Bestandskonten

Jeder Geschäftsfall wirkt sich auf mindestens zwei Posten der Bilanz aus. In der Praxis ist es aber nicht möglich, die Veränderungen der Aktiv- und Passivposten ständig in einer Bilanz vorzunehmen. Man benötigt eine genaue und übersichtliche

Einzelabrechnung jedes Bilanzpostens (= Konto).

Deshalb löst man die Bilanz in Konten auf. Jeder Bilanzposten erhält sein entsprechendes Konto. **Nach den Seiten der Bilanz** unterscheidet man

Aktiv- und Passivkonten.

Bestandskonten. Aktiv- und Passivkonten weisen im Einzelnen die **Bestände an Vermögen und Kapital** des Unternehmens aus und erfassen die **Veränderungen** dieser Bestände aufgrund der Geschäftsfälle. Sie stellen daher Bestandskonten dar. Man spricht von **aktiven und passiven Bestandskonten.** Die linke Seite des Kontos wird mit **„Soll" (S),** die rechte Seite mit **„Haben" (H)** bezeichnet.

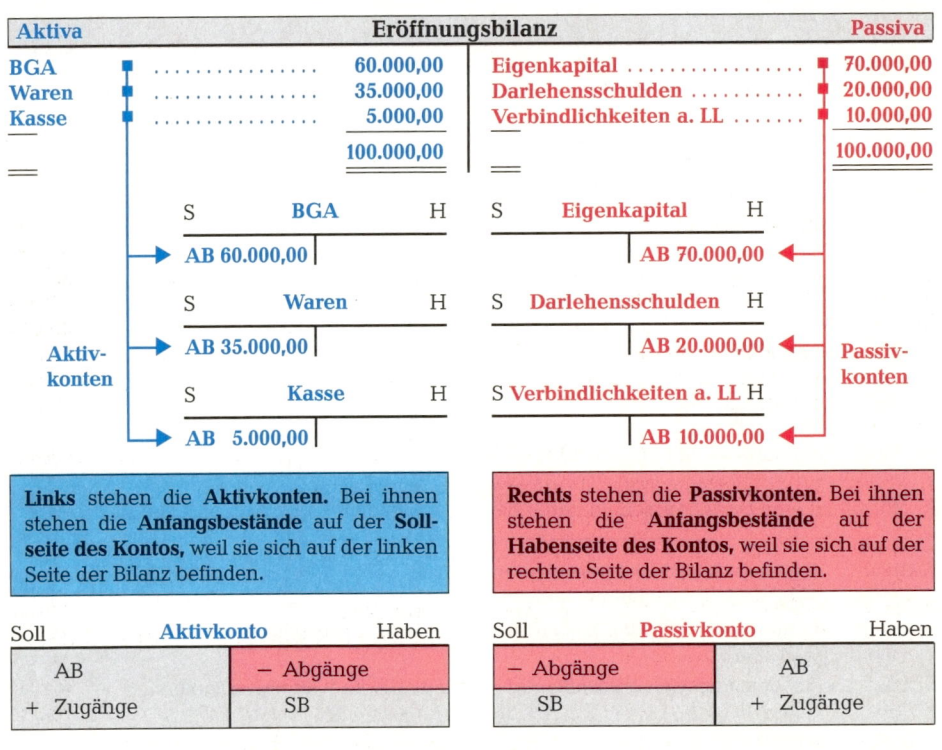

Merke:
- Die **Zugänge** stehen auf der Seite der Anfangsbestände (AB), weil sie diese Bestände vergrößern.
- Die **Abgänge** stehen jeweils auf der entgegengesetzten Seite.
- Saldiert man nun die Abgänge mit den Beträgen der Gegenseite, erhält man als Saldo den Schlussbestand (SB), sodass jedes Konto am Ende auf beiden Seiten (Soll und Haben) mit gleicher Summe abschließt.
- Aktiv- und Passivkonten sind Bestandskonten.

Kontoabschluss. Nach Eintragung des Anfangsbestandes und Buchung der Geschäftsfälle wird das Konto folgendermaßen abgeschlossen:

❶ **Addition** der wertmäßig stärkeren Seite (hier: Soll 2.520,00 €).

❷ **Übertragung** dieser Summe auf die wertmäßig **schwächere** Seite (hier: Haben).

❸ **Ermittlung des Saldos** als Unterschiedsbetrag zwischen Soll und Haben, also des Schlussbestandes durch Nebenrechnung (hier: 1.213,00 €), und **Eintragung des Saldos** auf der **schwächeren** Seite, damit das Konto im Soll und Haben summenmäßig gleich ist.

Soll (Einnahmen)			Kassenkonto		**Haben** (Ausgaben)	
Datum	**Text**	**€**	**Datum**	**Text**	**€**
1. Jan.	Anfangsbestand	1.550,00	5. Jan.	Zahlung an	
5. Jan.	Bankabhebung	300,00		H. Steinbring	850,00
16. Jan.	Zahlung von		21. Jan.	Postwertzeichen	120,00
	H. Krüger	260,00	26. Jan.	Bürobedarf	165,00
20. Jan.	Zahlung von		28. Jan.	Zeitungsinserat	172,00
	Harlinghausen	220,00	31. Jan.	**Schlussbestand** ❸	**1.213,00**
29. Jan.	Barverkauf	190,00		(Saldo)	
	❶	2.520,00		❷	2.520,00
1. Febr.	Saldovortrag	1.213,00			

Aufgaben

25

Führen Sie ein Kassenkonto vom 25.–31. Januar.

25. Jan.	Anfangsbestand	2.855,00
25. Jan.	Barzahlung eines Kunden	824,00
26. Jan.	Barzahlung an einen Lieferer	380,00
26. Jan.	Zahlung für eine Zeitungsanzeige	120,00
27. Jan.	Privatentnahme des Inhabers	400,00
28. Jan.	Abhebung von der Bank	2.800,00
28. Jan.	Gehaltsabschlagszahlung	1.620,00
29. Jan.	Zahlung für Bahnfracht	65,00
31. Jan.	Mieteinnahme	1.500,00
31. Jan.	Zahlung für Löhne an Aushilfskräfte	2.900,00

Das Kassenkonto ist abzuschließen. Wie hoch ist der Schlussbestand (Saldo)?

26

Führen Sie das Konto „Verbindlichkeiten aus Lieferungen und Leistungen" vom 1. bis 6. Februar.

1. Febr.	Anfangsbestand (Saldovortrag)	16.200,00
2. Febr.	Zielkauf von Waren lt. Eingangsrechnung (ER 450)	11.100,00
3. Febr.	Wir begleichen eine Rechnung unseres Lieferers (ER 425) durch die Bank	2.250,00
4. Febr.	Zielkauf von Waren lt. ER 451	3.450,00
5. Febr.	Wir begleichen eine Eingangsrechnung durch Banküberweisung von . . .	980,00
6. Febr.	Wir geben Lieferer einen Bankscheck zum Ausgleich von ER 428	2.300,00

Das Konto ist abzuschließen. Wie hoch ist der Schlussbestand (Saldo) am 6. Februar?

27

1. Nennen Sie jeweils einen Geschäftsfall für eine der vier möglichen Wertveränderungen und erläutern Sie die Auswirkung auf die Bilanzsumme.

2. Auf welcher Seite des Kontos „Forderungen aus Lieferungen und Leistungen" werden Zugänge (Mehrungen) und auf welcher Abgänge (Minderungen) und der Schlussbestand als Saldo gebucht?

3. Auf welcher Seite bucht man bei Hypothekenschulden jeweils Zugänge und Abgänge?

3.3   Buchung von Geschäftsfällen und Abschluss der Bestandskonten

Eröffnung der Aktiv- und Passivkonten. Die zum Abschluss eines Geschäftsjahres aufgrund des Inventars erstellte Bilanz heißt **Schlussbilanz.** Sie ist zugleich die **Eröffnungsbilanz** des folgenden Geschäftsjahres und somit Grundlage für die Eröffnung der Aktiv- und Passivkonten. Für jede Bilanzposition wird das entsprechende Bestandskonto eingerichtet und der **Anfangsbestand** vorgetragen, und zwar bei Aktivkonten im Soll und bei Passivkonten im Haben.

Die folgenden fünf Geschäftsfälle werden auf den entsprechenden Bestandskonten gebucht, wobei jeder Sollbuchung eine betragsmäßig **gleich hohe** Habenbuchung auf einem anderen Konto gegenübersteht. Dabei ist jeweils das Gegenkonto anzugeben. Diesen **laufenden** Buchungen müssen entsprechende **Belege** (z. B. Rechnungen) zugrunde liegen.

Vor jeder Buchung sind folgende Überlegungen anzustellen:
1.   Welche Konten werden durch den Geschäftsfall berührt?
2.   Sind es Aktiv- oder Passivkonten?
3.   Liegt ein Zugang (+) oder Abgang (−) auf dem jeweiligen Konto vor?
4.   Sind etwa auf beiden Konten Zugänge oder Abgänge zu buchen?
5.   Auf welcher Kontenseite ist demnach jeweils zu buchen?

❶ Kauf einer EDV-Anlage gegen Banküberweisung: **Buchung**
20.000,00 € Rechnungsbetrag.

Die Geschäftsausstattung erhöht sich:	Aktivkonto:	Soll
Das Bankguthaben vermindert sich:	Aktivkonto:	Haben

❷ Zieleinkauf von Waren für 15.000,00 € lt. ER.

Der Warenbestand nimmt zu:	Aktivkonto:	Soll
Die Verbindlichkeiten a. LL nehmen auch zu:	Passivkonto:	Haben

❸ Ein Kunde begleicht eine bereits gebuchte Rechnung durch Banküberweisung über 14.000,00 €.

Das Bankguthaben nimmt zu:	Aktivkonto:	Soll
Der Bestand an Forderungen a. LL nimmt ab:	Aktivkonto:	Haben

❹ Wir begleichen eine bereits gebuchte Liefererrechnung durch Banküberweisung: 3.000,00 €.

Die Verbindlichkeiten a. LL nehmen ab:	Passivkonto:	Soll
Das Bankguthaben nimmt ab:	Aktivkonto:	Haben

❺ Eine Liefererverbindlichkeit über 18.000,00 € wird vereinbarungsgemäß in eine Darlehensschuld umgewandelt.

Die Verbindlichkeiten a. LL nehmen ab:	Passivkonto:	Soll
Die Darlehensschulden erhöhen sich:	Passivkonto:	Haben

Erklären Sie anhand der o. g. fünf Geschäftsfälle, welche Art der Wertveränderung in der Bilanz vorliegt. Nennen Sie auch jeweils die Auswirkung auf die Bilanzsumme.

Merke:	● **Jeder Geschäftsfall wird doppelt gebucht, und zwar**
	zuerst im Soll und danach im Haben.
	● **Bei der Buchung in den Konten wird jeweils das Gegenkonto angegeben.**

657724

Abschluss der Bestandskonten. Sind alle Geschäftsfälle bis zum Jahresende gebucht, wird für jedes Aktiv- und Passivkonto der Schlussbestand nach folgendem Vorgehen ermittelt: Zunächst ist aus dem Inventar **die Schlussbilanz** aufzustellen. Die Vermögens- und Schuldenwerte der Bilanz werden als Schlussbestände (= Istbestände) in die Bestandskonten übernommen, und zwar stehen die Schlussbestände der Aktivkonten auf der Habenseite, die Schlussbestände der Passivkonten auf der Sollseite. Stimmen die Schlussbestände (= Istbestände) mit dem Saldo der gebuchten Werte überein, ist das Konto ausgeglichen. Gibt es **Abweichungen** zwischen den Ist- und Buchbeständen, sind die gebuchten Werte zu korrigieren. Wird z. B. im Konto „Waren" durch die Inventur ein Schwund im Wert von 1.000,00 € festgestellt, so ist der rechnerische Buchbestand nicht maßgeblich und muss korrigiert werden (= ❻ **Inventurdifferenz**).

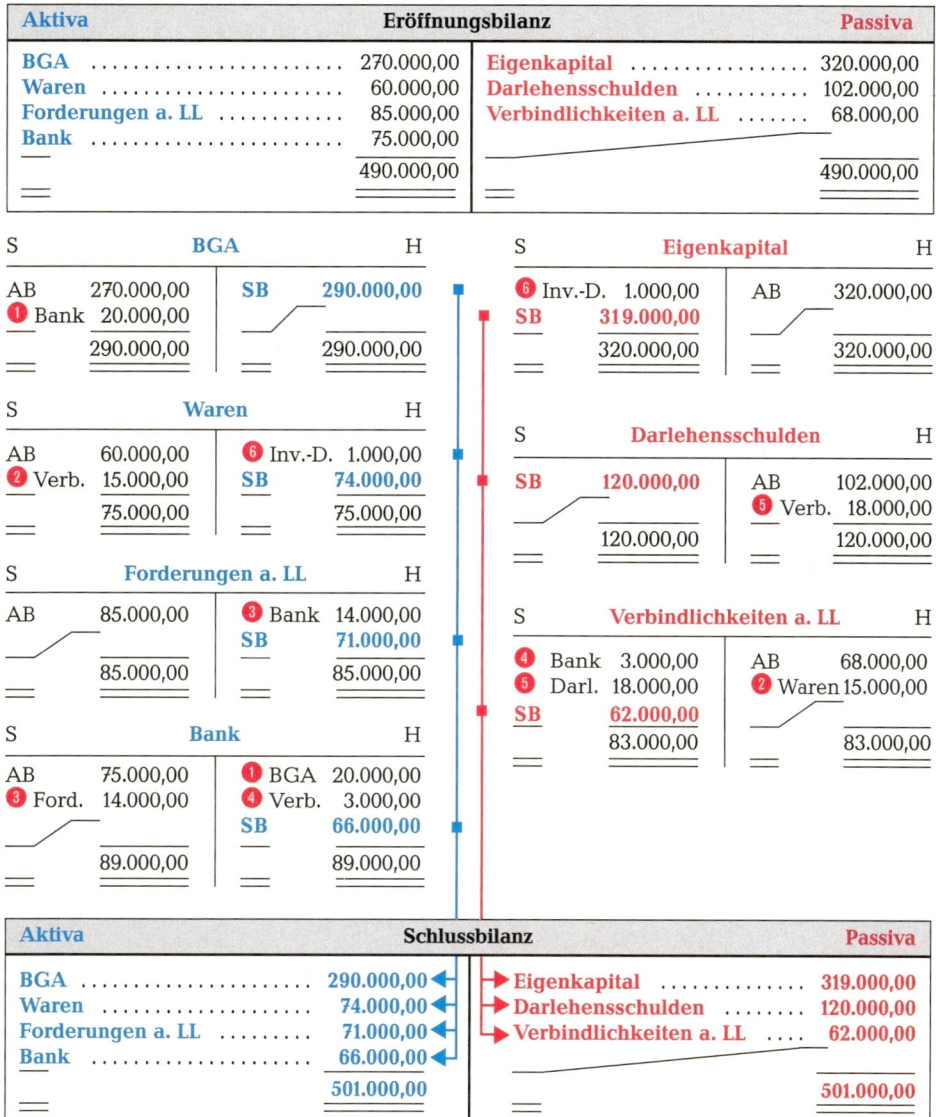

Von der Eröffnungsbilanz über die Bestandskonten zur Schlussbilanz

Reihenfolge der Buchungsarbeiten
1. Eröffnungsbilanz aufstellen *2. Anfangsbestände auf Aktiv- und Passivkonten vortragen* *3 Geschäftsfälle auf den entsprechenden Bestandskonten buchen* *4. Schlussbestände (Salden) auf den Aktiv- und Passivkonten ermitteln und mit den Inventurwerten abstimmen* *5. Konten abschließen* *6. Schlussbilanz aufstellen*

ER = Eingangsrechnung	**BA** = Bankauszug	**KB** = Kassenbeleg
AR = Ausgangsrechnung	**PA** = Postbankauszug	(z. B. Quittung)

Aufgaben

28 **Anfangsbestände**

Geschäftsgebäude	210.000,00
Betriebs- und Geschäftsausstattung (BGA)	170.000,00
Waren	130.000,00
Forderungen a. LL	35.000,00
Kasse	5.000,00
Bankguthaben	55.000,00
Darlehensschulden	20.000,00
Verbindlichkeiten a. LL	46.000,00
Eigenkapital	?

Geschäftsfälle

1. Wir begleichen die bereits gebuchte Eingangsrechnung ER 402 durch Banküberweisung	11.300,00
2. Wir kaufen Waren auf Ziel lt. Eingangsrechnung ER 414	7.200,00
3. Wir tilgen die Darlehensschuld durch Überweisung lt. Bankauszug (BA)	5.000,00
4. Ein Kunde überweist den bereits gebuchten Rechnungsbetrag auf unser Bankkonto	5.200,00
5. Unsere Bareinzahlung auf Bankkonto lt. Bankauszug	2.200,00

Abschlussangabe: Die Schlussbestände auf den Konten stimmen mit der Inventur überein.

29 **Anfangsbestände**

Technische Anlagen und Maschinen	135.000,00
Betriebs- und Geschäftsausstattung (BGA)	75.000,00
Waren	122.000,00
Forderungen a.LL	19.000,00
Kasse	4.500,00
Bank	36.000,00
Darlehensschulden	24.000,00
Verbindlichkeiten a.LL	20.000,00
Eigenkapital	?

Geschäftsfälle

1. ER 422: Eingangsrechnung für Waren	2.300,00
2. BA 120: Kauf einer EDV-Anlage gegen Bankscheck	8.500,00
3. BA 121: Tilgung einer Darlehensschuld mit Bankscheck	5.000,00
4. BA 122: Überweisung unseres Kunden zum Rechnungsausgleich	3.400,00
5. ER 423: Kauf eines Gabelstaplers auf Ziel (Kredit)	12.000,00
6. BA 123: Ausgleich einer Liefererrechnung durch Banküberweisung	4.300,00
7. BA 124: Verkauf eines gebrauchten Gabelstaplers gegen Bankscheck	2.400,00

Abschlussangabe: Die Schlussbestände auf den Konten entsprechen den Inventurwerten.

30

1. Warum müssen die Schlussbestände auf den Aktiv- und Passivkonten mit den Inventurwerten abgestimmt werden?
2. Begründen Sie, dass Aktiv- und Passivkonten als Bestandskonten gelten.
3. Was versteht man unter einem Saldo? Wie ermittelt man ihn in Bestandskonten?
4. Vervollständigen Sie jeweils das aktive bzw. passive Bestandskonto:

a)
Soll	?	Haben
?	Abgänge	
?	?	

b)
Soll	?	Haben
?	?	
?	Zugänge	

31

Nennen Sie jeweils den Geschäftsfall zu den Buchungen im folgenden Konto:

Soll	Bank		Haben
Anfangsbestand	150.000,00	2. Darlehensschulden	12.600,00
1. Forderungen a. LL	23.000,00	3. Kasse	5.400,00
4. BGA	4.600,00	5. Verbindlichkeiten a. LL	6.700,00
6. Hypothekenschulden	120.000,00	Schlussbestand	272.900,00
	297.600,00		297.600,00

32

Nennen Sie jeweils den Geschäftsfall zu den Buchungen im folgenden Konto:

Soll	Verbindlichkeiten a. LL		Haben
3. Darlehensschulden	60.000,00	AB	207.000,00
4. Postbank	10.350,00	1. Waren	5.700,00
SB	156.150,00	2. BGA	13.800,00
	226.500,00		226.500,00

33

Erläutern Sie den Zusammenhang zwischen den Buchungen 1. und 2. im folgenden Konto:

Soll	Verbindlichkeiten a. LL		Haben
2. BGA	23.000,00	AB	138.000,00
		1. BGA	23.000,00

34

Anfangsbestände

Geschäftsgebäude	262.000,00	Postbankguthaben	400,00
BGA	81.000,00	Bankguthaben	39.000,00
Waren	22.000,00	Darlehensschulden	27.000,00
Forderungen a.LL	26.000,00	Verbindlichkeiten a.LL	40.000,00
Kasse	4.500,00	Eigenkapital	?

Geschäftsfälle

1. BA 141:	Ausgleich der Liefererrechnung ER 418 durch Banküberweisung	3.200,00
2. ER 432:	Eingangsrechnung für Waren	9.500,00
3. PA 40:	Kunde überweist Rechnungsbetrag auf unser Postbankkonto	1.750,00
4. PA 41:	Überweisung vom Postbankkonto auf Bankkonto	1.900,00
5. BA 142:	Rechnungsausgleich des Kunden auf unser Bankkonto	2.150,00
6. BA 143:	Tilgung einer Darlehensschuld mit Bankscheck	4.000,00
7. KB 82:	Verkauf eines nicht mehr benötigten Faxgerätes bar	250,00
8. BA 144:	Unsere Bareinzahlung auf Bankkonto	2.400,00

Abschlussangabe
Die Buchbestände der Aktiv- und Passivkonten stimmen mit den Inventurwerten überein.

3.4   Buchungssatz

3.4.1   Einfacher Buchungssatz

Eine Buchführung gilt als **ordnungsgemäß,** wenn sich **„die Geschäftsfälle in ihrer Entstehung und Abwicklung verfolgen lassen"** (§ 238 Abs. 1 HGB). Deshalb muss jeder Buchung zunächst ein **Beleg** als Nachweis für die Richtigkeit zugrunde liegen. Darüber hinaus sind alle Buchungen nicht nur sachlich, sondern auch zeitlich (chronologisch) zu ordnen.

Die sachliche Ordnung der Buchungen erfolgt durch Erfassung der Geschäftsfälle auf **Sachkonten.** So werden beispielsweise alle Bargeschäfte auf dem Sachkonto „Kasse" und alle Wareneinkäufe auf dem Sachkonto „Waren" erfasst. Die Sachkonten bilden das wichtigste „Buch" der Buchführung: das **„Hauptbuch".**

Die zeitliche Ordnung der Buchungen erfolgt im **„Grundbuch",** das auch **„Tagebuch"** oder **„Journal"** (frz. jour = Tag) genannt wird. Hier werden die Geschäftsfälle in chronologischer Reihenfolge in Form von

Buchungsanweisungen bzw. **Buchungssätzen**

erfasst, die kurz das jeweilige Konto mit der Soll- und Habenbuchung nennen. Das **Grundbuch** bildet damit die **Grundlage** für die Buchungen auf den entsprechenden **Sachkonten des Hauptbuches.**

Beispiel: Fritz Walter e. K., Eisenhandel, erhält folgende Rechnung:

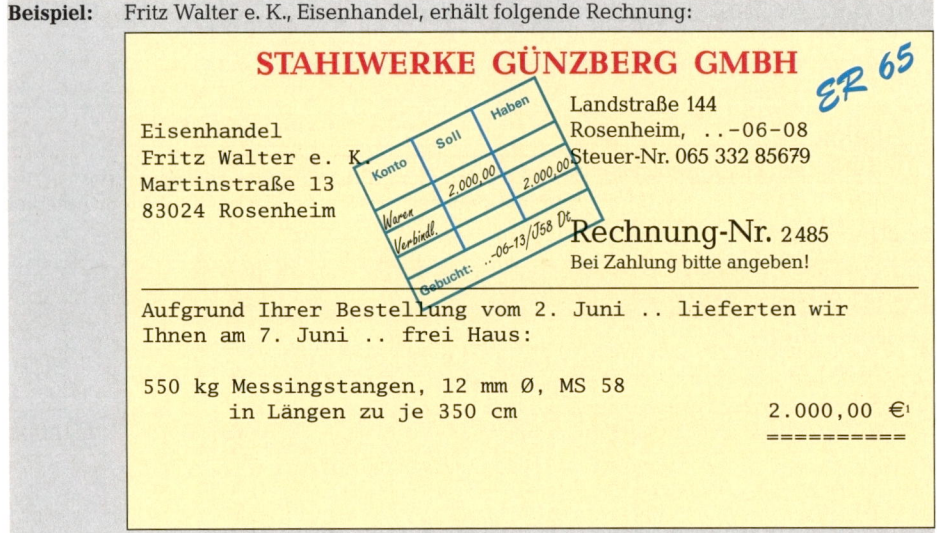

Der **Buchungssatz** gibt die Sachkonten an, auf denen im Soll bzw. Haben zu buchen ist. Er nennt **zuerst** das Konto, in dem im **Soll** gebucht wird, und **danach** das Konto mit der **Haben**buchung. Beide Konten werden durch das Wort **„an"** verbunden. Außer dem **Buchungssatz** werden noch **Buchungsdatum, Kurzbezeichnung und Nummer des jeweiligen Belegs** in das Grundbuch eingetragen.

---

1   Die Umsatzsteuer wird in den Belegen aus methodischen Gründen erst nach Behandlung des Abschnitts 5.3
     (siehe S. 55 f.) ausgewiesen.

Grundbuch				
Datum	**Beleg**	**Buchungssatz**	**Soll**	**Haben**
..-06-13	ER 65	**Waren** . . . . an **Verbindlichkeiten a. LL**	**2.000,00**	**2.000,00**

Im Hauptbuch erfolgt nun die Eintragung der Buchung auf den **Sachkonten:**

Soll	**Waren**	Haben	Soll	**Verbindlichkeiten a. LL**	Haben
Verb. a. LL	**2.000,00**			Waren	**2.000,00**

Vorkontierung der Belege. Bevor die Buchungen im Grund- und Hauptbuch erfolgen, werden die Belege mithilfe eines **Buchungsstempels** vorkontiert, der jeweils die Konten und den Betrag im Soll und Haben nennt. Datum, Journalseite und Namenszeichen des Buchhalters bestätigen die Durchführung der Buchung im Grund- und Hauptbuch.

Merke:
- **Keine Buchung ohne Beleg!**
- **Der Buchungssatz nennt die Buchung auf den Konten in der Reihenfolge**
  Sollkonto an **Habenkonto.**
- **Zur Bildung des Buchungssatzes beantwortet man fünf Fragen (siehe S. 24).**
- **Das Grundbuch erfasst die Buchungen in zeitlicher Reihenfolge. Das Hauptbuch übernimmt die sachliche Ordnung der Buchungen auf den Sachkonten.**

Aufgaben

35

In der Finanzbuchhaltung der Büromöbelgroßhandlung Fritz Krüger e. K., Köln, sind am 12. Dezember .. folgende Geschäftsfälle im Grundbuch zu erfassen. *Tragen Sie Buchungsdatum, Beleg und Buchungssatz ein:*

1. Barverkauf eines gebrauchten Personalcomputers lt. KB 412 450,00
2. Barabhebung vom Bankkonto lt. BA 210 . . . . 5.800,00
3. Zielkauf von Waren lt. ER 469 . . . . 14.600,00
4. Umwandlung einer Liefererschuld in eine Darlehensschuld lt. Brief 46 . . . . 13.500,00
5. Kunde überweist lt. BA 211 fälligen Rechnungsbetrag auf unser Bankkonto 400,00
6. Barkauf von Waren lt. KB 413 800,00
7. Eingangsrechnung (ER 470) für Büromöbel 3.600,00
8. Kauf einer Verpackungsmaschine für den Versand auf Ziel lt. ER 471 . . . . 34.700,00
9. Unsere Postbanküberweisung auf Bankkonto lt. PA 110 . . . . 1.900,00
10. Wir begleichen eine fällige Rechnung lt. BA 212 durch Banküberweisung 1.800,00
11. Bareinzahlung auf Bankkonto lt. BA 213 . . . . 2.800,00
12. Kunde begleicht lt. BA 214 eine fällige Rechnung (AR 447)
durch Überweisung 2.400,00
13. Kauf eines Kopiergerätes lt. BA 215 gegen Bankscheck 2.850,00
14. Lt. BA 216 Überweisung an Lieferer zum Ausgleich von ER 468 600,00
15. Aufnahme einer Hypothek bei der Sparkasse lt. BA 217 . . . . 14.000,00
16. Kauf eines Baugrundstücks gegen Bankscheck lt. BA 218 . . . . 166.000,00
17. Lt. KB 414 Barverkauf eines gebrauchten Geschäfts-PKWs 4.100,00
18. Lt. BA 219 Tilgung einer Darlehensschuld durch Banküberweisung 12.000,00
19. Kunde sandte uns lt. BA 220 einen Bankscheck zum Ausgleich von AR 451 . . . . . 12.600,00

36 *Welche Geschäftsfälle liegen folgenden Buchungssätzen zugrunde?*

1. Fuhrpark an Bank 30.000,00
2. Verbindlichkeiten a. LL an Bank 5.000,00
3. Bank an Kasse 8.500,00
4. Waren an Verbindlichkeiten a. LL 11.400,00
5. Kasse an Bank 2.500,00
6. Postbank an Forderungen a. LL 3.800,00
7. Kasse an Betriebs- und Geschäftsausstattung 1.200,00
8. Bank an Darlehensschulden 40.000,00
9. Betriebs- und Geschäftsausstattung an Bank 2.300,00
10. Bank an Postbank 5.400,00
11. Bank an Forderungen a. LL 6.700,00
12. Darlehensschulden an Bank 3.800,00

37 *Nennen Sie jeweils den Geschäftsfall und den Buchungssatz zu den Buchungen im folgenden Bankkonto:*

Soll		Bank	Haben
AB	24.000,00	2. Kasse	6.000,00
1. Forderungen a. LL	4.500,00	3. Verbindlichkeiten a. LL	5.300,00
4. Darlehensschulden	50.000,00	5. Hypothekenschulden	6.700,00
6. BGA	1.500,00	SB	62.000,00
	80.000,00		80.000,00

38 *Kontieren Sie für die Elektrogroßhandlung Karl Wirtz e. K. den folgenden Beleg.*

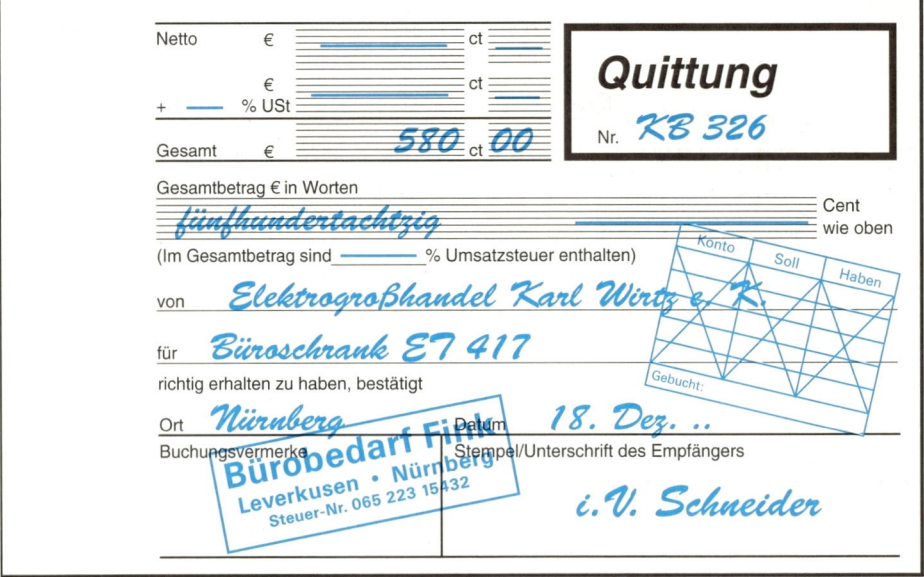

Kontieren Sie die folgenden Belege für die Elektrogroßhandlung Karl Wirtz e. K.

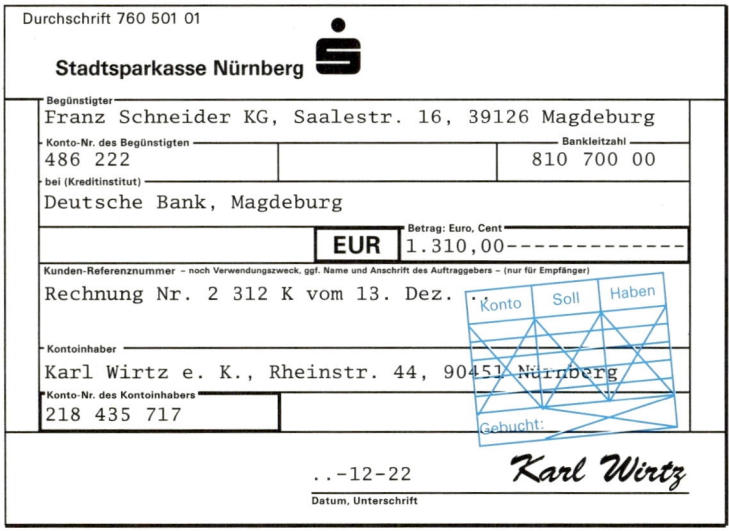

Herstellung von Elektrogeräten

Franz Schneider KG

Franz Schneider KG, Postfach 12 60, 39104 Magdeburg

Konto	Soll	Haben

Elektrogroßhandel
Karl Wirtz e. K.
Rheinstraße 44
90451 Nürnberg

Gebucht:

Steuer-Nr. 543 812 22467

Eingang: ..-12-15

Ihre Bestellung vom	Unser Auftrag Nr.	Zeit der Leistung	Datum
..-12-02	K 4 089 IV	..-12-12	..-12-13

Rechnung Nr. 2 312 K

USt-IdNr.:
DE 231 457 879

Wir sandten für Ihre Rechnung auf Ihre Gefahr:

Artikel Nr.	Gegenstand	Menge/Stück	Stückpreis €	Gesamtpreis €
TS 12	Tischventilator	5	16,00	80,00
W 24	Elektro-Warmluftofen	30	41,00	1.230,00
				1.310,00[1]

Geschäftsräume:			Bankkonto 486 222	Postbank
Saalestraße 16	Telefon: 0391 4869-0	Internet: www.schneider-elektro-wvd.de	Deutsche Bank, Magdeburg	Berlin 124 45-101
39126 Magdeburg	Telefax: 0391 35275	E-Mail: info@schneider-elektro-wvd.de	BLZ 810 700 00	BLZ 100 100 10

Durchschrift 760 501 01

Stadtsparkasse Nürnberg

Begünstigter
Franz Schneider KG, Saalestr. 16, 39126 Magdeburg

Konto-Nr. des Begünstigten		Bankleitzahl
486 222		810 700 00

bei (Kreditinstitut)
Deutsche Bank, Magdeburg

Betrag: Euro, Cent
EUR 1.310,00------------

Kunden-Referenznummer – noch Verwendungszweck, ggf. Name und Anschrift des Auftraggebers – (nur für Empfänger)
Rechnung Nr. 2 312 K vom 13. Dez.

Konto	Soll	Haben

Kontoinhaber
Karl Wirtz e. K., Rheinstr. 44, 90451 Nürnberg

Konto-Nr. des Kontoinhabers
218 435 717

Gebucht:

..-12-22   *Karl Wirtz*

Datum, Unterschrift

---

1   Aus methodischen Gründen bleibt die Umsatzsteuer noch unberücksichtigt.

3.4.2 Zusammengesetzter Buchungssatz

Bisher wurden durch die Geschäftsfälle **nur zwei Konten angerufen.** Es handelte sich um **einfache** Buchungssätze.

Zusammengesetzte Buchungssätze entstehen, wenn durch einen Geschäftsfall **mehr als zwei Konten** berührt werden. Dabei muss die Summe der Sollbuchungen stets mit der Summe der Habenbuchungen übereinstimmen.

Beispiel 1: Wir begleichen die Rechnung unseres Lieferers (ER 66) über 3.000,00 € durch Banküberweisung 2.600,00 € (BA 44) und Postbanküberweisung 400,00 € (PA 28).

Buchung: Soll: Haben:
Verbindlichkeiten a. LL   **Bank, Postbank**

Grundbuch				
Datum	**Beleg**	**Buchungssatz**	**Soll**	**Haben**
..-06-20	ER 66	**Verbindlichkeiten a. LL**	3.000,00	
	BA 44	an **Bank**		2.600,00
	PA 28	an **Postbank**		400,00

Buchung auf den Konten des Hauptbuches:

Beispiel 2: Ein Kunde begleicht eine Rechnung (AR 1401) über 1.000,00 €, und zwar mit Bankscheck (BA 45) über 700,00 € und bar 300,00 € (KB 86).

Buchung: Soll: Haben:
Bank, Kasse   **Forderungen a. LL**

Grundbuch				
Datum	**Beleg**	**Buchungssatz**	**Soll**	**Haben**
..-06-24	BA 45	**Bank**	700,00	
	KB 86	**Kasse**	300,00	
	AR 1401	an **Forderungen a. LL**		1.000,00

Übertragen Sie die Buchung auf die Konten des Hauptbuches.

Merke: **Bei einfachen und zusammengesetzten Buchungssätzen gilt stets:**
                  Summe der Sollbuchung(en) <=> Summe der Habenbuchung(en)

657732

Aufgaben

40

Wie lauten die Buchungssätze für folgende Geschäftsfälle? Tragen Sie die Buchungssätze in das Grundbuch ein.

1. Kauf von Waren
   - bar 500,00
   - auf Ziel 11.500,00   12.000,00

2. Kauf eines Baugrundstücks
   - gegen Bankscheck 168.000,00
   - gegen bar 2.000,00   170.000,00

3. Verkauf eines gebrauchten LKWs
   - gegen bar 2.000,00
   - gegen Bankscheck 14.000,00   16.000,00

4. Kunde begleicht Rechnung
   - durch Banküberweisung 12.000,00
   - bar 500,00   12.500,00

5. Kauf von Büromöbeln
   - gegen bar 1.500,00
   - gegen Bankscheck 4.000,00   5.500,00

6. Tilgung einer Hypothek
   - durch Banküberweisung 17.000,00
   - durch Postbanküberweisung 2.000,00
   - bar 1.000,00   20.000,00

7. Wir begleichen Rechnungen unseres Lieferers
   - durch Banküberweisung 8.000,00
   - durch Postbanküberweisung 1.000,00
   - bar 500,00   9.500,00

8. Tilgung einer Darlehensschuld
   - durch Banküberweisung..... 15.000,00
   - durch Postbanküberweisung . 1.000,00   16.000,00

9. Kauf einer EDV-Anlage
   - gegen Postbanküberweisung 3.000,00
   - gegen Banküberweisung 17.000,00
   - gegen bar 1.000,00   21.000,00

41

Welche Geschäftsfälle liegen folgenden Buchungssätzen zugrunde?

	Soll	Haben
1. Kasse	1.000,00	
Bank	12.000,00	
an Fuhrpark		13.000,00
2. Waren	8.000,00	
an Kasse		1.000,00
an Bank		7.000,00
3. Betriebs– und Geschäftsausstattung	4.000,00	
an Bank		3.000,00
an Postbank		1.000,00
4. Darlehensschulden	7.000,00	
an Kasse		1.000,00
an Bank		6.000,00
5. Bank	7.000,00	
Postbank	1.000,00	
Kasse	1.000,00	
an Forderungen a. LL		9.000,00
6. Technische Anlagen und Maschinen	14.000,00	
an Kasse		2.000,00
an Bank		12.000,00
7. Verbindlichkeiten a. LL	22.000,00	
an Bank		19.000,00
an Postbank		2.000,00
an Kasse		1.000,00

3.5 Eröffnungsbilanzkonto (EBK) und Schlussbilanzkonto (SBK)

In der doppelten Buchführung steht einer Sollbuchung stets eine Habenbuchung in gleicher Höhe gegenüber. Dieses **Prinzip der Doppik** muss natürlich auch **für die Buchung der Anfangsbestände** der Aktiv- und Passivkonten gelten. Dazu bedarf es eines **Hilfskontos** im Hauptbuch, das die **Gegenbuchungen** für die Eröffnung der aktiven und passiven Bestandskonten aufnimmt: das

Eröffnungsbilanzkonto (EBK).

Die Eröffnungsbuchungssätze für die aktiven und passiven Bestandskonten lauten:

- **Aktivkonten** an **Eröffnungsbilanzkonto (EBK)**
- **Eröffnungsbilanzkonto (EBK)** an **Passivkonten**

Das Eröffnungsbilanzkonto weist somit die Aktivposten im Haben und die Passivposten im Soll aus und ist deshalb das genaue **Spiegelbild der Eröffnungsbilanz:**

Aktiva	Eröffnungsbilanz	Passiva
AB der Aktivposten		AB der Passivposten

Soll	Eröffnungsbilanzkonto (EBK)	Haben
AB der Passivposten		AB der Aktivposten

Soll	Aktivkonto	Haben
Anfangsbestand		

Soll	Passivkonto	Haben
		Anfangsbestand

Zum Jahresschluss werden die Aktiv- und Passivkonten abgeschlossen über das

Schlussbilanzkonto (SBK).

Die Abschlussbuchungssätze lauten:

- **Schlussbilanzkonto (SBK)** an **Aktivkonten**
- **Passivkonten** an **Schlussbilanzkonto (SBK)**

Soll	Schlussbilanzkonto (SBK)	Haben
SB der Aktivposten		SB der Passivposten

Das Schlussbilanzkonto muss selbstverständlich **vorab mit den Inventurwerten** bzw. mit der aus dem Inventar erstellten Schlussbilanz abgestimmt werden.

Merke:
- **In der Schluss- und Eröffnungsbilanz heißen die Seiten „Aktiva" und „Passiva", im Eröffnungsbilanzkonto und Schlussbilanzkonto dagegen „Soll" und „Haben".**
- **Das Eröffnungsbilanzkonto ist das Hilfskonto zur Eröffnung der Aktiv- und Passivkonten.**
- **Das Schlussbilanzkonto dient dem buchhalterischen Abschluss dieser Bestandskonten.**
- **Vor dem Abschluss der Konten bedarf es der Inventur.**

657734

Inventur zum 31. Dezember 01

Inventar zum 31. Dezember 01

⬇

Schlussbilanz zum 31. Dezember 01 ist zugleich die

Aktiva	Eröffnungsbilanz zum 1. Januar 02	Passiva	
Waren 28.000,00	Eigenkapital 50.000,00	Inventar-
Bank 47.000,00	Verbindlichk. a. LL .. 25.000,00	und
75.000,00	75.000,00	Bilanzbuch
Ort, Datum	Unterschrift	

Hauptbuch

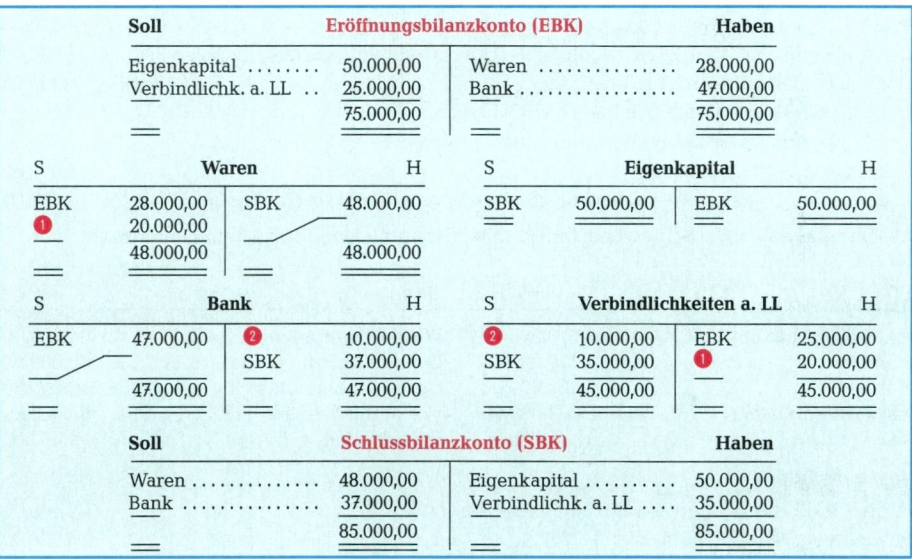

Soll	Eröffnungsbilanzkonto (EBK)	Haben
Eigenkapital 50.000,00	Waren 28.000,00
Verbindlichk. a. LL .. 25.000,00	Bank 47.000,00
75.000,00	75.000,00

S	Waren	H		S	Eigenkapital	H
EBK 28.000,00 ❶ 20.000,00	SBK 48.000,00		SBK 50.000,00	EBK 50.000,00
48.000,00	48.000,00			

S	Bank	H		S	Verbindlichkeiten a. LL	H
EBK 47.000,00	❷ 10.000,00 SBK 37.000,00		❷ 10.000,00 SBK 35.000,00	EBK 25.000,00 ❶ 20.000,00
47.000,00	47.000,00		45.000,00	45.000,00

Soll	Schlussbilanzkonto (SBK)	Haben
Waren 48.000,00	Eigenkapital 50.000,00
Bank 37.000,00	Verbindlichk. a. LL 35.000,00
85.000,00	85.000,00

Inventur zum 31. Dezember 02

Inventar zum 31. Dezember 02

⬇

Aktiva	Schlussbilanz zum 31. Dezember 02	Passiva	
Waren 48.000,00	Eigenkapital 50.000,00	Inventar-
Bank 37.000,00	Verbindlichk. a. LL .. 35.000,00	und
85.000,00	85.000,00	Bilanzbuch
Ort, Datum	Unterschrift	

1. Nennen Sie die Buchungssätze zur Eröffnung der obigen Aktiv- und Passivkonten.
2. Nennen Sie die Geschäftsfälle und Buchungssätze zu den Kontenbuchungen ❶ und ❷.
3. Wie lauten die Abschlussbuchungen der obigen Aktiv- und Passivkonten?

Merke: Die Schlussbilanz eines Geschäftsjahres ist zugleich die Eröffnungsbilanz des Folgejahres. Beide müssen inhaltlich gleich sein: Grundsatz der Bilanzidentität.

Aufgaben

> 1. *Erstellen Sie zunächst die Eröffnungsbilanz (= Schlussbilanz des Vorjahres).*
> 2. *Eröffnen Sie danach die Bestandskonten mithilfe des Eröffnungsbilanzkontos (EBK).*
> 3. *Buchen Sie die Geschäftsfälle auf den jeweiligen Bestandskonten.*
> 4. *Schließen Sie die Bestandskonten über das Schlussbilanzkonto (SBK) ab.*
> 5. *Erstellen Sie für das Bilanzbuch eine ordnungsgemäß gegliederte Schlussbilanz.*

42   Anfangsbestände

Gebäude	270.000,00	Kasse	6.000,00
BGA	140.000,00	Bankguthaben	32.000,00
Waren	160.000,00	Verbindlichkeiten a. LL	88.000,00
Forderungen a. LL	35.000,00	Eigenkapital	555.000,00

Geschäftsfälle

1. ER 408: Kauf von Waren auf Ziel 12.200,00
2. BA 81: Kauf einer Büroschrankwand gegen Bankscheck 1.600,00
3. Kunde begleicht lt. BA 82 eine fällige Rechnung mit Bankscheck 1.800,00
4. ER 409: Zielkauf von Schreibtischen 2.100,00
5. Lt. BA 83 Bareinzahlung auf Bankkonto 1.300,00
6. Wir begleichen die fällige Rechnung eines Lieferers lt. KB 26 bar 1.700,00
7. Kauf von Waren lt. ER 410 .... 4.000,00
8. Lt. BA 84 Ausgleich einer fälligen Kundenrechnung durch Überweisung 2.400,00

Abschlussangabe: Die Schlussbestände auf den Konten entsprechen den Inventurwerten.

43   Anfangsbestände

Geschäftsgebäude	670.000,00	Postbankguthaben	13.400,00
BGA	130.000,00	Bankguthaben	39.000,00
Waren	184.000,00	Darlehensschulden	240.000,00
Forderungen a. LL	34.000,00	Verbindlichkeiten a. LL	55.000,00
Kasse	6.000,00	Eigenkapital	781.400,00

Geschäftsfälle

1. Lt. BA 112 Aufnahme eines Darlehens bei der Bank 42.600,00
2. Kauf von Waren lt. ER 510 .... 4.000,00
3. Lt. AR 156 Zielverkauf einer gebrauchten Verpackungsanlage zum Buchwert 12.100,00
4. Zielkauf von Waren lt. ER 511 .... 2.950,00
5. Lt. BA 113 Überweisung an Lieferer zum Ausgleich von ER 499 .... 8.150,00
6. Lt. KB 93 Barkauf eines Aktenvernichters 300,00
7. Lt. BA 114 Bareinzahlung auf Bankkonto 1.200,00
8. Zieleinkauf von Waren lt. ER 512 .... 1.200,00
9. Lt. PA 86 Überweisung vom Postbankkonto auf Bankkonto 1.400,00
10. Lt. BA 115 Darlehenstilgung durch Bankscheck 14.000,00
11. Kunde begleicht lt. BA 116 fällige Rechnung durch Überweisung 4.400,00

Abschlussangabe: Die Schlussbestände auf den Konten entsprechen den Inventurwerten.

44

1. *Begründen Sie, weshalb Aktiv- und Passivkonten Bestandskonten darstellen.*
2. *Unterscheiden Sie zwischen a) Grundbuch, b) Hauptbuch, c) Inventar- und Bilanzbuch.*
3. *Erklären Sie den Grundsatz der Bilanzidentität.*
4. *Worin unterscheiden sich Schlussbilanz und Schlussbilanzkonto? Welcher Zusammenhang besteht zwischen beiden?*

657736

4 Buchen auf Erfolgskonten

4.1 Aufwendungen und Erträge

Erfolg. Bisher haben wir lediglich Geschäftsfälle auf den Bestandskonten gebucht. Das Eigenkapital blieb davon unberührt, d.h., diese Geschäftsfälle hatten keinen Einfluss auf den **Erfolg (Gewinn oder Verlust)** des Unternehmens. Nun bringen aber vor allem

▶ **Einkauf,** ▶ **Lagerung** und ▶ **Verkauf von Waren**

Geschäftsfälle mit sich, die sich auf den Erfolg und damit auf das

Eigenkapital

in einem Handelsbetrieb auswirken. Man spricht von „Aufwendungen" und „Erträgen".

Aufwendungen. Der Unternehmer zahlt z.B. Miete für die von ihm gemieteten Geschäftsräume, er leistet Gehaltszahlungen an die von ihm eingestellten Arbeitnehmer und er hat für die Abnutzung der Anlagegüter Abschreibungen zu buchen. Durch diese Vorgänge werden Werte (Geld, Anlagevermögen) verzehrt, ohne dass unmittelbar entsprechende Gegenwerte in Form von Vermögenszuwachs oder Schuldenverringerung zufließen. **Jeden Werteverzehr an Gütern und Diensten** in einem Unternehmen bezeichnet man als **Aufwand.** Aufwendungen **vermindern das Eigenkapital.** Zu den Aufwendungen zählen z.B.:

- **Der Warenaufwand** bzw. Wareneinsatz, d.h. der Wert der eingekauften und an die Kunden verkauften Waren (siehe S. 46)
- **Aufwendungen für den Einsatz von Arbeitskräften:**
  - **Löhne** für alle Arbeiter des Unternehmens
  - **Gehälter** für alle kaufmännischen und technischen Angestellten
  - **Gesetzliche und freiwillige Sozialabgaben**
- **Wertminderungen des Anlagevermögens (Abschreibungen)**
- **Aufwendungen für Miete, Betriebssteuern**
- **Aufwendungen für Büromaterial, Postgebühren, Telekommunikation, Werbung**
- **Aufwendungen für Instandhaltungen, Vertriebsprovisionen** u.a.m.

Merke:
- **Aufwendungen stellen den gesamten Werteverzehr eines Unternehmens an Gütern, Diensten und Abgaben während einer Abrechnungsperiode (Monat, Quartal, Geschäftsjahr) dar.**
- **Aufwendungen vermindern das Eigenkapital.**

Erträge sind **alle Wertzuflüsse** in das Unternehmen, die das **Eigenkapital erhöhen.** Den **Hauptertrag** eines Großhandelsunternehmens bilden natürlich die **Erlöse aus dem Verkauf der Waren.** Diese **Umsatzerlöse** sollen nicht nur die entstandenen Aufwendungen decken, sondern darüber hinaus auch einen angemessenen Gewinn erzielen. Neben den Umsatzerlösen fallen in einem Unternehmen noch weitere Erträge an, wie z.B. **Zinserträge, Erträge aus Vermietung und Verpachtung, Provisionserträge** u.a.m.

Merke:
- **Erträge sind alle Wertzuflüsse, die den Gewinn des Unternehmens erhöhen. Die Umsatzerlöse (Verkaufserlöse) bilden den wichtigsten Ertragsposten in einem Großhandelsunternehmen.**
- **Erträge erhöhen das Eigenkapital.**

4.2   Erfolgskonten als Unterkonten des Eigenkapitalkontos

Notwendigkeit der Erfolgskonten (Ergebniskonten). Aufwendungen und Erträge wären an sich unmittelbar auf dem Eigenkapitalkonto zu buchen, und zwar Aufwendungen als Kapitalminderung im Soll, Erträge als Mehrung des Kapitals im Haben. Das hätte aber den Nachteil, dass das Eigenkapitalkonto unübersichtlich würde. Aus Gründen der Klarheit und Übersichtlichkeit ist es notwendig, die **einzelnen Aufwands- und Ertragsarten** kontenmäßig gesondert aufzuzeigen, damit die

Quellen des Erfolges

deutlich erkennbar werden. Deshalb werden **Erfolgskonten als Unterkonten** des Eigenkapitalkontos eingerichtet, die die einzelnen Arten der Aufwendungen **(Aufwandskonten)** und Erträge **(Ertragskonten)** aufnehmen.

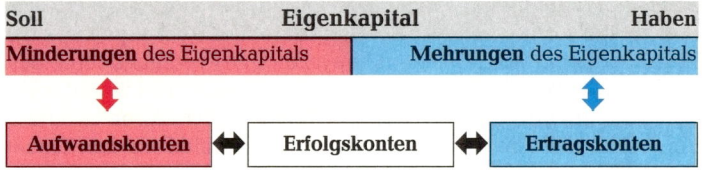

S	Löhne	H	S	Umsatzerlöse	H
Aufwand	...			Ertrag	...

> **Merke:** Die Erfolgskonten sind Unterkonten des Kapitalkontos. Sie bewegen sich wie das Eigenkapitalkonto: Man bucht deshalb
> - auf den Aufwandskonten   im Soll   ▷ die Minderungen des Eigenkapitals,
> - auf den Ertragskonten   im Haben ▷ die Mehrungen des Eigenkapitals.

Beispiele für die Buchung von Aufwendungen und Erträgen

1. Für eine Werbeanzeige zahlen wir bar: 450,00 €.

Buchung: Werbeaufwendungen 450,00
          an **Kasse**   450,00

S	Werbeaufwendungen	H	S	Kasse		H
Kasse	450,00		AB	8.600,00	Werbung	450,00

2. Wir bezahlen Löhne 5.000,00 € und Gehälter 10.000,00 € durch Banküberweisung.

Buchung: Löhne 5.000,00
          Gehälter 10.000,00
          an **Bank** 15.000,00

657738

S	Löhne	H		S	Bank		H
Bank	5.000,00			AB	60.000,00	L/G	15.000,00

S	Gehälter	H
Bank	10.000,00	

3. Im Betrieb entstehen weitere Aufwendungen. Banküberweisung für:
Büromaterial 800,00 €, Reparaturen 300,00 €, Betriebssteuern 400,00 €.

Buchung: Bürobedarf 800,00
Instandhaltung 300,00
Betriebliche Steuern 400,00
an Bank 1.500,00

S	Bürobedarf	H		S	Bank		H
Bank	800,00			AB	60.000,00	L/G	15.000,00
						Diverse	1.500,00

S	Instandhaltung	H
Bank	300,00	

S	Betriebliche Steuern	H
Bank	400,00	

4. Für vermietete Geschäftsräume erhalten wir Miete durch Banküberweisung: 14.000,00 €.

Buchung: Bank 14.000,00
an Mieterträge 14.000,00

S	Bank		H		S	Mieterträge		H
AB	60.000,00	L/G	15.000,00				Bank	14.000,00
Mietertr.	14.000,00	Diverse	1.500,00					

5. Im Betrieb entstehen weitere Erträge: Wir erhalten Provision durch Banküberweisung 5.000,00 €. Unserem Bankkonto werden 1.500,00 € Zinsen gutgeschrieben.

Buchung: Bank 6.500,00
an Provisionserträge 5.000,00
an Zinserträge 1.500,00

S	Bank		H		S	Provisionserträge		H
AB	60.000,00	Löhne/					Bank	5.000,00
Mietertr.	14.000,00	Gehälter	15.000,00		S	Zinserträge		H
Prov.-/		Diverser					Bank	1.500,00
Zinsertrag	6.500,00	Aufwand	1.500,00					

Merke:
- Aufwands- und Ertragskonten ⟨⟹⟩ Erfolgskonten
- Aktiv- und Passivkonten ⟨⟹⟩ Bestandskonten

4.3 Gewinn- und Verlustkonto als Abschlusskonto der Erfolgskonten

Am Ende des Geschäftsjahres müssen

Aufwendungen   und   **Erträge**

einander **gegenübergestellt** werden, um den **Erfolg** des Unternehmens festzustellen. Diese Aufgabe übernimmt das

Konto „Gewinn und Verlust" (GuV).

Alle Aufwands- und Ertragskonten werden daher über das Gewinn- und Verlustkonto abgeschlossen. Die Buchungssätze lauten:

> • **GuV-Konto**   an   **alle Aufwandskonten**
> • **Alle Ertragskonten**   an   **GuV-Konto**

Das Gewinn- und Verlustkonto weist somit auf der Sollseite die gesamten **Aufwendungen** aus, auf der Habenseite dagegen die **Erträge.** Aus dieser Gegenüberstellung ergibt sich als **Saldo** der Erfolg des Unternehmens: ein **Gewinn oder Verlust,** je nachdem, ob die Erträge oder die Aufwendungen überwiegen:

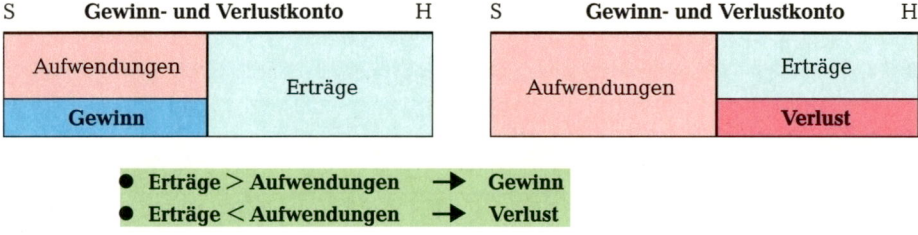

> • **Erträge > Aufwendungen   ➜   Gewinn**
> • **Erträge < Aufwendungen   ➜   Verlust**

Abschluss des Gewinn- und Verlustkontos über Eigenkapitalkonto. Der ermittelte Gewinn oder Verlust wird sodann auf das Eigenkapitalkonto übertragen.

Die **Abschlussbuchungen** lauten:

> • bei **Gewinn:** **GuV-Konto**   an **Eigenkapitalkonto**
> • bei **Verlust:** **Eigenkapitalkonto**   an **GuV-Konto**

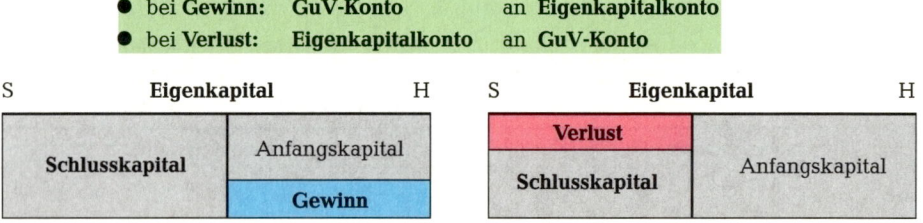

> **Merke:**   • **Der Gewinn erhöht das Eigenkapital.**
>   • **Der Verlust vermindert das Eigenkapital.**

Das GuV-Konto ist somit ein unmittelbares **Unterkonto des EK-Kontos.** Im Beispiel hat sich das Eigenkapital durch den Gewinn um 3.550,00 € erhöht (siehe Seite 41).

Abschluss der Erfolgskonten

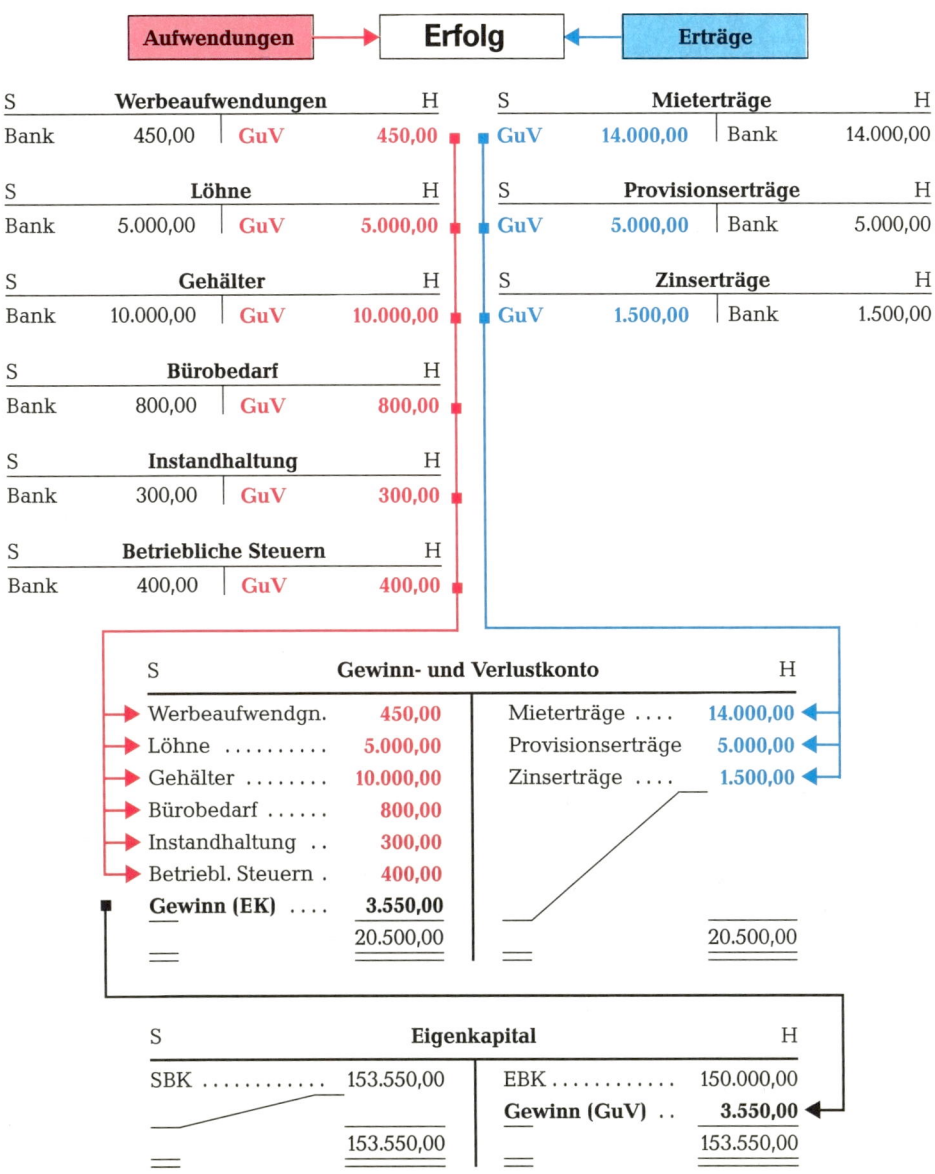

| Aufwendungen | → | Erfolg | ← | Erträge |

S   **Werbeaufwendungen**   **H**

| Bank | 450,00 | GuV | 450,00 |

S   **Mieterträge**   **H**

| GuV | 14.000,00 | Bank | 14.000,00 |

S   **Löhne**   **H**

| Bank | 5.000,00 | GuV | 5.000,00 |

S   **Provisionserträge**   **H**

| GuV | 5.000,00 | Bank | 5.000,00 |

S   **Gehälter**   **H**

| Bank | 10.000,00 | GuV | 10.000,00 |

S   **Zinserträge**   **H**

| GuV | 1.500,00 | Bank | 1.500,00 |

S   **Bürobedarf**   **H**

| Bank | 800,00 | GuV | 800,00 |

S   **Instandhaltung**   **H**

| Bank | 300,00 | GuV | 300,00 |

S   **Betriebliche Steuern**   **H**

| Bank | 400,00 | GuV | 400,00 |

S   **Gewinn- und Verlustkonto**   **H**

Werbeaufwendgn.	450,00	Mieterträge	14.000,00
Löhne	5.000,00	Provisionserträge	5.000,00
Gehälter	10.000,00	Zinserträge	1.500,00
Bürobedarf	800,00		
Instandhaltung . .	300,00		
Betriebl. Steuern .	400,00		
Gewinn (EK)	**3.550,00**		
	20.500,00		20.500,00

S   **Eigenkapital**   **H**

SBK	153.550,00	EBK	150.000,00
		Gewinn (GuV) . .	**3.550,00**
	153.550,00		153.550,00

Merke:	• Das Gewinn- und Verlustkonto ist das unmittelbare Unterkonto des Eigenkapitalkontos.
	• Das Gewinn- und Verlustkonto sammelt auf der Sollseite alle Aufwendungen, auf der Habenseite alle Erträge.
	• Der Saldo des GuV-Kontos ergibt den Gewinn oder Verlust der Rechnungsperiode, der dem Eigenkapitalkonto zugeführt wird.
	• Das Gewinn- und Verlustkonto zeigt die Quellen des Erfolges.

4.4 Geschäftsgang mit Bestands- und Erfolgskonten

Bestandskonten. Aus der Bilanz des vorhergehenden Geschäftsjahres stehen folgende Anfangsbestände für das neue Geschäftsjahr zur Verfügung:

Aktiva	Schlussbilanz zum 31. Dezember des Vorjahres		Passiva
I. Anlagevermögen		**I. Eigenkapital**	102.000,00
BGA	100.000,00	**II. Fremdkapital**	
II. Umlaufvermögen		1. Darlehensschulden	30.000,00
1. Kasse	2.000,00	2. Verbindlichkeiten a. LL	20.000,00
2. Bankguthaben	50.000,00		
	152.000,00		152.000,00
Ort, Datum			Unterschrift

Erfolgskonten. Die nachstehenden Erfolgskonten sind zu führen: Gehälter, Zinsaufwendungen, Provisionserträge, Mieterträge.

Geschäftsfälle

1. Barkauf eines Klimagerätes .... 600,00 €
2. Wir erhalten Miete bar .... 800,00 €
3. Wir erhalten Provision durch Bankscheck .... 16.300,00 €
4. Wir zahlen Darlehenszinsen durch Banküberweisung .... 2.000,00 €
5. Gehaltsabschlagszahlung bar .... 1.800,00 €
6. Wir begleichen eine Rechnung des Lieferers durch Banküberweisung .... 9.000,00 €

Reihenfolge der buchungstechnischen Arbeiten

I. Eröffnungsbuchungen für die Anfangsbestände über Eröffnungsbilanzkonto
   a) Aktivkonten an Eröffnungsbilanzkonto
   b) Eröffnungsbilanzkonto an Passivkonten

II. Buchung der Geschäftsfälle
   1. Betriebs- und Geschäftsausstattung an Kasse .... 600,00 €
   2. Kasse an Mieterträge .... 800,00 €
   3. Bank an Provisionserträge .... 16.300,00 €
   4. Zinsaufwendungen an Bank .... 2.000,00 €
   5. Gehälter an Kasse .... 1.800,00 €
   6. Verbindlichkeiten a.LL an Bank .... 9.000,00 €

III. Abschlussbuchungen
   1. Abschluss der **Erfolgskonten** über Gewinn- und Verlustkonto
      a) Gewinn- und Verlustkonto an Aufwandskonten
      b) Ertragskonten an Gewinn- und Verlustkonto
   2. Abschluss des **Gewinn- und Verlustkontos** über Eigenkapitalkonto
      a) bei Gewinn: Gewinn- und Verlustkonto an Eigenkapitalkonto
      b) bei Verlust: Eigenkapitalkonto an Gewinn- und Verlustkonto
   3. Abschluss der **Bestandskonten** über Schlussbilanzkonto nach Abstimmung mit den Inventurwerten
      a) Schlussbilanzkonto an Aktivkonten
      b) Passivkonten an Schlussbilanzkonto

IV. Aufstellung der Schlussbilanz mit Ort, Datum und Unterschrift.

657742

Soll	Eröffnungsbilanzkonto	Haben

Eigenkapital.....................	102.000,00	BGA	100.000,00
Darlehensschulden	30.000,00	Kasse	2.000,00
Verbindlichkeiten a. LL	20.000,00	Bankguthaben	50.000,00
	152.000,00		152.000,00

S	BGA	H

EBK	100.000,00	SBK	100.600,00
Kasse	600,00		
	100.600,00		100.600,00

S	Eigenkapital	H

SBK	115.300,00	EBK	102.000,00
		Gewinn	13.300,00
	115.300,00		115.300,00

S	Kasse	H

EBK	2.000,00	BGA	600,00
Miet-		Gehälter	1.800,00
erträge	800,00	SBK	400,00
	2.800,00		2.800,00

S	Darlehensschulden	H

SBK	30.000,00	EBK	30.000,00

S	Bankguthaben	H

EBK	50.000,00	Zinsaufw.	2.000,00
Prov.-		Verb. a. LL	9.000,00
Erträge	16.300,00	SBK	55.300,00
	66.300,00		66.300,00

S	Verbindlichkeiten a. LL	H

Bank	9.000,00	EBK	20.000,00
SBK	11.000,00		
	20.000,00		20.000,00

S	Gehälter	H

Kasse	1.800,00	GuV	1.800,00

S	Provisionserträge	H

GuV	16.300,00	Bank	16.300,00

S	Zinsaufwendungen	H

Bank	2.000,00	GuV	2.000,00

S	Mieterträge	H

GuV	800,00	Kasse	800,00

Soll	Gewinn- und Verlustkonto	Haben

Gehälter..........................	1.800,00	Provisionserträge	16.300,00
Zinsaufwendungen	2.000,00	Mieterträge	800,00
Gewinn (EK)......................	13.300,00		
	17.100,00		17.100,00

Soll	Schlussbilanzkonto	Haben

BGA	100.600,00	Eigenkapital	115.300,00
Kasse	400,00	Darlehensschulden	30.000,00
Bankguthaben	55.300,00	Verbindlichkeiten a. LL	11.000,00
	156.300,00		156.300,00

Aktiva	Schlussbilanz zum 31. Dezember des Berichtsjahres		Passiva

I. Anlagevermögen		**I. Eigenkapital**	115.300,00
BGA	100.600,00	**II. Fremdkapital**	
II. Umlaufvermögen		1. Darlehensschulden	30.000,00
1. Kasse	400,00	2. Verbindlichkeiten a. LL	11.000,00
2. Bankguthaben	55.300,00		
	156.300,00		156.300,00
Ort, Datum			**Unterschrift**

Aufgaben

> ### Die Reihenfolge der Buchungsarbeiten
> 1. Richten Sie die Bestands- und Erfolgskonten ein.
> 2. Eröffnen Sie die Bestandskonten über das Eröffnungsbilanzkonto (EBK).
> 3. Bilden Sie zu den Geschäftsfällen die Buchungssätze (Grundbuch).
> 4. Übertragen Sie die Buchungen auf die Bestands- und Erfolgskonten (Hauptbuch).
> 5. Schließen Sie die Erfolgskonten über das GuV-Konto ab und übertragen Sie den Gewinn oder Verlust auf das Eigenkapitalkonto. Nennen Sie jeweils den Buchungssatz.
> 6. Erst zum Schluss werden alle Bestandskonten zum Schlussbilanzkonto (SBK) abgeschlossen, sofern die Inventur keine Abweichungen zwischen Buch- und Istbeständen ergibt.

45 **Anfangsbestände**

Betriebs- und Geschäftsausstattung	80.000,00	Bankguthaben	60.000,00
Forderungen a. LL	40.000,00	Verbindlichkeiten a. LL	50.000,00
Kasse	10.000,00	Eigenkapital	140.000,00

Kontenplan: Außer den oben genannten Bestandskonten einschließlich Schlussbilanzkonto sind folgende **Erfolgskonten** einzurichten: Bürobedarf, Mietaufwendungen, Werbekosten, Zinserträge, Provisionserträge: GuV-Konto.

Geschäftsfälle

1. Zinsgutschrift auf dem Bankkonto	600,00
2. Rechnung über Büromaterial wird mit Bankscheck bezahlt	240,00
3. Unsere Banküberweisung für Geschäftsmiete	3.500,00
4. Werbeanzeige wird bar bezahlt	140,00
5. Wir erhalten Provision durch Banküberweisung	4.000,00

Abschlussangabe: Die Buchbestände stimmen mit den Inventurwerten überein.

46 **Anfangsbestände**

Betriebs- und Geschäftsausstattung (BGA)	60.000,00
Forderungen a. LL	30.000,00
Kasse	12.000,00
Postbankguthaben	9.000,00
Bankguthaben	40.000,00
Darlehensschulden	25.000,00
Verbindlichkeiten a. LL	20.000,00
Eigenkapital	106.000,00

Kontenplan: Außer den oben genannten Bestandskonten einschließlich Schlussbilanzkonto sind folgende **Erfolgskonten** einzurichten: Bürobedarf, Portokosten, Kosten der Telekommunikation, Gewerbesteuer, Beiträge, Zinsaufwendungen, Mietaufwendungen, Löhne, Provisionserträge, Zinserträge: GuV-Konto.

Geschäftsfälle

1. Ein Kunde begleicht Rechnung durch Banküberweisung	1.000,00
2. Zahlung der Gewerbesteuer durch Banküberweisung	2.000,00
3. Postbanküberweisung für Telefonrechnung	190,00
4. Die Bank belastet uns mit Darlehenszinsen	1.500,00
5. Begleichung einer Liefererrechnung durch Banküberweisung	1.900,00
6. Wir erhalten Provision durch Banküberweisung	7.000,00
7. Die Bank schreibt uns Zinsen gut	1.200,00
8. Barzahlung für Porto	400,00
9. Wir zahlen Geschäftsmiete durch Banküberweisung	1.800,00
10. Lohnzahlung bar an diverse Aushilfsfahrer	4.500,00
11. Büromaterial wird durch Bankscheck bezahlt	260,00
12. Zahlung des Handelskammerbeitrages durch Banküberweisung	1.200,00

Abschlussangabe: Die Buchbestände entsprechen der Inventur.

657744

Anfangsbestände

Gebäude	300.000,00	Bankguthaben	42.000,00
BGA	110.000,00	Darlehensschulden	180.000,00
Forderungen a.LL	65.000,00	Verbindlichkeiten a.LL	59.000,00
Kasse	13.000,00	Eigenkapital	291.000,00

Kontenplan: Die oben angeführten **Bestandskonten** sind einschließlich Schlussbilanzkonto einzurichten; außerdem folgende **Erfolgskonten:** Bürobedarf, Portokosten, Kosten der Telekommunikation, Gewerbesteuer, Instandhaltung, Löhne, Zinsaufwendungen, Beiträge, Zinserträge, Mieterträge, Provisionserträge: Gewinn- und Verlustkonto.

Geschäftsfälle

1.	Begleichung einer Liefererrechnung durch Banküberweisung	9.500,00
2.	Büromaterial wird bar gekauft	480,00
3.	Zinsgutschrift der Bank	3.650,00
4.	Bankgutschrift für Mieteinnahmen	6.500,00
5.	Unsere Banküberweisung für Gewerbesteuer	1.100,00
6.	Bankgutschrift für erhaltene Provisionen	7.200,00
7.	Kunde bezahlt Rechnung durch Banküberweisung	7.500,00
8.	Barzahlung für Paketgebühren	180,00
9.	Unser Bankscheck für Darlehenszinsen	800,00
10.	Banküberweisung für Löhne	7.500,00
11.	Banküberweisung für Beitrag an die Industrie- und Handelskammer	1.100,00
12.	Reparaturkosten für Kopiergerät, bar	450,00
13.	Fernsprechgebühren werden durch Bank überwiesen	850,00
14.	Ein Kunde wird mit Verzugszinsen belastet	35,00

Abschlussangabe: Die Buchwerte entsprechen der Inventur.

Ermitteln Sie auch den Erfolg durch Kapitalvergleich, indem Sie das Eigenkapital der Eröffnungsbilanz mit dem der Schlussbilanz vergleichen.

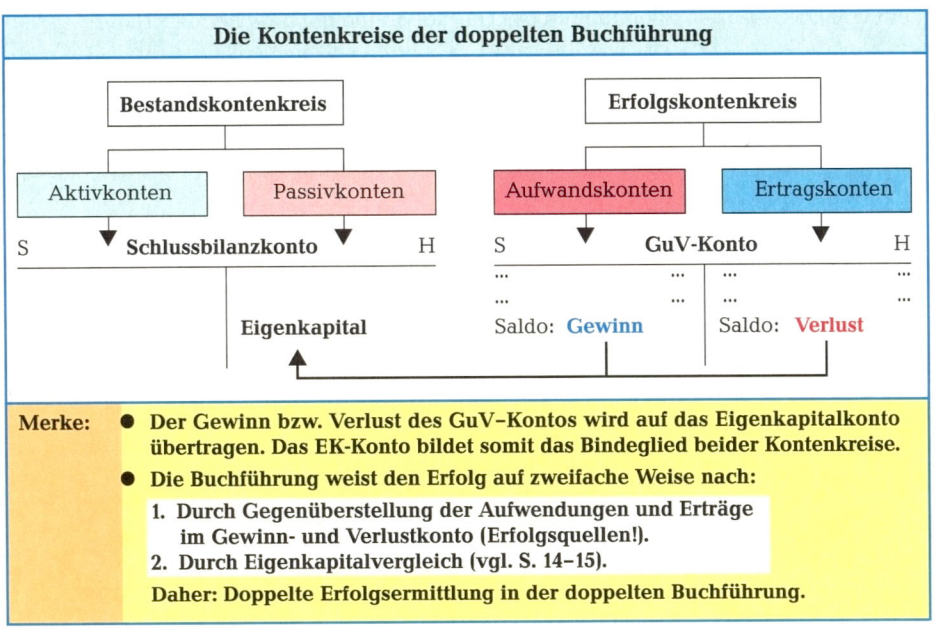

4.5 Buchungen beim Ein- und Verkauf von Waren

4.5.1 Warenein- und Warenverkauf ohne Bestandsveränderung an Waren

Hauptaufgabe des Handelsbetriebes ist die **Gewinnerzielung aus dem Warengeschäft:**
▶ **Einkauf,** ▶ **Lagerung** und ▶ **Verkauf von Waren.**

Getrennte Warenkonten. Aus Gründen der Klarheit werden **Ein- und Verkauf** von Waren sowie der **Bestand** an Waren jeweils auf gesonderten Konten gebucht:

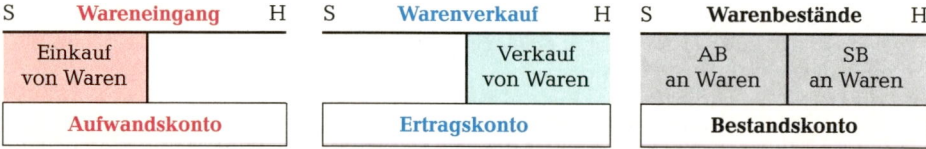

S	Wareneingang	H	S	Warenverkauf	H	S	Warenbestände	H
Einkauf von Waren				Verkauf von Waren		AB an Waren	SB an Waren	
Aufwandskonto				**Ertragskonto**			**Bestandskonto**	

> **Beispiel:** Ein Fahrzeuggroßhandel hat in seinem **ersten** Geschäftsjahr **1000 Fahrräder** zum Stückpreis von 150,00 € ≐ 150.000,00 € **eingekauft.** Bis zum Schluss des Geschäftsjahres wurden **alle Fahrräder** zum Preis von je 200,00 € ≐ 200.000,00 € **verkauft.** *Wie hoch ist buchhalterisch der Warengewinn?*

Der **Einkauf von Waren** wird **direkt als Aufwand** auf dem **Aufwandskonto „Wareneingang"** erfasst. Die **Eingangsrechnungen** (ER) weisen die erforderlichen Buchungsdaten aus: Rechnungsnummer, Datum, Betrag, Name des Lieferers, Skonto u. a.

Buchung: **Wareneingang** ..... an **Verbindlichkeiten a. LL** **150.000,00**

S	Wareneingang	H	S	Verbindlichkeiten a. LL	H
Verb. a. LL 150.000,00				WE 150.000,00	

Der **Verkauf von Waren** wird als **Ertrag** auf dem **Ertragskonto „Warenverkauf"** gebucht. Die **Ausgangsrechnungen** (AR) enthalten die entsprechenden Daten.

Buchung: **Forderungen a. LL** ... an **Warenverkauf** **200.000,00**

S	Forderungen a. LL	H	S	Warenverkauf	H
Erlöse 200.000,00				Ford. a. LL 200.000,00	

Der Warengewinn (Rohgewinn) wird ermittelt, indem man dem Erlös der verkauften Ware (= Ertrag) den darauf entfallenden Einkaufswert (= Aufwand) gegenüberstellt:

Erlöse der verkauften **1000** Fahrräder zu je 200,00 €	200.000,00 €
− **Einkaufswert** der verkauften **1000** Fahrräder zu je 150,00 €	150.000,00 €
= **Warengewinn** bzw. **Rohgewinn**	**50.000,00 €**

Aufwendungen für Waren (Wareneinsatz). Da alle im Geschäftsjahr eingekauften Fahrräder im gleichen Jahr auch verkauft wurden, entspricht der **Einkauf** von Waren dem **Aufwand** an Waren. Das Unternehmen musste 150.000,00 € (= 1000 Fahrräder zu je 150,00 €) aufwenden, um **Erträge** von 200.000,00 € (= Erlöse für 1000 Fahrräder zu je 200,00 €) und damit einen Warengewinn von 50.000,00 € zu erzielen.

Merke:	● **Erlös** der verkauften Waren = **Ertrag** ▷ Konto „Warenverkauf"
	● **Einkaufswert** d. verk. Waren = **Aufwand** ▷ Konto „Wareneingang"

Abschluss der Erfolgskonten. Die Erfolgskonten „Wareneingang" und „Warenverkauf" werden über das Gewinn- und Verlustkonto abgeschlossen:

Abschlussbuchungen: ▶ Warenverkauf . . . . an **GuV-Konto** 200.000,00
 ▶ GuV-Konto . . . . an **Wareneingang** 150.000,00

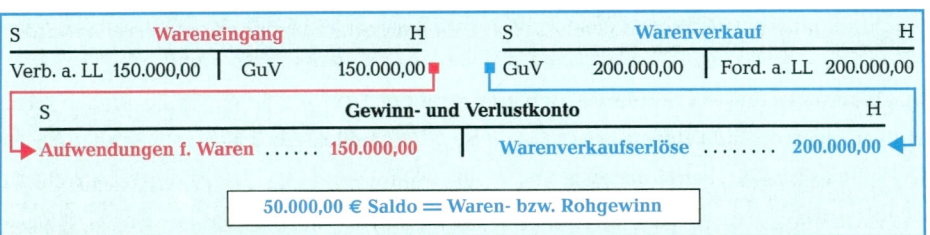

S	Wareneingang	H	S	Warenverkauf	H
Verb. a. LL 150.000,00	GuV 150.000,00		GuV 200.000,00	Ford. a. LL 200.000,00	

S	Gewinn- und Verlustkonto	H
Aufwendungen f. Waren 150.000,00	Warenverkaufserlöse 200.000,00	

50.000,00 € Saldo = Waren- bzw. Rohgewinn

Merke:
- **Das GuV-Konto weist die Quellen des Warenerfolgs (Roherfolg) aus:**
  ▷ **Aufwendungen für Waren** und ▷ **Warenverkaufserlöse**
- **Die Konten „Wareneingang" und „Warenverkauf" sind die wichtigsten Erfolgskonten eines Handelsbetriebes.**

Der Gewinn (Verlust) des Unternehmens (Reingewinn/Reinverlust) ergibt sich erst unter Berücksichtigung aller übrigen Aufwendungen (z. B. Gehälter u. a.) und der übrigen Erträge (z. B. Zinserträge u. a.) als **Saldo des Gewinn- und Verlustkontos:**

> **Rohgewinn** aus dem Warenhandelsgeschäft
> + übrige Erträge des Unternehmens
> − übrige Aufwendungen
>
> = **Gewinn (Verlust) des Unternehmens**

Aufgaben

48 Buchen Sie auf den Konten Wareneingang, Warenverkauf, Verbindlichkeiten a. LL, Forderungen a. LL, Gewinn und Verlust und schließen Sie die Warenkonten ab:

▶ Einkäufe von Waren lt. ER: 3 000 Stück zu je 200,00 € Einkaufspreis
▶ Verkäufe von Waren lt. AR: 3 000 Stück zu je 250,00 € Verkaufspreis

1. *Nennen Sie die Buchungssätze für die Ein- und Verkäufe der Waren sowie den Abschluss der Warenkonten.*
2. *Ermitteln Sie das Rohergebnis. Unterscheiden Sie zwischen Roh- und Reingewinn.*
3. *Warum ergibt sich zum Schluss des Geschäftsjahres kein Warenbestand?*

49 Einkäufe von Waren zum Einkaufspreis lt. ER . . . . 600.000,00 €
Verkäufe von Waren zum Verkaufspreis lt. AR . . . . 750.000,00 €
Zum 1. Januar und 31. Dezember gibt es keinen Warenlagerbestand.

1. *Buchen Sie auf den in Aufgabe 48 genannten Konten und ermitteln Sie den Rohgewinn.*
2. *Beziehen Sie den Rohgewinn auf den Wareneinsatz und ermitteln Sie den Kalkulationszuschlag in %:*

$$\text{Kalkulationszuschlag in \%} = \frac{\text{Rohgewinn} \cdot 100}{\text{Wareneinsatz}}$$

3. *Ermitteln Sie den Gewinn der Unternehmung (Reingewinn), wenn die übrigen Aufwendungen lt. GuV-Konto 120.000,00 € und die Zins- und Mieterträge 10.000,00 € betragen.*

50 Einkäufe von Waren zum Einkaufspreis lt. ER . . . . 850.000,00 €
Verkäufe von Waren zum Verkaufspreis lt. AR . . . . 800.000,00 €
Lagerbestände an Waren sind lt. Inventur weder zum 1. Jan. noch zum 31. Dez. vorhanden.

Ermitteln und beurteilen Sie den Erfolg der Unternehmung, wenn die übrigen Aufwendungen 100.000,00 € und die sonstigen Erträge 120.000,00 € betragen.

4.5.2 Warenein- und Warenverkauf mit Bestandsveränderung

Beispiel 1: Der o. g. Fahrzeuggroßhandel **kauft** in seinem **zweiten** Geschäftsjahr **3 000 Fahrräder** zu je 150,00 € ≙ 450.000,00 € ein. Im gleichen Zeitraum werden aber nur **2 000 Fahrräder** zu je 200,00 € ≙ 400.000,00 € **verkauft**. Der **Schlussbestand** zum 31. Dez. 02 beträgt somit: **1000 Fahrräder** zu je 150,00 € ≙ 150.000,00 €. Zum 1. Jan. 02 gab es keinen Lagerbestand. *Wie hoch ist der Rohgewinn zum 31. Dez.?*

Die Warenein- und -verkäufe wurden aufgrund der Ein-/Ausgangsrechnungen erfasst:

❶ Buchung der ER: Wareneingang . . . . . an Verbindlichkeiten a. LL 450.000,00

❷ Buchung der AR: Forderungen a. LL . . an Warenverkauf 400.000,00

Die Bestände an Waren werden auf dem Aktivkonto **„Warenbestände"** erfasst. Dieses Konto nimmt zu Beginn des Geschäftsjahres den Anfangsbestand an Waren im Soll auf und am Ende des Geschäftsjahres **im Haben den Schlussbestand** lt. Inventur:

❸ Buchung: Schlussbilanzkonto . . an Warenbestände 150.000,00

Bestandserhöhung. Im zweiten Geschäftsjahr wurden mehr Fahrräder eingekauft als verkauft. Dadurch **erhöht** sich der **Lagerbestand** um 1 000 Fahrräder = 150.000,00 €:

> **SB > AB = Warenbestandserhöhung ⟨=⟩ Einkaufsmenge > Verkaufsmenge**

Der Warenaufwand kann nur unter Beachtung der **Bestandsveränderung** ermittelt werden:

	Wareneinkäufe:	3 000 Fahrräder zu je 150,00 €	450.000,00 €
−	**Bestandserhöhung:**	1 000 Fahrräder zu je 150,00 €	150.000,00 €
=	**Warenaufwand:**	2 000 Fahrräder zu je 150,00 €	**300.000,00 €**
	Verkaufserlöse:	2 000 Fahrräder zu je 200,00 €	400.000,00 €
=	**Rohgewinn**	. . . .	**100.000,00 €**

Zur buchhalterischen Ermittlung des Warenaufwandes ist die Bestandserhöhung (= **Saldo** im Soll des Kontos „Warenbestände") auf das Wareneingangskonto **umzubuchen:**

❹ Buchung: Warenbestände . . . . an Wareneingang 150.000,00

Im Wareneingangskonto stehen nun den Einkäufen des Geschäftsjahres (3 000 Fahrräder ≙ 450.000,00 €) **als Korrektur im Haben** die auf Lager genommenen 1 000 Fahrräder ≙ 150.000,00 €, also die **Bestandserhöhung,** gegenüber. Der **Saldo ist der Warenaufwand** (= Wareneinsatz) von 2 000 Fahrrädern zu je 150,00 € ≙ 300.000,00 €.

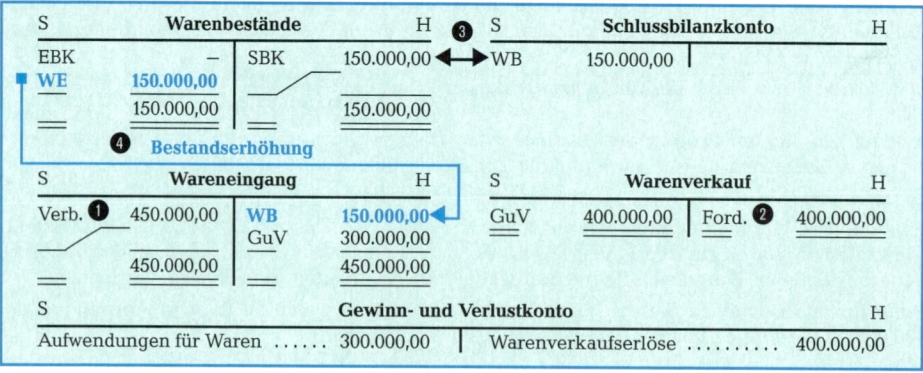

657748

Beispiel 2: Der Warenschlussbestand des 2. Geschäftsjahres ist zugleich der **Anfangsbestand** des 3. Geschäftsjahres: 1000 Fahrräder zu je 150,00 € ≙ **150.000,00 €**. Im **dritten** Geschäftsjahr werden **2 000 Fahrräder** zu je 150,00 € ≙ 300.000,00 € **einge-kauft**. Im gleichen Zeitraum werden jedoch **2 800 Fahrräder** zu je 200,00 € ≙ 560.000,00 € **verkauft**. Der **Schlussbestand** zum 31. Dez. 03 beträgt somit nur noch 200 Fahrräder zu je 150,00 € ≙ **30.000,00 €**. *Wie hoch ist der Rohgewinn?*

❶ **Buchung der ER:** Wareneingang ...... an Verbindlichkeiten a. LL 300.000,00
❷ **Buchung der AR:** Forderungen a. LL ... an Warenverkauf 560.000,00

Buchung der Warenbestände zum 1. Januar und 31. Dezember 03:

❸ Anfangsbestand: **Warenbestände** ...... an **Eröffnungsbilanzkonto** 150.000,00
❹ Schlussbestand: **Schlussbilanzkonto** .. an **Warenbestände** 30.000,00

Bestandsminderung. Nach Buchung des Schlussbestandes weist das **Konto „Waren-bestände"** als **Saldo** auf der Habenseite eine **Verminderung des Warenlagerbestandes** von **120.000,00 €** (= 800 Fahrräder zu je 150,00 €) aus: Im dritten Geschäftsjahr wurden also mehr Fahrräder verkauft (2 800) als eingekauft (2 000):

SB < AB = Warenbestandsminderung ⟺ Verkaufsmenge > Einkaufsmenge

	Wareneinkäufe:	2 000 Fahrräder zu je 150,00 €	....	300.000,00 €
+	Bestandsminderung:	800 Fahrräder zu je 150,00 €	....	120.000,00 €
=	**Warenaufwand:**	2 800 Fahrräder zu je 150,00 €	....	**420.000,00 €**
	Verkaufserlöse:	2 800 Fahrräder zu je 200,00 €	....	560.000,00 €
=	**Rohgewinn**	....		**140.000,00 €**

Zur buchhalterischen Ermittlung des Warenaufwandes muss die **Bestandsminderung** im Konto „Warenbestände" auf das Wareneingangskonto **umgebucht** werden:

❺ **Buchung:** Wareneingang .... an Warenbestände 120.000,00

Das Wareneingangskonto weist nun auf der Sollseite außer den Wareneinkäufen im Geschäftsjahr (2 000 Fahrräder zu je 150,00 € ≙ 300.000,00 €) auch die 800 Fahr-räder zu je 150,00 € ≙ 120.000,00 € aus, die aus dem Lagerbestand des Vorjahres verkauft wurden. Der **Wareneinsatz** beträgt somit 420.000,00 €.

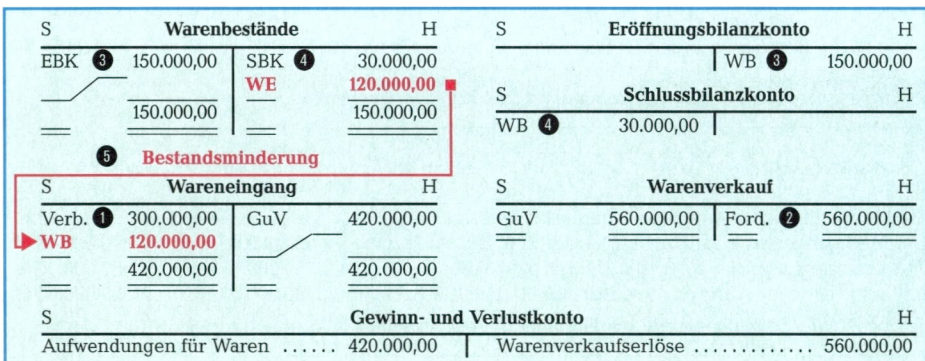

Merke:	Bestandsveränderungen sind bei Ermittlung des Warenaufwandes zu berücksich-tigen:
	● Wareneinkäufe − Bestandserhöhung = Warenaufwand
	● Wareneinkäufe + Bestandsminderung = Warenaufwand

Merke: Wenn Einkaufs- und Verkaufsmenge der Waren in einem Geschäftsjahr nicht übereinstimmen, kann der Warenaufwand erst unter Berücksichtigung der Bestandsveränderungen ermittelt werden. Die Umbuchungen lauten bei

▷ Bestandserhöhung:

Warenbestände an Wareneingang

▷ Bestandsminderung:

Wareneingang an Warenbestände

Soll	Warenbestände	Haben
Anfangsbestand		Schlussbestand
Bestands**erhöhung**		

Soll	Warenbestände	Haben
Anfangsbestand		Schlussbestand
		Bestands**minderung**

Soll	Wareneingang	Haben
Wareneinkäufe im Geschäftsjahr	Bestands**erhöhung**	
	Warenaufwand	

Soll	Wareneingang	Haben
Wareneinkäufe im Geschäftsjahr	Warenaufwand	
Bestands**minderung**		

Nennen Sie den Abschlussbuchungssatz für das Konto „Wareneingang".

Aufgaben

51 Ein Handelsbetrieb weist für das Geschäftsjahr 01 folgende Zahlen aus:

Anfangsbestand an Waren zum 1. Jan. 01	200.000,00 €
Wareneinkäufe vom 1. Jan. bis 31. Dez. 01 lt. ER	900.000,00 €
Warenverkäufe vom 1. Jan. bis 31. Dez. 01 lt. AR	1.200.000,00 €
Schlussbestand an Waren lt. Inventur zum 31. Dez. 01	300.000,00 €

1. *Buchen Sie auf den entsprechenden Konten den Anfangs- und Endbestand an Waren sowie die Ein- und Verkäufe von Waren. Richten Sie folgende Konten ein: Warenbestände, Wareneingang, Warenverkauf, Forderungen a. LL, Verbindlichkeiten a. LL, Eröffnungsbilanzkonto, Schlussbilanzkonto, Gewinn- und Verlustkonto.*
2. *Führen Sie den Abschluss der Konten Warenbestände, Wareneingang und Warenverkauf durch. Nennen Sie auch jeweils den Buchungssatz.*
3. *Ermitteln Sie die vorliegende Bestandsveränderung zum 31. Dez. 01 in % und erläutern Sie diese.*
4. *Ermitteln Sie rechnerisch den Rohgewinn und Kalkulationszuschlag.*

52 Der in Aufgabe 51 genannte Handelsbetrieb weist für das Geschäftsjahr 02 folgende Daten aus:

	a)	b)
Anfangsbestand an Waren zum 1. Jan. 02	? €	? €
Wareneingang vom 1. Jan. 02 bis 31. Dez. 02 lt. ER	820.000,00 €	880.000,00 €
Verkaufserlöse vom 1. Jan. 02 bis 31. Dez. 02 lt. AR	1.350.000,00 €	1.050.000,00 €
Schlussbestand an Waren lt. Inventur zum 31. Dez. 02	120.000,00 €	320.000,00 €

Bearbeiten Sie die Aufgabe entsprechend der obigen Aufgabenstellung (Aufgabe 51).

53 In einem Geschäftsjahr beträgt der Warenaufwand zum 31. Dezember 600.000,00 €. *Ermitteln Sie den Wareneingang, wenn zum 31. Dezember*

1. *ein Mehrbestand an Waren in Höhe von 150.000,00 € und*
2. *ein Minderbestand an Waren über 100.000,00 € vorliegt.*

Buchen Sie auf den Warenkonten und schließen Sie diese entsprechend ab:

	a)	b)
Anfangsbestand an Waren	95.000,00	250.000,00
Zieleinkäufe von Waren	34.000,00	163.000,00
Barverkäufe von Waren	7.000,00	12.000,00
Zielverkäufe von Waren	84.000,00	85.000,00
Warenverkauf gegen Bankscheck	19.000,00	18.000,00
Warenschlussbestand lt. Inventur	59.000,00	280.000,00

Anfangsbestände

Betriebs- und Geschäftsausstattung	85.000,00
Warenbestände	145.000,00
Forderungen a. LL	72.000,00
Kasse	14.200,00
Postbankguthaben	9.900,00
Bankguthaben	113.500,00
Darlehensschulden	35.000,00
Verbindlichkeiten a. LL	65.000,00
Eigenkapital	339.600,00

Kontenplan

Bestandskonten: Betriebs- und Geschäftsausstattung, Warenbestände, Forderungen a.LL, Kasse, Postbank, Bank, Darlehensschulden, Verbindlichkeiten a.LL, Eigenkapital: Schlussbilanzkonto.

Erfolgskonten: Wareneingang, Löhne, Gehälter, Bürobedarf, Kosten der Telekommunikation, Zinsaufwendungen, Zinserträge, Warenverkauf: Gewinn- und Verlustkonto.

Geschäftsfälle

1. Verkauf von Waren auf Ziel lt. AR	4.500,00
2. Kunde begleicht Rechnung durch Banküberweisung	9.500,00
3. Zielkauf von Waren lt. ER	8.200,00
4. Verkauf von Waren gegen Bankscheck	15.300,00
5. Barkauf von Büromaterial	350,00
6. Unsere Banküberweisung für Darlehenszinsen	1.200,00
7. Zielverkauf von Waren lt. AR	18.800,00
8. Banküberweisung für Gehälter	4.800,00
9. Zinsgutschrift der Bank	3.100,00
10. Postbanküberweisung für Löhne	3.200,00
11. Liefererrechnung wird durch Banküberweisung beglichen	11.500,00
12. Kauf einer EDV-Anlage gegen Bankscheck	5.500,00
13. Fernsprechgebühren werden durch Postbank beglichen	850,00
14. Tilgung eines Darlehens durch Banküberweisung	10.000,00

Abschlussangaben

1. Warenbestand lt. Inventur	130.000,00
2. Alle übrigen Bestände stimmen mit den Inventurwerten überein.	

Auswertung

1. Ermitteln Sie die Lagerbestandsveränderung in % des Warenanfangsbestandes. Worauf lässt die Veränderung schließen?

2. Wie hoch ist der Warenrohgewinn?

3. Ermitteln Sie den Kalkulationszuschlag in %.

56   **Anfangsbestände**

Betriebs- und Geschäftsausstattung	65.000,00
Warenbestände	98.000,00
Forderungen a. LL	34.000,00
Kasse	19.500,00
Postbankguthaben	8.300,00
Bankguthaben	53.000,00
Darlehensschulden	24.500,00
Verbindlichkeiten a. LL	32.000,00
Eigenkapital	221.300,00

Kontenplan

Bestandskonten: Betriebs- und Geschäftsausstattung, Forderungen a.LL, Bank, Kasse, Postbank, Warenbestände, Darlehensschulden, Verbindlichkeiten a.LL, Eigenkapital: Schlussbilanzkonto.

Erfolgskonten: Wareneingang, Löhne, Mietaufwendungen, Gewerbesteuer, Provisionserträge, Zinserträge, Warenverkauf: Gewinn- und Verlustkonto.

Geschäftsfälle

1.	Kauf von Büroschränken gegen Bankscheck	2.650,00
2.	Verkauf von Waren lt. AR	12.500,00
3.	Zielkauf von Waren lt. ER	9.300,00
4.	Lohnzahlung bar an Aushilfskräfte im Lager	3.800,00
5.	Wir erhalten Provision auf Postbankkonto	2.500,00
6.	Gewerbesteuer wird durch Banküberweisung bezahlt	12.800,00
7.	Unsere Mietzahlung für Büroräume durch Banküberweisung	1.900,00
8.	Die Bank schreibt uns Zinsen gut	1.100,00
9.	Verkauf von Waren lt. AR	11.200,00
10.	Verkauf von Waren gegen Bankscheck	16.300,00
11.	Kauf von Waren lt. ER	4.400,00
12.	Kunde begleicht Rechnung über .... durch Banküberweisung	6.500,00
13.	Banküberweisung an Lieferer	6.600,00
14.	Wir nehmen ein Darlehen über .... bei unserer Hausbank auf.	28.500,00
15.	Darlehenstilgung durch Bank	17.000,00

Abschlussangaben

1. Warenbestand lt. Inventur 80.000,00
2. Alle übrigen Bestände stimmen mit den Inventurwerten überein.

57
1. *Warum bezeichnet man den Warengewinn als Rohgewinn, den Warenverlust als Rohverlust? Unterscheiden Sie Rohgewinn und Reingewinn bzw. Rohverlust und Reinverlust.*
2. *Das Gewinn- und Verlustkonto weist einen Warenrohgewinn von 20.000,00 €, jedoch einen Reinverlust von 5.000,00 € aus. Erklären Sie den Tatbestand.*
3. *Nennen Sie jeweils die Auswirkung auf den Warenlagerschlussbestand:*
   a) Wareneinkaufsmenge = Warenverkaufsmenge
   b) Wareneinkaufsmenge > Warenverkaufsmenge
   c) Wareneinkaufsmenge < Warenverkaufsmenge

58   In einem Großhandelsunternehmen beträgt der Anfangsbestand an Waren 200.000,00 €. Die Wareneinkäufe während des Geschäftsjahres beliefen sich auf 560.000,00 €. Der Einkaufswert der verkauften Waren betrug 620.000,00 €. Die Warenverkaufserlöse betrugen im gleichen Abrechnungszeitraum 590.000,00 €.

Ermitteln Sie den buchmäßigen Warenschlussbestand und das Rohergebnis aus dem Warenhandelsgeschäft.

5 Umsatzsteuer beim Ein- und Verkauf

5.1 Wesen der Umsatzsteuer (Mehrwertsteuer)[1]

Viele zum Verkauf angebotene Waren legen meist einen langen Weg zurück: vom Betrieb der Urerzeugung über Betriebe der Weiterverarbeitung, des Groß- und Einzelhandels bis zum Endverbraucher. Menschen und Kapital schaffen **auf jeder Stufe** dieses Warenwegs „mehr Wert". Diesen **Mehrwert,** der sich jeweils aus der **Differenz zwischen Verkaufs- und Einkaufspreis** der Ware ergibt, besteuert der Staat mit **„Mehrwertsteuer",** deren Grundlage das **Umsatzsteuergesetz** ist. Die Mehrwertsteuer heißt deshalb auch offiziell **Umsatzsteuer.** Der **allgemeine** Umsatzsteuersatz beträgt ab 2007 **19 %,** der **ermäßigte,** z. B. für Lebensmittel und Bücher, **7 %.**

Eine Wohnzimmerschrankwand, die in einem Möbeleinzelhandelsgeschäft an einen Privatkunden für **11.900,00 €** (10.000,00 € **Warenwert** + 1.900,00 € **Umsatzsteuer**) verkauft wurde, legt in der Regel vier Umsatzstufen zurück. Der Forstbetrieb mit angeschlossenem Sägewerk liefert das Holz an die Möbelwerke, die daraus die Schrankwand herstellen und an den Möbelgroßhändler verkaufen, der wiederum das Möbeleinzelhandelsgeschäft beliefert. Von dem **auf jeder Umsatzstufe** entstandenen **Mehrwert** werden **19 % Umsatzsteuer** berechnet und als **Zahllast** an das Finanzamt abgeführt. Das sind für alle vier Umsatzstufen **insgesamt 1.900,00 € Umsatzsteuer,** also genau der Betrag, den der **Privatkunde als Endverbraucher** an Umsatzsteuer **zu tragen und zu zahlen** hat:

Umsatzstufen	Einkaufspreis lt. ER	Verkaufspreis lt. AR	Mehrwert	Zahllast: 19 % USt vom Mehrwert
Forstbetrieb	0,00 €	2.000,00 €	**2.000,00 €**	380,00 € USt
Möbelwerke	2.000,00 €	6.500,00 €	**4.500,00 €**	855,00 € USt
Möbelgroßhandel	6.500,00 €	8.000,00 €	**1.500,00 €**	285,00 € USt
Möbeleinzelhandel	8.000,00 €	10.000,00 €	**2.000,00 €**	380,00 € USt
Privatkunde zahlt an Einzelhandel:		**11.900,00 €** **=**	**10.000,00 €** **+**	**1.900,00 € USt**

Die **Umsatzsteuer,** die auf jeder Stufe des Warenwegs an das Finanzamt abgeführt wird, **belastet nicht die Unternehmen,** sondern, wie das Beispiel zeigt, **allein den Privatkunden,** der die Rechnung des Möbeleinzelhändlers einschließlich der Umsatzsteuer im **Preis von 11.900,00 €** bezahlt. Der Einzelhändler vereinnahmt die Umsatzsteuer im Namen des Finanzamtes und führt sie entsprechend ab.

Merke:	• **Auf jeder Stufe des Warenwegs entsteht ein Mehrwert.**
	• **Nettoverkaufspreis > Nettoeinkaufspreis = Mehrwert**
	• **Jeder Unternehmer hat zwar die Umsatzsteuer von seiner Mehrwertschöpfung als Zahllast an das Finanzamt abzuführen, sie belastet ihn jedoch nicht.**
	• **Die Umsatzsteuer wird ausschließlich vom Privatkunden getragen.**

---

1 Weitere Ausführungen auf den Seiten 69 f.

5.2   Ermittlung der Zahllast aus Umsatzsteuer und Vorsteuer

Wenn die Umsatzsteuer auf allen Rechnungen offen ausgewiesen wird, kann die an das Finanzamt abzuführende **Umsatzsteuer-Zahllast auf jeder Stufe des Warenwegs** sehr **schnell ermittelt** werden, wie das folgende Beispiel zeigt:

Beispiel: Die Möbelwerke A. Klein e. K. verkaufen eine in ihrem Betrieb hergestellte Wohnzimmerschrankwand an den Möbelgroßhandel Schnell KG aufgrund der Ausgangsrechnung:	**Ausgangsrechnung der Möbelwerke Klein:** Wohnzimmerschrankwand S 404, netto .... 6.500,00 € + 19 % Umsatzsteuer .... 1.235,00 € **Rechnungsbetrag** .... **7.735,00 €**
Beispiel: Der Möbelgroßhandel Schnell KG verkauft die Wohnzimmerschrankwand an den Möbeleinzelhandel Probst GmbH aufgrund der nebenstehenden Ausgangsrechnung:	**Ausgangsrechnung d. Möbelgroßhandl. Schnell:** Schrankwand, netto .... 8.000,00 € + 19 % Umsatzsteuer .... 1.520,00 € **Rechnungsbetrag** .... **9.520,00 €**

Die Warenlieferung der Möbelwerke an den Möbelgroßhandel **unterliegt nach § 1 Umsatzsteuergesetz der Umsatzsteuer.** Die Möbelwerke **schulden** dem Finanzamt somit **1.235,00 € Umsatzsteuer,** die sie aber vom Möbelgroßhandel zurückhaben wollen. Deshalb ist der Lieferer der Ware gesetzlich verpflichtet die **Umsatzsteuer in der Ausgangsrechnung** neben dem Warenwert (Nettowert) **gesondert auszuweisen.**

Die Ausgangsrechnung der Möbelwerke ist zugleich die **Eingangsrechnung** des Möbelgroßhandels. Die in der Eingangsrechnung genannte Umsatzsteuer (1.235,00 €) darf der Möbelgroßhandel als **Vorsteuer** von der aufgrund seiner Ausgangsrechnung geschuldeten Umsatzsteuer (1.520,00 €) abziehen. **Die Vorsteuer,** also die Umsatzsteuer auf Eingangsrechnungen, **stellt** damit eine **Forderung gegenüber dem Finanzamt dar.**

Aus der Differenz zwischen den Umsatzsteuerschulden aufgrund der Ausgangsrechnungen **und den Vorsteuern** aufgrund der Eingangsrechnungen ergibt sich die an das Finanzamt abzuführende **Umsatzsteuer-Zahllast,** sofern die Schulden das Vorsteuerguthaben überwiegen. Die Umsatzsteuer-Zahllast ist dem Finanzamt in Form einer **Umsatzsteuervoranmeldung** grundsätzlich **vierteljährlich** und bei einer Vorjahres-Umsatzsteuer von mehr als 6.136,00 € **monatlich online** mitzuteilen. Vereinfacht ergibt sich für das Beispiel des Möbelgroßhandels Folgendes:

Umsatzsteuerverbindlichkeiten aufgrund der Ausgangsrechnung	1.520,00 €
− Vorsteuerguthaben aufgrund der Eingangsrechnung	1.235,00 €
Umsatzsteuer-Zahllast	**285,00 €**

Durch den Abzug der Vorsteuer erreicht man, dass jeweils **nur der Mehrwert besteuert wird,** wie ein Vergleich mit der Tabelle auf Seite 53 zeigt. Der **Möbelgroßhandel** wird durch die Umsatzsteuer **nicht belastet.** Er vereinnahmt vom Einzelhandel 1.520,00 € Umsatzsteuer, von der er 1.235,00 € Vorsteuer an die Möbelwerke und 285,00 € Zahllast an das Finanzamt abführt.

Merke:	● **Die Umsatzsteuerbeträge auf Ausgangsrechnungen sind Verbindlichkeiten gegenüber dem Finanzamt.**
	● **Die Umsatzsteuerbeträge auf Eingangsrechnungen sind Vorsteuern, die Forderungen gegenüber dem Finanzamt darstellen.**
	● **Die Zahllast wird meist monatlich ermittelt und bis zum 10. des Folgemonats abgeführt:** Umsatzsteuer aus AR > Vorsteuer aus ER = Zahllast
	● **Nur Unternehmen und Selbstständige sind zum Vorsteuerabzug berechtigt.**

5.3 Die Umsatzsteuer – ein durchlaufender Posten der Unternehmen

Der Umsatzsteuer unterliegen nach § 1 UStG alle **Lieferungen und Leistungen,** die im **Inland** gegen **Entgelt** von einem **Unternehmen** erbracht werden. Auch **unentgeltliche Entnahmen** von Sachgütern und sonstigen Leistungen des Unternehmens durch den Unternehmer (z. B. für Privatzwecke)[1] sind umsatzsteuerpflichtig. **Der gewerbliche Erwerb von Gütern aus EU-Mitgliedstaaten** gegen Entgelt, der sog. **„Innergemeinschaftliche Erwerb",** unterliegt ebenfalls der **deutschen Umsatzsteuer.** Während der **Export in Nicht-EU-Staaten,** in sog. Drittländer (z. B. Schweiz), **von der Umsatzsteuer befreit** ist, ist für den **Import** aus diesen Staaten **Einfuhrumsatzsteuer** zu zahlen.

Wie die Grunderwerbsteuer (3,5 %) und die Versicherungsteuer (16 %) zählt auch die **Umsatzsteuer** in der verwaltungsrechtlichen Einteilung der Steuern zu den **Verkehrsteuern,** die rechtliche oder wirtschaftliche Vorgänge besteuern, wie z. B. die Lieferung einer Ware oder den Erwerb eines Grundstücks. Von ihrer Wirkung aus müsste man die **Umsatzsteuer** eigentlich zu den **Verbrauchsteuern** rechnen, weil sie den **Verbrauch der privaten Haushalte belastet,** wie z. B. die Tabaksteuer, Mineralölsteuer, Biersteuer. **Für alle Unternehmen und Selbstständige** (Handwerker, Notare, Anwälte, Handelsvertreter u. a.) ist die **Umsatzsteuer** lediglich ein **durchlaufender Posten,** da sie die ihren Kunden in Rechnung gestellte Umsatzsteuer im Namen des Finanzamtes vereinnahmen, sie als Vorsteuer an ihre Vorlieferanten und als Zahllast an das Finanzamt abführen. Damit das korrekt geschieht und für das Finanzamt nachprüfbar wird, gibt es die gesetzliche Vorschrift, die **Umsatzsteuer** auf allen Ausgangsrechnungen **offen auszuweisen.** Diese Zusammenhänge werden noch einmal in unserem Umsatzstufenbeispiel verdeutlicht:

Umsatzstufen	Ausgangsrechnung/ Eingangsrechnung		Umsatzsteuer	Vorsteuer	Zahllast
Forstbetrieb	Nettopreis	2.000,00 €	380,00 €	0,00 €	**380,00 €**
	+ 19 % USt	380,00 €			
	Bruttopreis	2.380,00 €			
Möbelwerke	Nettopreis	6.500,00 €	1.235,00 €	380,00 €	**855,00 €**
	+ 19 % USt	1.235,00 €			
	Bruttopreis	7.735,00 €			
Großhandel	Nettopreis	8.000,00 €	1.520,00 €	1.235,00 €	**285,00 €**
	+ 19 % USt	1.520,00 €			
	Bruttopreis	9.520,00 €			
Einzelhandel	Nettopreis	10.000,00 €	1.900,00 €	1.520,00 €	**380,00 €**
	+ 19 % USt	1.900,00 €			
	Bruttopreis	11.900,00 €			
Privatkunde	bezahlt brutto 11.900,00 € Probe:		**5.035,00 € Schuld** −	**3.135,00 € Forderung** =	**1.900,00 € Zahllast**

Die aufgrund der **Umsatzsteuervoranmeldungen** abgeführten Zahllasten stellen lediglich **Vorauszahlungen** an das Finanzamt dar. Deshalb ist für das abgelaufene Geschäftsjahr noch eine **Umsatzsteuer-Jahreserklärung** zu erstellen, die zusammen mit der Einkommen- bzw. Körperschaftsteuererklärung **bis zum 31. Mai des Folgejahres** beim Finanzamt einzureichen ist.

---

1 siehe auch S. 69 f.

Sind die Vorsteuern eines Monats, Quartals oder Jahres höher als die Umsatzsteuer, erstattet das Finanzamt diesen **Vorsteuerüberhang** durch Überweisung.

Beispiel: Die Umsatzsteuervoranmeldung des Möbelgroßhandels Schnell KG weist zum 31. März folgende Zahlen aus:

Umsatzsteuer	112.000,00 €
− Vorsteuer	136.000,00 €
Vorsteuerguthaben zum 31. März ...	**24.000,00 €**

Merke:
- **Bemessungsgrundlage der Umsatzsteuer ist das Entgelt[1], also der Nettopreis der bezogenen Lieferung oder Leistung zuzüglich aller Nebenkosten.**
- **Die Umsatzsteuer ist auf allen Ausgangsrechnungen gesondert auszuweisen, sofern diese auf Unternehmen oder Selbstständige ausgestellt sind.**
- **Bei Kleinbetragsrechnungen bis zu 100,00 € einschl. USt (z. B. Tankstellenbeleg) genügt die Angabe des Steuersatzes für die im Bruttobetrag enthaltene Umsatzsteuer.**
- **Die USt-Voranmeldung ist grundsätzlich vierteljährlich und bei einer Vorjahres-USt von mehr als 6.136,00 € monatlich online beim Finanzamt einzureichen.**
- **Für jedes Geschäftsjahr ist eine Umsatzsteuer-Jahreserklärung abzugeben.**
- **Ein Vorsteuerüberhang (Vorsteuer > Umsatzsteuer) wird vom Finanzamt erstattet.**
- **Bei Unternehmen und Selbstständigen ist die Umsatzsteuer ein durchlaufender Posten.**

5.4 Buchung der Umsatzsteuer im Ein- und Verkaufsbereich

5.4.1 Buchung beim Einkauf von Waren u. a.

Der Einkauf von Waren, Roh-, Hilfs- und Betriebsstoffen[2] wird aufgrund einer Eingangsrechnung (ER) gebucht. Sie weist den Nettowert der bezogenen Ware und die darauf entfallende Umsatzsteuer gesondert aus. In unserem Stufenbeispiel auf Seite 55 erhält der Möbelgroßhandel für die Lieferung der Schrankwand von den Möbelwerken Klein folgende Rechnung:

Eingangsrechnung des Möbelgroßhandels Schnell KG	
Wohnzimmerschrankwand S 404, netto ...	6.500,00 €
+ 19 % Umsatzsteuer	1.235,00 €
Rechnungsbetrag	**7.735,00 €**

Die in der **Eingangsrechnung** ausgewiesene Umsatzsteuer — die sog. **Vorsteuer** — begründet für den Möbelgroßhandel eine **Forderung gegenüber dem Finanzamt;** daher wird die beim Einkauf der Ware in Rechnung gestellte Vorsteuer zunächst im

Aktivkonto „Vorsteuer"

auf der Sollseite gebucht. Im „Wareneingangskonto" wird im Soll nur der Nettobetrag erfasst. Der Rechnungsbetrag wird auf dem Konto „Verbindlichkeiten a. LL" im Haben gebucht.

Der Buchungssatz aufgrund der **Eingangsrechnung** lautet:

Wareneingang	6.500,00	
Vorsteuer	1.235,00	
an **Verbindlichkeiten a. LL**		7.735,00

---

1 Nach **§ 10 UStG** ist **Entgelt** alles, was der Leistungsempfänger aufwendet, um die Leistung zu erhalten, jedoch abzüglich der Umsatzsteuer.

2 **Rohstoffe** bilden den **Hauptbestandteil** eines Erzeugnisses (z. B. Holz), **Hilfsstoffe** sind **Nebenbestandteil** (z. B. Leim), **Betriebsstoffe** sind **Treibstoffe** (z. B. Heizöl, Benzin).

S	Wareneingang	H	S	Verbindlichkeiten a. LL	H
Verb. a. LL 6.500,00				Wareneingang/	
				Vorsteuer 7.735,00	

S	Vorsteuer	H
Verb. a. LL 1.235,00		

Merke: Die Umsatzsteuer in der Eingangsrechnung ist die Vorsteuer. Das Konto „Vorsteuer" ist ein Aktivkonto. Es weist ein Guthaben, d.h. eine Forderung gegenüber dem Finanzamt aus.

5.4.2 Buchung beim Verkauf von Waren u. a.

Der Verkauf von Waren (Erzeugnissen) wird aufgrund einer Ausgangsrechnung (AR) gebucht. Sie weist den Nettopreis der Waren und die darauf entfallende Umsatzsteuer gesondert aus. In unserem Beispiel kauft der Möbelgroßhandel Schnell eine von den Möbelwerken Klein hergestellte Wohnzimmerschrankwand und verkauft diese an den Möbeleinzelhändler Probst auf Ziel (Nettopreis 8.000,00 €). Der Möbelgroßhandel Schnell schickt dem Möbeleinzelhändler Probst folgende Rechnung:

Ausgangsrechnung des Möbelgroßhandels Schnell KG	
Wohnzimmerschrankwand S 404, netto	8.000,00 €
+ 19 % Umsatzsteuer	1.520,00 €
Rechnungsbetrag	**9.520,00 €**

Der Möbelgroßhandel Schnell belastet den Einzelhändler Probst auf dem Konto „Forderungen a. LL" mit dem Rechnungsbetrag von 9.520,00 €; denn der Möbeleinzelhändler ist verpflichtet dem Möbelgroßhandel den Nettowert der Ware und dessen Umsatzsteuerverbindlichkeiten aus dieser Lieferung zu bezahlen. Das Konto „Warenverkauf" übernimmt im Haben den Nettopreis von 8.000,00 €. Die darauf entfallende Umsatzsteuer, also die Umsatzsteuer aus dem Verkauf der Ware, wird dem Finanzamt auf dem

Passivkonto „Umsatzsteuer"

im Haben gutgeschrieben.

Der Buchungssatz aufgrund der **Ausgangsrechnung** lautet:

> Forderungen a. LL 9.520,00
> an **Warenverkauf** 8.000,00
> an **Umsatzsteuer** 1.520,00

S	Forderungen a. LL	H	S	Warenverkauf	H
Warenverkauf/				Ford. a. LL 8.000,00	
USt 9.520,00					

S	Umsatzsteuer	H
		Ford. a. LL 1.520,00

Merke: Das Konto „Umsatzsteuer" ist ein Passivkonto. Es weist Umsatzsteuerverbindlichkeiten gegenüber dem Finanzamt aus.

5.4.3 Vorsteuerabzug und Ermittlung der Zahllast

Ermittlung der Zahllast. Mit dem Verkauf der Wohnzimmerschrankwand an den Möbeleinzelhändler Probst entsteht für den Möbelgroßhandel Schnell zunächst eine **Umsatzsteuerschuld** in Höhe von 1.520,00 € gegenüber dem Finanzamt. Der Möbelgroßhandel hat jedoch durch die beim Einkauf der Ware geleistete Vorsteuer ein **Guthaben,** d.h. eine Forderung an das Finanzamt in Höhe von 1.235,00 €. Er braucht also nur noch den **Unterschiedsbetrag** zwischen der Umsatzsteuer beim Verkauf und der Umsatzsteuer beim Einkauf (= Vorsteuer) an das Finanzamt zu zahlen (= **Zahllast**):

	Umsatzsteuerverbindlichkeit aus dem Verkauf	1.520,00 €
−	Vorsteuerguthaben aus dem Einkauf	1.235,00 €
	Zahllast	285,00 €

Die Zahllast in Höhe von 285,00 € entspricht somit 19 % der eigenen Mehrwertschöpfung (19 % von 1.500,00 € = 285,00 €).

Zum Schluss des Umsatzsteuervoranmeldungszeitraums[1] ist der Saldo des Kontos „Vorsteuer" (= Forderung) auf das Konto „Umsatzsteuer" (= sonstige Verbindlichkeit) zu übertragen, um die Zahllast buchhalterisch zu ermitteln:

Buchung: Umsatzsteuer .... an **Vorsteuer** 1.235,00

S	Vorsteuer		H	S	Umsatzsteuer		H
Verb. a. LL	1.235,00	Saldo	1.235,00	VSt	1.235,00	Ford. a. LL	1.520,00
				Zahllast	285,00		

Überweisung der Zahllast. Nach dieser Umbuchung weist nun der Saldo des Kontos „Umsatzsteuer" die Zahllast aus, die **spätestens bis zum 10. des folgenden Monats** an das Finanzamt abzuführen ist:

Buchung: Umsatzsteuer .... an **Bank** 285,00

S	Bank		H	S	Umsatzsteuer		H
...	25.000,00	USt	285,00	VSt	1.235,00	Ford. a. LL	1.520,00
				Bank	285,00		
					1.520,00		1.520,00

Merke:
- Zur buchhalterischen Ermittlung der Zahllast wird das Konto „Vorsteuer" über das Konto „Umsatzsteuer" abgeschlossen.
- Nach der Verrechnung zeigt der Saldo auf dem Konto „Umsatzsteuer" den an das Finanzamt abzuführenden Betrag: die Zahllast.
- Bei einem Steuersatz von 19 % entspricht der Rechnungs- oder Bruttobetrag stets 119 %: Warennettobetrag (= 100 %) + 19 % Umsatzsteuer. Aus dem Bruttobetrag lässt sich der Anteil der Umsatzsteuer wie folgt herausrechnen: 119 % ≙ Bruttobetrag, 19 % ≙ x

$$\text{Steueranteil} = \frac{\text{Bruttobetrag} \cdot 19\,\%}{119\,\%}$$

---

1 siehe Seiten 54 und 56

657758

5.5 Bilanzierung der Zahllast und des Vorsteuerüberhanges

Passivierung der Zahllast. Zum 31. Dezember ist die Zahllast des Monats Dezember als „Sonstige Verbindlichkeit" in die Schlussbilanz einzusetzen, also zu **passivieren.**

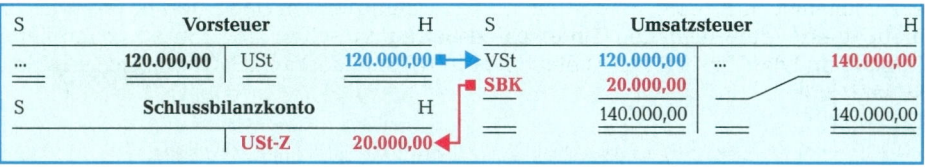

Buchungen zum 31. Dez.:
❶ Umsatzsteuer an Vorsteuer 120.000,00
❷ Umsatzsteuer an Schlussbilanzkonto 20.000,00

Aktivierung des Vorsteuerüberhangs. Entsprechend ist ein Vorsteuerüberhang zum 31. Dezember als „Sonstige Forderung" in der Schlussbilanz auszuweisen, also zu **aktivieren.** In diesem Fall ist das Konto „Umsatzsteuer" über das Konto „Vorsteuer" abzuschließen.

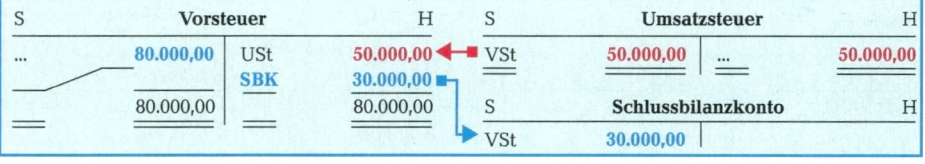

Buchungen zum 31. Dez.:
❶ Umsatzsteuer .... an Vorsteuer 50.000,00
❷ Schlussbilanzkonto .. an Vorsteuer 30.000,00

Merke: Zum Bilanzstichtag (31. Dezember) ist im Schlussbilanzkonto

● die Zahllast als „Sonstige Verbindlichkeit" auszuweisen (zu passivieren),

● ein Vorsteuerüberhang als „Sonstige Forderung" zu aktivieren.

Aufgaben

59 Ein Unternehmen der Grundstoffindustrie verkauft an einen Industriebetrieb Rohstoffe im Wert von 2.000,00 € netto. Der Industriebetrieb erstellt aus den Rohstoffen fertige Erzeugnisse und verkauft diese für 6.000,00 € an den Großhandel. Der Großhandel veräußert diese Waren an den Einzelhandel für 7.600,00 €. Der Einzelhandel setzt die Waren an verschiedene Konsumenten für 11.000,00 € ab. Die Preise sind **Nettopreise,** allgemeiner Steuersatz.
Zeichnen Sie ein Stufenschema (s. S. 55), das den Rechnungsbetrag, die Umsatzsteuer beim Verkauf, die Vorsteuer und die Zahllast enthält. Buchen Sie auf jeder Stufe.

60 Ein Großhandelsunternehmen hatte im Monat Oktober insgesamt Warenverkäufe von netto 500.000,00 € und Einkäufe von Waren von netto 300.000,00 €. Allgemeiner Steuersatz.
Konten: Wareneingang, Vorsteuer, Verbindlichkeiten a. LL, Warenverkauf, Umsatzsteuer, Forderungen a. LL, Bank (Anfangsbestand 10.000,00 €).
1. Buchen Sie a) die Warenverkäufe, b) Wareneinkäufe, c) Ermittlung der Zahllast (31. Okt.).
2. Bis wann ist die Zahllast an das Finanzamt zu überweisen? Buchen Sie.

61 *Buchen Sie den folgenden Beleg*

1. als Ausgangsrechnung und

2. als Eingangsrechnung:

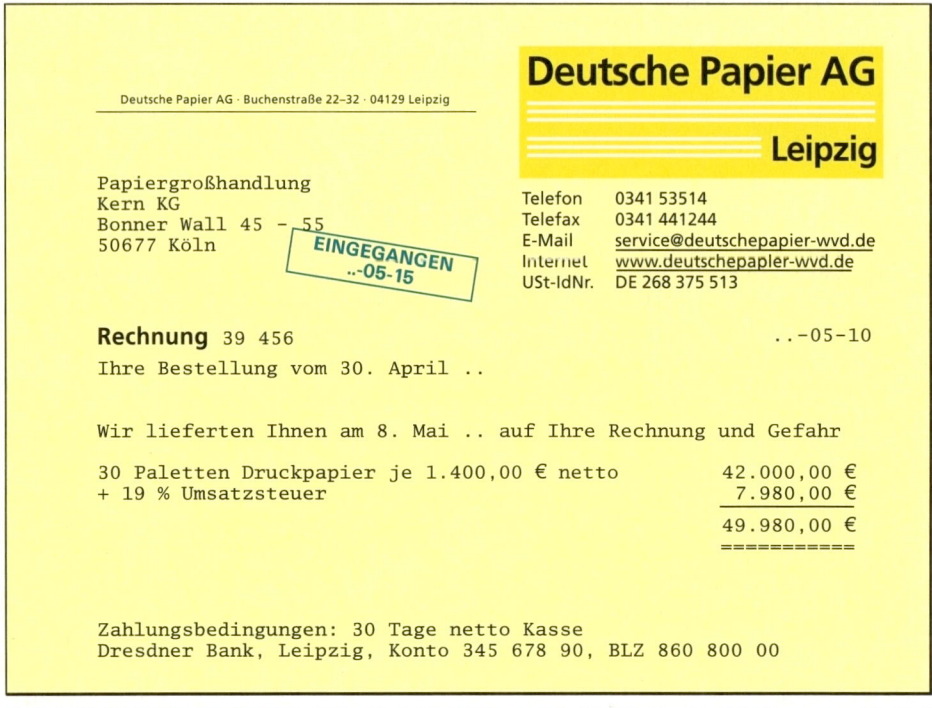

62 In der Papiergroßhandlung Kern KG liegen folgende Belege zur Buchung vor:

Beleg 1

Beleg 2

```
TANK - RAST

S. Gunkel GmbH
Slabystrasse 54
50735 Koeln
Steuer-Nr.
065 163 23546


* SÄULEN-NR. 10
* Diesel
* Liter 82,85 x 1,159 EUR

    TOTAL  96,02 EUR

Im Gesamtbetrag sind
19 % Umsatzsteuer
enthalten.


    VIELEN DANK
    GUTE FAHRT!
```

Nennen Sie zu den Belegen 1 und 2 jeweils den Buchungssatz.

657760

Im Dezember hatte die Handels-GmbH, Düsseldorf, folgende Umsätze: Verkäufe netto **63**
600.000,00 €, Einkäufe netto 800.000,00 €, allgemeiner Steuersatz.
1. *Buchen Sie die Vorgänge summarisch.*
2. *Warum ergibt sich zum 31. Dezember keine Zahllast?*
3. *Wohin gelangt der Vorsteuerüberhang beim Jahresabschluss? Buchen Sie.*
4. *Inwiefern stellt die Vorsteuer eine Forderung an das Finanzamt dar? Begründen Sie.*

Anfangsbestände 64

BGA	30.000,00	Kasse	6.000,00
Fuhrpark	90.000,00	Bankguthaben	35.000,00
Waren	128.000,00	Verbindlichkeiten a. LL	43.000,00
Forderungen a. LL	34.000,00	Eigenkapital	280.000,00

Kontenplan

Bestandskonten: BGA, Fuhrpark, Warenbestände, Forderungen a. LL, Vorsteuer, Kasse, Bank, Verbindlichkeiten a. LL, Umsatzsteuer, Eigenkapital: Schlussbilanzkonto.
Erfolgskonten: Wareneingang, Warenverkauf, Löhne: Gewinn- und Verlustkonto.

Geschäftsfälle

1. Zieleinkauf von Waren lt. ER 11–14

Nettopreis	11.000,00
+ Umsatzsteuer	2.090,00
Rechnungsbeträge	13.090,00

2. Kauf eines Lieferfahrzeugs lt. ER 15

Nettopreis	40.000,00
+ Umsatzsteuer	7.600,00
Rechnungsbetrag	47.600,00

3. Banküberweisung an Lieferer, Rechnungsbeträge 8.925,00
4. Barzahlung von Löhnen an Aushilfskräfte bei der Inventur 4.400,00
5. Kauf von Waren lt. ER 16

Nettopreis	2.500,00
+ Umsatzsteuer	475,00
Rechnungsbetrag	2.975,00

6. Verkauf von Waren lt. AR 10–12

Nettopreis	23.000,00
+ Umsatzsteuer	4.370,00
Rechnungsbeträge	27.370,00

7. Banküberweisung von Kunden, Rechnungsbeträge 5.950,00
8. Verkauf von Waren lt. AR 13–18

Nettopreis	60.400,00
+ Umsatzsteuer	11.476,00
Rechnungsbeträge	71.876,00

9. Banküberweisung für ER 15, vgl. Geschäftsfall 2 .... 47.600,00

Abschlussangaben

1. Die Zahllast für die Umsatzsteuer ist zu ermitteln und auf die Passivseite des Schlussbilanzkontos einzustellen, d. h. zu passivieren.
2. Inventurbestand an Waren 82.000,00
3. Die übrigen Buchwerte stimmen mit den Inventurwerten überein.

Der Elektrogroßhandel Dirk Bach e. K. hat lt. ER 123 Büromaterial für brutto 178,50 €, also **65**
einschließlich 19 % Umsatzsteuer, gegen Barzahlung erworben.
Ermitteln Sie aus dem Bruttopreis (= 119 %)
1. die darin enthaltene Umsatzsteuer (= 19 %) und
2. den Nettopreis (= 100 %).

66 Im Monat Juli wurden Waren für brutto 297.500,00 € eingekauft. Im gleichen Zeitraum betrugen die Bruttoverkaufserlöse für Waren 380.800,00 €.

Ermitteln Sie jeweils a) den Nettobetrag, b) die Vor- bzw. Umsatzsteuer und c) die Zahllast zum 31. Juli.

67 **Anfangsbestände**

BGA	115.000,00	Bankguthaben	135.000,00
Waren	180.000,00	Darlehensschulden	42.000,00
Forderungen a. LL	95.000,00	Verbindlichk. a. LL	75.000,00
Kasse	13.500,00	Umsatzsteuer	8.500,00
Postbankguthaben	9.800,00	Eigenkapital	422.800,00

Kontenplan

Bestandskonten: BGA, Warenbestände, Forderungen a. LL, Vorsteuer, Kasse, Postbank, Bank, Darlehensschulden, Verbindlichkeiten a. LL, Umsatzsteuer, Eigenkapital: Schlussbilanzkonto.

Erfolgskonten: Wareneingang, Personalaufwendungen, Mietaufwendungen, Bürobedarf, Beiträge, Zinsaufwendungen, Zinserträge, Warenverkauf: Gewinn- und Verlustkonto.

Geschäftsfälle

1. Umsatzsteuerzahlung an das Finanzamt durch Bank-
überweisung (Ausgleich der Zahllast des letzten Monats) 8.500,00
2. Barzahlung für Büromaterial, brutto 952,00
3. Warenverkäufe auf Ziel, AR 1–45, brutto 149.940,00
4. Beitrag für die Industrie- und Handelskammer
wird durch Postbanküberweisung beglichen 2.250,00
5. Banküberweisung von Kunden 22.015,00
6. Wareneinkäufe auf Ziel, ER 1–36, Rechnungsbeträge 80.920,00
7. Banküberweisung an Lieferer 19.873,00
8. Unsere Darlehenstilgung durch Bankscheck 15.000,00
9. Zinsgutschrift der Bank für unser Bankguthaben 2.900,00
10. Darlehenszinsen werden durch Postbanküberweisung beglichen 2.200,00
11. Miete für unsere Geschäftsräume
wird durch Banküberweisung beglichen 2.100,00
12. Lohnzahlung durch Banküberweisung 4.800,00

Abschlussangaben

1. Warenbestand lt. Inventur 139.900,00
2. Die übrigen Buchbestände stimmen mit den Inventurwerten überein.

68 Das Möbelgroßhandelsunternehmen Werner Theuer e. Kfm. hat in der Buchhandlung Badicke das Fachbuch „Die Umsatzbesteuerung im innergemeinschaftlichen Warenverkehr" für brutto 64,20 € gegen Barzahlung erworben. Der Beleg enthält den Hinweis: „Im Betrag sind 7 % Umsatzsteuer enthalten."

Ermitteln Sie aus dem Bruttobetrag 1. den Nettowert und 2. die Umsatzsteuer.

69 *1. Wie errechnet man die USt-Zahllast? Für welchen Zeitraum wird sie in der Regel ermittelt? Bis zu welchem Termin ist die USt-Zahllast spätestens an das Finanzamt abzuführen?*

2. Im Monat Dezember beträgt die Vorsteuer 156.000,00 €, die Umsatzsteuer aufgrund der Ausgangsrechnungen nur 104.000,00 €. Buchen Sie den Abschluss zum 31. Dezember.

3. Erläutern Sie, inwiefern die Umsatzsteuer für das Unternehmen grundsätzlich ein „durchlaufender" Posten ist.

657762

70

Zum 31. Dezember weisen die Konten „Vorsteuer" und „Umsatzsteuer" folgende Beträge aus:

S	Vorsteuer		H	S	Umsatzsteuer		H
...	230.000,00	...	200.000,00	...	520.000,00	...	600.000,00

1. *Schließen Sie die obigen Konten ab. Richten Sie dazu das Schlussbilanzkonto ein.*
2. *Nennen Sie die Buchungssätze.*
3. *Was sagt Ihnen der Saldo zum 31. Dezember?*

71

Die nachstehenden Konten weisen zum 31. Dezember folgende Summen aus:

S	Vorsteuer		H	S	Umsatzsteuer		H
...	450.000,00	...	360.000,00	...	730.000,00	...	770.000,00

1. *Schließen Sie die obigen Konten ab. Richten Sie dazu das Schlussbilanzkonto ein.*
2. *Nennen Sie die Buchungssätze.*
3. *Was sagt Ihnen der Saldo zum 31. Dezember?*

72

Ergänzen Sie folgende Aussagen:

1. Die Umsatzsteuer ist nur vom ••• zu tragen. Sie belastet das ••• nicht.
2. Nur Unternehmen und Personen, die umsatzsteuerpflichtige Lieferungen und Leistungen im ••• gegen ••• erbringen, sind zum Abzug der ••• berechtigt.
3. Die Vorsteuer stellt eine ••• gegenüber dem Finanzamt dar. Die Umsatzsteuer ist dagegen eine ••• gegenüber dem Finanzamt.
4. Die Zahllast wird in der Regel ••• ermittelt und bis zum ••• des ••• an das Finanzamt überwiesen.
5. Die Zahllast des Monats Dezember ist in der Schlussbilanz zu •••. Ein Vorsteuerüberhang ist zum 31. Dezember zu •••.
6. Mehrwert ist der ••• zwischen dem Nettoverkaufs- und Nettoeinkaufspreis. Durch den Vorsteuerabzug wird erreicht, dass auf jeder Stufe des Warenwegs nur der ••• dieser Stufe besteuert wird.
7. In Rechnungen an ••• ist die Umsatzsteuer ••• auszuweisen. Die Rechnungen enthalten den •••, die ••• und den •••.
8. In Kleinbetragsrechnungen bis ••• € (einschließlich Umsatzsteuer) genügt die Angabe des im Rechnungsbetrag enthaltenen •••.

73

Ordnen Sie die Begriffe Zahllast, Vorsteuerüberhang, Aktivierung und Passivierung entsprechend zu.

1. Umsatzsteuer des Monats Dezember > Vorsteuer des Monats Dezember   *Zahllast / Passivierung*
2. Umsatzsteuer des Monats Dezember < Vorsteuer des Monats Dezember   *Vorsteuerüb. / Aktivierung*

74

1. *Sowohl Lieferungen als auch Leistungen unterliegen nach § 1 UStG der Umsatzsteuer. Nennen Sie jeweils einige Beispiele.*
2. *Ergänzen Sie:*
   a) Die Umsatzsteuer in der Eingangsrechnung ist die *Vor*steuer. Das Konto *Vor*steuer ist ein •••konto. *Aktiv*
   b) Die Umsatzsteuer in der Ausgangsrechnung ist die *Umsatz*steuer. Das Konto *Umsatz*steuer ist ein •••konto. *Passiv*
3. *Erläutern Sie die Bemessungsgrundlage für die Umsatzsteuer.*

6 Einführung in die Abschreibung der Sachanlagen

6.1 Ursachen, Buchung und Wirkung der Abschreibung

Das Anlagevermögen ist dazu bestimmt, dem Unternehmen **langfristig** zu dienen. Bei **abnutzbaren Anlagegütern** (z. B. Gebäude, Maschinen, Computer) ist die Nutzungsdauer jedoch begrenzt. Der Wert dieser **Sachanlagen** mindert sich durch

- ▶ **Nutzung** (Gebrauch),
- ▶ **technischen Fortschritt** und
- ▶ **natürlichen Verschleiß**,
- ▶ **außergewöhnliche Ereignisse**.

Diese Wertminderungen werden in der Regel zum Jahresschluss als **Aufwand** auf dem Konto

Abschreibungen auf Sachanlagen (SA)

erfasst. Statt Abschreibung heißt es im Steuerrecht „Absetzung für Abnutzung" **(AfA)**.

Beispiel:	Die Anschaffungskosten einer Maschine, die eine Nutzungsdauer von 10 Jahren hat, betragen 120.000,00 €. Die Maschine kann somit **jährlich gleich bleibend (linear)** mit 12.000,00 € (120.000,00 € : 10) abgeschrieben werden. Dadurch vermindert sich der Gewinn des Unternehmens um 12.000,00 €.

S	Techn. Anlagen u. Maschinen	H		S	Abschreibungen auf Sachanlagen	H
AB	120.000,00	Abschr. 12.000,00	◀	TA u. Maschinen	GuV-	
		SBK 108.000,00 ▪			12.000,00	Konto 12.000,00 ▪

S	Schlussbilanzkonto	H		S	GuV-Konto	H
▶ TA u. Maschinen				...	200.000,00	... 250.000,00
108.000,00			▶	Abschr. 12.000,00		
				Gewinn ?		

Buchungen:	1. Abschreibungen auf SA	an	TA u. Maschinen	....	12.000,00
	2. GuV-Konto	an	Abschreibungen auf SA	....	12.000,00
	3. Schlussbilanzkonto ...	an	TA und Maschinen	....	108.000,00

Merke:	● Die Wertminderung der Anlagegüter wird durch Abschreibungen erfasst.
	● Durch die Abschreibung werden die Anschaffungskosten eines Anlagegutes auf seine Nutzungsdauer (Jahre) verteilt.
	● Abschreibungen mindern als Aufwand den Gewinn und somit auch die gewinnabhängigen Steuern, wie z. B. die Einkommensteuer.

In der Kalkulation der Verkaufspreise der Waren oder Erzeugnisse werden die **Abschreibungen als Kosten** eingesetzt. **Über die Verkaufserlöse fließen** die einkalkulierten **Abschreibungsbeträge** in Form von liquiden Mitteln (Geld) in das Unternehmen **zurück.** Diese Mittel stehen nun wiederum für **Anschaffungen (Investitionen)** im Sachanlagevermögen zur Verfügung. Das Unternehmen finanziert somit die Anschaffung von Sachanlagegütern in erster Linie aus **Abschreibungsrückflüssen.** Die Abschreibung stellt deshalb ein bedeutendes **Mittel der Finanzierung** dar.

Abschreibungskreislauf. Abschreibungen bewegen sich nahezu in einem Kreislauf. Aus dem Anlagevermögen fließen sie über die Verkaufserlöse in das Umlaufvermögen (Bank) und von dort durch Neuanschaffungen in das Anlagevermögen zurück.

Merke:	**Abschreibungen finanzieren Investitionen in Sachanlagen.**

657764

6.2 Berechnung der Abschreibung

Der jährliche Abschreibungsbetrag wird in der Regel nach der linearen oder degressiven Methode berechnet. In unserem Ausgangsbeispiel soll die Maschine jeweils zum Jahresschluss **linear mit 10 %** der Anschaffungskosten und **degressiv mit 20 %[1]** vom jeweiligen Buchwert (Restwert) abgeschrieben werden. Im ersten Fall ergeben sich jährlich **gleich bleibende** und im zweiten **fallende** Abschreibungsbeträge. Durch die Abschreibung verringert sich jährlich der Buch- bzw. Restwert des Anlagegutes:

Lineare AfA	Ermittlung des Buchwertes	Degressive AfA
120.000,00 €	Anschaffungswert	120.000,00 €
12.000,00 €	— AfA am Ende des 1. Jahres	**24.000,00 €**
108.000,00 €	**= Buchwert am Ende des 1. Jahres**	96.000,00 €
12.000,00 €	— AfA am Ende des 2. Jahres	**19.200,00 €**
96.000,00 €	**= Buchwert am Ende des 2. Jahres**	76.800,00 €
10 % AfA von den Anschaffungskosten	**Führen Sie das Beispiel zu Ende.**	**20 % AfA vom Buchwert**

Bei der linearen Abschreibung erfolgt die Abschreibung in jedem Jahr der Nutzung von den **Anschaffungskosten** des Anlagegutes. Die **Abschreibungsbeträge** sind daher **gleich hoch.** Nach Ablauf der Nutzungsdauer ist der Buchwert gleich null. Sollte sich das Anlagegut nach Ablauf der Nutzungsdauer noch weiterhin im Betrieb befinden, so ist es mit einem **Erinnerungswert von 1,00 €** im Anlagekonto auszuweisen. Im Beispiel dürften dann am Ende des 10. Jahres nur 11.999,00 € abgeschrieben werden.

$$\text{Abschreibungsbetrag} \quad = \quad \frac{\text{Anschaffungskosten}}{\text{Nutzungsjahre}} \quad = \quad \frac{120.000,00 \,€}{10 \text{ Jahre}} \quad = \mathbf{12.000,00 \,€ \,/\, Jahr}$$

$$\text{Abschreibungssatz in \%} \quad = \quad \frac{100 \,\%}{\text{Nutzungsjahre}} \quad = \quad \frac{100 \,\%}{10 \text{ Jahre}} \quad = \mathbf{10 \,\% \,/\, Jahr}$$

Bei der degressiven Abschreibung wird die Abschreibung nur im ersten Nutzungsjahr von den Anschaffungskosten vorgenommen, in den folgenden Jahren dagegen vom jeweiligen **Buch- oder Restwert.** Dadurch ergeben sich **jährlich fallende Abschreibungsbeträge.** Bei der degressiven Abschreibung wird der Nullwert des Anlagegutes nach Ablauf der Nutzungsdauer nie erreicht. Der **Abschreibungssatz** sollte daher bei degressiver Abschreibung **höher** sein als bei linearer AfA. **Steuerrechtlich** darf bei **beweglichen** Anlagegütern der degressive AfA-Satz allerdings **höchstens das Zweifache des linearen AfA-Satzes** betragen, jedoch **nicht höher als 20 %[1] sein** (§ 7 Abs. 2 EStG).

Vorteil der degressiven Abschreibung. Wertminderungen können bei Anlagegütern vor allem in den ersten Jahren der Nutzung – bedingt durch den technischen Fortschritt (Modellwechsel) – sehr hoch sein. Dieser Tatsache trägt die degressive Abschreibungsmethode Rechnung, da bei ihr in den ersten Nutzungsjahren die Abschreibungsbeträge höher sind als bei linearer Abschreibung. Ein **Wechsel von der degressiven zur linearen Abschreibung** ist **steuerlich** während der Nutzungsdauer **erlaubt,** jedoch nicht umgekehrt.

Merke:
- Sachanlagen werden in der Regel linear oder degressiv abgeschrieben.
- Abschreibungsmethode und Nutzungsdauer des Anlagegutes bestimmen die Höhe des jährlichen Abschreibungsbetrages.

---

[1] Bei **beweglichen Anlagegütern,** die in den **Geschäftsjahren 2006 und 2007 angeschafft oder hergestellt werden,** beträgt der **degressive AfA-Satz** aus konjunkturellen Gründen **das Dreifache** des linearen AfA-Satzes, jedoch höchstens **30 %.**

Beispiele für die Nutzungsdauer (Jahre) von Anlagegütern lt. AfA-Tabelle:

Geschäfts- und Verwaltungs-
gebäude .... 25 – 33
Büromöbel 13
Großrechner 7
Personalcomputer 3

Drucker, Scanner u. a. 3
Registrierkassen 8
Lastkraftwagen .... 9[1]
Personenwagen .... 6[1]
Bearbeitungsmaschinen .... 5 – 15

Ermitteln Sie die entsprechenden Abschreibungssätze (in Prozent).

$$\text{AfA-Betrag} = \frac{\text{Anschaffungskosten}}{\text{Nutzungsdauer}} \qquad \text{AfA-Satz \%} = \frac{100\,\%}{\text{Nutzungsdauer}}$$

Aufgaben

75 Die Anschaffungskosten einer Maschine belaufen sich auf 400.000,00 €, die Nutzungsdauer beträgt 10 Jahre.

a) *Ermitteln Sie bei linearer Abschreibung jeweils den Abschreibungsbetrag und -satz.*
b) *Welcher AfA-Satz ist für die degressive Abschreibung anzuwenden?*
c) *Stellen Sie die Abschreibungsbeträge bei linearer und degressiver Abschreibung wenigstens für die ersten 4 Jahre in einer Tabelle gegenüber und ermitteln Sie für jedes Jahr den Buch- bzw. Restwert.*
d) *Buchen Sie für das erste Jahr die Abschreibung auf Maschinen (lineare AfA). Richten Sie dazu folgende Konten ein: TA u. Maschinen, Abschreibungen auf Sachanlagen, Schluss- bilanzkonto, GuV-Konto.*

76 *Es sind folgende Konten einzurichten:*

TA u. Maschinen 290.000,00 €, Betriebs- und Geschäftsausstattung 120.000,00 €, Abschreibungen auf Sachanlagen, GuV-Konto, Schlussbilanzkonto.

Buchen Sie die Abschreibungen auf TA u. Maschinen 20 %, Betriebs- u. Geschäftsausstattung 10 %. Schließen Sie die Bestandskonten und das Konto Abschreibungen auf Sachanlagen ab und stellen Sie danach das Schlussbilanzkonto auf.

77 *Folgende Konten sind einzurichten:*

TA u. Maschinen 220.000,00 €, Betriebs- und Geschäftsausstattung 90.000,00 €, Fuhr- park 140.000,00 €, Abschreibungen auf Sachanlagen, GuV-Konto, Schlussbilanzkonto.

Lt. Inventur sind folgende Schlussbestände vorhanden:

TA u. Maschinen 196.000,00 €, Betriebs- und Geschäftsausstattung 81.000,00 €, Fuhr- park 113.000,00 €.

Buchen Sie die Abschreibungen und schließen Sie diese Konten ab.

78 **Anfangsbestände**

TA u. Maschinen 120.000,00 €, Betriebs- und Geschäftsausstattung 35.000,00 €, Fuhrpark 30.000,00 €, Waren 44.000,00 €, Forderungen a.LL 9.000,00 €, Kasse 8.000,00 €, Bank 48.000,00 €, Verbindlichkeiten a.LL 24.000,00 €, Darlehensschulden 30.000,00 €, Eigen- kapital 240.000,00 €.

Bestandskonten: TA u. Maschinen, Betriebs- und Geschäftsausstattung, Fuhrpark, Waren- bestände, Forderungen a.LL, Kasse, Bank, Verbindlichkeiten a.LL, Darlehensschulden, Eigen- kapital, Umsatzsteuer, Vorsteuer: Schlussbilanzkonto.

Erfolgskonten: Wareneingang, Löhne, Gewerbesteuer, Abschreibungen auf Sachanlagen, Warenverkauf: Gewinn- und Verlustkonto.

Geschäftsfälle

1. Kauf von Waren auf Ziel, netto 3.800,00
   + Umsatzsteuer 722,00
2. Banküberweisung eines Kunden 3.332,00

---

1 Bei besonders starker Belastung verkürzt sich die Nutzungsdauer um ein Jahr.

3. Banküberweisung an einen Lieferer 2.380,00
4. Banküberweisung für Gewerbesteuer 950,00
5. Lohnzahlung durch Banküberweisung 4.100,00
6. Teilrückzahlung eines Darlehens durch Banküberweisung 3.500,00
7. Verkauf von Waren auf Ziel, netto 68.200,00
   + Umsatzsteuer 12.958,00

Abschlussangaben

1. Abschreibungen: TA u. Maschinen 12.000,00 €, BGA 2.500,00 €, Fuhrpark 3.000,00 €.
2. Endbestand an Waren lt. Inventur 11.650,00
3. Die übrigen Inventurwerte stimmen mit den Buchwerten überein.

Auswertung

1. *Wie hoch sind die gesamten Aufwendungen der Abrechnungsperiode?*
2. *Welche Erträge stehen diesen Aufwendungen gegenüber?*
3. *Wie hoch ist demnach der Erfolg (Gewinn oder Verlust)?*
4. *Wie wirkt sich ein Gewinn bzw. Verlust auf das Eigenkapital aus?*
5. *Weisen Sie den Erfolg auch durch Kapitalvergleich nach, indem Sie das Eigenkapital am Ende des Geschäftsjahres mit dem zu Beginn des Jahres vergleichen.*

✕
79

Anfangsbestände

TA u. Maschinen 150.000,00 €, Betriebs- und Geschäftsausstattung 40.000,00 €, Fuhrpark 50.000,00 €, Waren 38.000,00 €, Forderungen a. LL 20.000,00 €, Kasse 9.500,00 €, Bank 38.000,00 €, Verbindlichkeiten a. LL 28.000,00 €, Darlehensschulden 40.000,00 €, Eigenkapital 277.500,00 €.

Kontenplan: wie in Aufgabe 78, zusätzlich Konto „Gehälter".

Geschäftsfälle

1. Verkauf von Waren auf Ziel, brutto 32.011,00
2. Kauf einer Maschine gegen Bankscheck, netto 5.000,00
   + Umsatzsteuer 950,00
3. Aufnahme eines Darlehens bei der Bank 25.000,00
4. Lohnabschlagszahlung bar 5.100,00
5. Banküberweisung eines Kunden 2.975,00
6. Banküberweisung für Gewerbesteuer 900,00
7. Zieleinkauf von Waren, Rechnungsbetrag 17.850,00
8. Gehaltsabschlagszahlung bar 3.500,00
9. Verkauf von Waren, gegen bar, brutto 7.735,00
                     auf Ziel, brutto 45.458,00

Abschlussangaben

1. Abschreibungen: TA u. Maschinen 6.000,00 €, BGA 3.000,00 €, Fuhrpark 7.000,00 €.
2. Inventurbestand an Waren 12.800,00

80

1. *Unterscheiden Sie zwischen linearer und degressiver Abschreibung.*
2. *Erläutern Sie die Gewinnauswirkung bei beiden Abschreibungsmethoden im Jahr der Anschaffung des Anlagegegenstandes.*
3. *Welchen besonderen Vorteil hat die degressive Abschreibung?*
4. *Erläutern Sie den Kreislauf der Abschreibung.*
5. *Inwiefern ist die Abschreibung ein Mittel der Selbstfinanzierung?*

7 Privatentnahmen und Privateinlagen

7.1 Die Privatkonten

Zum Lebensunterhalt entnimmt der Unternehmer seinem Unternehmen Geld und Sachwerte. Überweisungen für Privatzwecke erfolgen oft über die betrieblichen Bankkonten, wie z. B. Zahlungen für Lebens- und Krankenversicherung, Einkommen- und Kirchensteuer u. a. Diese **Privatentnahmen,** die meist im Vorgriff auf den zu erwartenden Jahresgewinn erfolgen, **mindern** jedoch zunächst das im Unternehmen arbeitende **Eigenkapital.** Zuweilen bringt der Unternehmer aber auch Geld- oder Sachwerte aus seinem Privatvermögen in das Unternehmen ein, wie z. B. ein Grundstück aus einer Erbschaft. Diese **Privateinlagen erhöhen das Eigenkapital** seines Unternehmens.

Privatentnahmen und Privateinlagen verändern das Eigenkapital. Aus Gründen der Übersichtlichkeit werden sie aber nicht direkt über das Eigenkapitalkonto, sondern zunächst auf **Unterkonten des Eigenkapitalkontos** gebucht, den Konten

Privatentnahmen und **Privateinlagen.**[1]

Das Konto „Privatentnahmen" erfasst im Soll die Entnahmen und das Konto „Privateinlagen" im Haben die Einlagen. Zum Jahresschluss werden die Privatkonten über das Eigenkapitalkonto abgeschlossen.

Abschlussbuchungen:
- ▶ Eigenkapital an Privatentnahmen
- ▶ Privateinlagen an Eigenkapital

Beispiel:
❶ Großhändler Kurz entnimmt dem betriebl. Bankkonto 22.000,00 € f. Privatzweck.

 Buchung: Privatentnahmen an Bank **22.000,00**

❷ Kurz bringt seinen Privat-PKW ins Betriebsverm. ein: 10.000,00 € Zeitwert.

 Buchung: Fuhrpark . . . . an Privateinlagen **10.000,00**

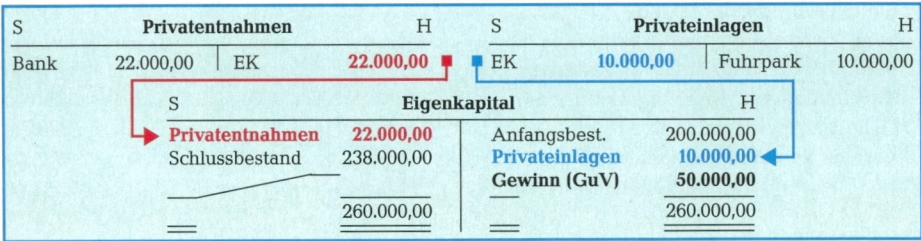

Merke:
- ● **Das Privatkonto ist ein Unterkonto des Eigenkapitalkontos.**
- ● **Das Eigenkapital verändert sich durch**
  - ▷ **Privatentnahmen und Einlagen aus dem Privatvermögen sowie durch den**
  - ▷ **Gewinn oder Verlust des Geschäftsjahres.**

---

1 Die Privatkonten können nur für den Einzelunternehmer oder den unbeschränkt haftenden Gesellschafter einer Offenen Handelsgesellschaft (OHG) oder Kommanditgesellschaft (KG) eingerichtet werden.

7.2 Unentgeltliche Entnahme von Waren, sonstigen Gegenständen und Leistungen

Der **Umsatzsteuer unterliegen** nicht nur Lieferungen und Leistungen eines Unternehmens gegen Entgelt, sondern auch **unentgeltliche Entnahmen von Sachgütern und sonstigen Leistungen** des Unternehmens durch den Unternehmer **zu unternehmensfremden (z. B. privaten) Zwecken.** Dieser Besteuerungstatbestand wurde bis zum 31. März 1999 als **Eigenverbrauch** bezeichnet. Durch das **Steuerentlastungsgesetz 1999/2000/2002** wurde **ab 1. April 1999** der Begriff des Eigenverbrauchs abgeschafft. An seine Stelle traten in der Neufassung des Umsatzsteuergesetzes (§ 3 Abs. 1 b und 9 a UStG) und in der **Kontobenennung** die Bezeichnungen

„Entnahme von Waren" sowie
„Entnahme von sonstigen Gegenständen und Leistungen" (kurz: ... v. s. G. u. L.).

Für jede Entnahme ist ein **Eigenbeleg** zu erstellen, der den Nettoentnahmewert sowie die Umsatzsteuer ausweist. Der Nettoentnahmewert wird im Haben der **Ertragskonten „Entnahme von Waren"** und **„Entnahme v. s. G. u. L."** erfasst, was eine schnelle **Umsatzsteuerverprobung** ermöglicht (§ 22 UStG).

Beispiel 1: Möbelgroßhändler Kurz entnimmt dem Warenlager den Esstisch TE 56 zum Einstandswert von 700,00 € + 19 % Umsatzsteuer für Privatzwecke.

Buchungen: ❶ Privatentnahmen .... 833,00 an Entnahme von Waren 700,00
an Umsatzsteuer 133,00

❷ Entnahme von Waren .... 700,00 an GuV-Konto 700,00

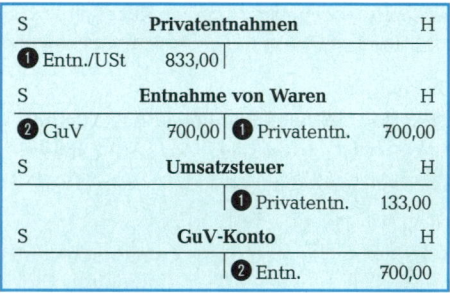

Beispiel 2: Möbelgroßhändler Kurz lässt die Heizung seines Wohnhauses durch den eigenen Betrieb warten. **Die Buchungsanweisung für diese private Inanspruchnahme einer betrieblichen Leistung lautet:**

7,5 Arbeitsstunden zu je 40,00 €	300,00 €
+ 19 % Umsatzsteuer	57,00 €
Entnahme, brutto	**357,00 €**

Buchung: Privatentnahmen ... 357,00 an Entnahme v. s. G. u. L. 300,00
an Umsatzsteuer 57,00

Bei privater Nutzung des Geschäftswagens muss der **private Nutzungsanteil** durch Führung eines **Fahrtenbuches** nachgewiesen und ermittelt werden. Dieser unterliegt nach dem **Steueränderungsgesetz 2003** der **Umsatzsteuer,** wenn das Fahrzeug **nach dem 31. Dezember 2002** erworben worden ist. Bei Anschaffung des Fahrzeuges kann der **volle Vorsteuerabzug** geltend gemacht werden. **Buchung:** Fuhrpark und Vorsteuer an Verbindlichkeiten a. LL.

Bei der Ermittlung des USt-pflichtigen privaten Nutzungsanteils an den Fahrzeugkosten bleiben die **vorsteuerfreien** Kosten (z. B. Kfz-Steuer/-Versicherung) **außer Ansatz.**

Beispiel: Die Gesamtkosten eines Geschäftswagens des Möbelgroßhändlers Kurz (z. B. AfA, Wartungs- und Treibstoffkosten u. a.) betragen in einem Geschäftsjahr nach Abzug der vorsteuerfreien Kosten 10.000,00 €. Herr Kurz nutzt das Fahrzeug lt. Fahrtenbuch zu 25 % privat.

Nutzungsentnahme, netto	2.500,00 €
+ 19 % Umsatzsteuer	475,00 €
Nutzungsentnahme, brutto	2.975,00 €

Buchung: Privatentnahmen ... 2.975,00 an Entnahme v. s. G. u. L. 2.500,00
an Umsatzsteuer 475,00

Der private Nutzungsanteil an den Geschäftswagenkosten kann **ermittelt werden**

1. **durch Einzelnachweis:** Die zurückgelegten Kilometer sind jeweils für Dienst- und Privatfahrten getrennt in einem **Fahrtenbuch** nachzuweisen.
2. **alternativ mithilfe der 1-%-Pauschalmethode:** Die private Nutzung muss **für jeden Kalendermonat mit 1 % des inländischen Listenpreises des Fahrzeugs zum Zeitpunkt der Erstzulassung zuzüglich Sonderausstattung und einschließlich Umsatzsteuer** angesetzt werden.

Das Ergebnis aus beiden Berechnungsmethoden ist **umsatzsteuerpflichtig (19 %).**

Der private Anteil an den Geschäftstelefonkosten (Telefonmiete[1], Grund-/Gesprächsgebühren) ist **keine umsatzsteuerpflichtige Leistungsentnahme** (BFH-Urteil vom 23. September 1993). Deshalb sind die **Telefonkosten** und die **Vorsteuer** um den **privaten Anteil zu korrigieren.**

Beispiel: Möbelgroßhändler Kurz nutzt das Geschäftstelefon zu 10 % privat. Januar-Telefonrechnung: **Miete, Grund-/Gesprächsgeb. 1.000,00 € + 190,00 € USt = 1.190,00 €**

Buchungen:

❶ Kosten der Telekommunikation 1.000,00
Vorsteuer .... 190,00 an Bank 1.190,00

❷ Privatentnahmen .... 119,00 an Kosten der Telekommunikation 100,00
an Vorsteuer 19,00

Merke: Unentgeltliche Entnahmen von vorsteuerabzugsberechtigten Gegenständen und sonstigen Leistungen eines Unternehmens durch den Unternehmer zu unternehmensfremden Zwecken sind grundsätzlich umsatzsteuerpflichtig (§ 3 Abs. 1 b und 9 a UStG).

Aufgaben

81 *Richten Sie das Bankkonto (AB 200.000,00 €), das Konto „Unbebaute Grundstücke" (AB 0,00 €), das Eigenkapitalkonto (AB 300.000,00 € + 80.000,00 € Gewinn lt. GuV-Konto) und die Privatkonten ein. Buchen Sie für den Möbelgroßhandel W. Kurz e. K. unter Nennung des jeweiligen Buchungssatzes die folgenden Geschäftsfälle auf den genannten Konten:*

1. *W. Kurz zahlt aus seinem Privatvermögen 20.000,00 € auf das betriebliche Bankkonto ein.*
2. *W. Kurz überweist 2.800,00 € Miete für ein Ferienhaus vom Geschäftsbankkonto.*
3. *Für private Ausgaben entnimmt W. Kurz 2.500,00 € dem Geschäftsbankkonto.*
4. *W. Kurz begleicht seine Zahnarztrechnung über das Geschäftsbankkonto: 640,00 €.*
5. *Kurz hat sein Erbgrundstück ins Betriebsvermögen eingebracht: 160.000,00 € Zeitwert.*
6. *W. Kurz überweist seine Einkommen- und Kirchensteuervorauszahlung in Höhe von 36.500,00 € über das Geschäftsbankkonto an das Finanzamt.*

Schließen Sie die Privatkonten unter Nennung der Buchungssätze ab, ermitteln Sie danach den Schlussbestand im Eigenkapitalkonto und erläutern Sie die Veränderungen in diesem Konto.

---

1 Bei **gekauften Telefonanlagen** sind die **Abschreibungen** in Höhe der Privatnutzung anteilig als **umsatzsteuerpflichtige Entnahme** zu buchen: Privatentnahmen an Entnahme v. s. G. u. L. und Umsatzsteuer.

82

Richten Sie die Konten Eigenkapital, Gewinn und Verlust, Privatentnahmen und Privateinlagen ein und übertragen Sie die folgenden Buchungsbeträge:

	a) €	b) €
Anfangsbestand des Eigenkapitalkontos	500.000,00	400.000,00
Gesamtaufwendungen	650.000,00	580.000,00
Gesamterträge	790.000,00	540.000,00
Privatentnahmen	120.000,00	60.000,00
Privateinlagen	40.000,00	50.000,00

1. *Schließen Sie das Gewinn- und Verlustkonto und die Privatkonten ab.*
2. *Ermitteln Sie im Eigenkapitalkonto den Schlussbestand.*
3. *Erläutern Sie die Auswirkungen der privaten Vorgänge und des Gewinn- und Verlustkontos auf den Anfangsbestand des Eigenkapitals.*

83

Erläutern Sie jeweils die Auswirkung auf das Anfangseigenkapital:

1. Gewinn > Entnahmen   3. Verlust < Einlagen
2. Gewinn < Entnahmen   4. Verlust > Einlagen

84

Richten Sie für den Möbelgroßhandel W. Kurz e. K. folgende Konten ein: Fuhrpark, Privatentnahmen, Privateinlagen, Bank (AB 95.000,00 €), Vorsteuer, Umsatzsteuer, Entnahme von Waren, Entnahme v. s. G. u. L., Kosten der Telekommunikation, GuV-Konto. Buchen Sie jeweils unter Nennung des Buchungssatzes die folgenden Geschäftsfälle auf Konten und schließen Sie die Konten „Entnahme von Waren", „Entnahme v. s. G. u. L.", „Privatentnahmen" und „Privateinlagen" ab.

1. Die Telefonrechnung für Februar (gemietete Anlage) wird mit 1.785,00 € (1.500,00 € netto + 285,00 € USt) durch Bankabbuchung beglichen. Der private Nutzungsanteil beträgt 250,00 € netto + USt.

2. W. Kurz entnimmt einen Schrank S 345 zum Einstandswert von 600,00 € für Privatzwecke.

3. Das neu angeschaffte Geschäftsfahrzeug (50.000,00 € Anschaffungskosten + 19 % USt) wird von Herrn Kurz auch privat genutzt (Gesamtkosten 12.000,00 €, privater Nutzungsanteil 25 %). *Buchen Sie Anschaffung und Nutzung.*

4. W. Kurz überweist die Rechnung für den Kauf eines Kleinwagens seiner Tochter in Höhe von 10.500,00 € über das Geschäftsbankkonto.

5. Das Geschäftsbankkonto weist für Herrn Kurz eine Gutschrift für erstattete Einkommen- und Kirchensteuer aus: 12.800,00 €.

6. Herr Kurz lässt das Unkraut im Garten seines Privathauses von einem Angehörigen seines Betriebes beseitigen. Kosten: 150,00 € netto + USt.

85

Nennen Sie als Buchhalter(in) des Möbelgroßhandels W. Kurz e. K. die Buchungssätze zu folgenden fünf Belegen:

Beleg 3

Beleg 1

Quittung — Möbelgroßhandel Werner KURZ e. K.
Barentnahme für den Haushalt
2.000,00 €.
Stuttgart, ..-12-12
Werner Kurz

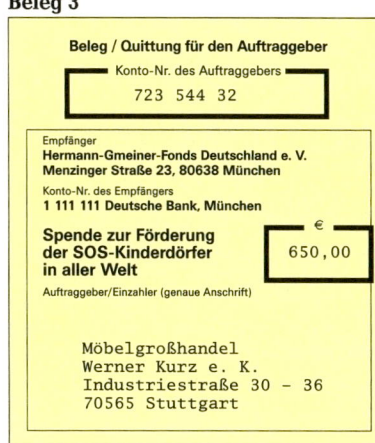

Beleg / Quittung für den Auftraggeber
Konto-Nr. des Auftraggebers
723 544 32

Empfänger
Hermann-Gmeiner-Fonds Deutschland e. V.
Menzinger Straße 23, 80638 München
Konto-Nr. des Empfängers
1 111 111 Deutsche Bank, München

Spende zur Förderung der SOS-Kinderdörfer in aller Welt   € 650,00
Auftraggeber/Einzahler (genaue Anschrift)

Möbelgroßhandel
Werner Kurz e. K.
Industriestraße 30 – 36
70565 Stuttgart

Beleg 2

Entnahme für Privatzwecke — Möbelgroßhandel Werner KURZ e. K.
Schreibtisch ST 306
Einstandswert .... 400,00 €
+ 19 % Umsatzsteuer ... 76,00 €
                         476,00 €
Stuttgart, ..-12-13   Werner Kurz

Beleg 4

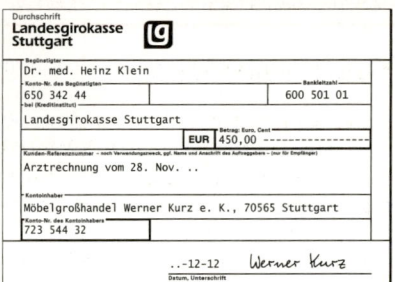

Beleg 5

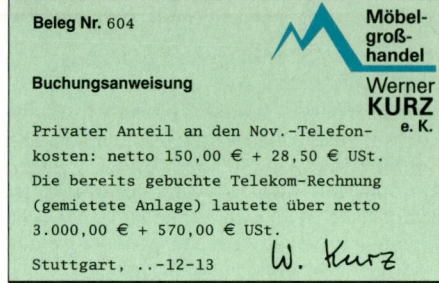

86 **Anfangsbestände**

Geschäftsausstattung	180.000,00	Bankguthaben	33.000,00
Fuhrpark	45.000,00	Kasse	8.000,00
Waren	87.000,00	Verbindlichkeiten a. LL	48.000,00
Forderungen a. LL	44.000,00	Umsatzsteuer	6.000,00
		Eigenkapital	343.000,00

Kontenplan

Weitere einzurichtende Konten: Eröffnungsbilanzkonto, Vorsteuer, Wareneingang, Löhne, Instandhaltung, Bürobedarf, Mietaufwendungen, Abschreibungen auf Sachanlagen, Warenverkauf, Entnahme von Waren, Entnahme v. s. G. u. L.: Gewinn- und Verlustkonto, Privatentnahmen, Privateinlagen, Schlussbilanzkonto.

Geschäftsfälle

1. BA 1: Unsere Banküberweisung für Miete: Betrieb	1.200,00
privat	300,00
2. BA 2: Banküberweisung an Lieferer: Rechnungsbetrag	14.756,00
3. KB 1: Privatentnahme in bar	350,00
4. Verkauf von Waren lt. AR 966–978, netto	54.800,00
+ Umsatzsteuer	10.412,00
5. KB 2: Barzahlung der Prämie für die private Lebensversicherung	700,00
6. BA 3: Banküberweisung der Umsatzsteuer-Zahllast	6.000,00
7. Kauf von Waren lt. ER 806–809, netto	9.500,00
+ Umsatzsteuer	1.805,00
8. KB 3: Barentnahme des Inhabers für Urlaubsreise	1.200,00
9. KB 4: Barzahlung von Löhnen an Putzhilfen	4.200,00
10. KB 5: Barkauf von Schreibmaterial, brutto	297,50
11. KB 6: Barzahlung der Fahrzeugreparatur, brutto	476,00
12. PE 1: Privatentnahme von Waren, Nettowert	1.200,00
13. Die Heizungsanlage im Einfamilienhaus des Geschäftsinhabers wurde durch den eigenen Betrieb instand gesetzt. Kosten	500,00
+ Umsatzsteuer	95,00
14. BA 4: Kapitaleinlage des Geschäftsinhabers durch Bankeinzahlung	20.000,00

Abschlussangaben

1. Abschreibungen: Geschäftsausstattung 8.000,00 €, Fuhrpark 2.000,00 €.
2. Inventurbestand an Waren 70.000,00

Ermitteln Sie auch den Erfolg durch Kapitalvergleich.

87 1. *Welcher Zusammenhang besteht zwischen Gewinn und Privatentnahmen?*
2. *Was versteht man im Sinne des Umsatzsteuergesetzes unter „Entnahmen"?*
3. *Begründen Sie, weshalb die unentgeltlichen Entnahmen umsatzsteuerpflichtig sind.*
4. *Begründen Sie, weshalb privat entnommene Waren zum Einstandspreis (Bezugspreis) und nicht zum Verkaufspreis gebucht werden müssen.*
5. *Wie bucht der Einzelunternehmer seine Barspende an das Rote Kreuz?*

8 Kontenrahmen des Groß- und Außenhandels

8.1 Aufgaben und Aufbau des Kontenrahmens

Anforderungen an ein Kontenordnungssystem. Früher konnte jeder Kaufmann seine Buchführung nach eigenem Ermessen aufbauen und die Konten nach Art, Bezeichnung und Zahl selbst bestimmen. Dadurch herrschte in den Buchhaltungen der Unternehmen ein ungeordnetes Vielerlei, das einerseits Vergleiche mit früheren Rechnungsperioden **(Zeitvergleiche)** erschwerte und andererseits Vergleiche mit branchengleichen Betrieben **(Betriebsvergleiche)** unmöglich machte. Nun soll aber gerade die Buchführung **kontenmäßig** die **Grundlagen** schaffen **für Zeit- und Betriebsvergleiche,** für die **Kosten- und Leistungsrechnung, Statistik** und **Planungsrechnung** sowie für den nach gesetzlichen Gliederungsvorschriften zu erstellenden **Jahresabschluss.** Dazu bedarf es eines **Kontenordnungssystems,** das die **Konten** nach bestimmten Gesichtspunkten **gliedert, einheitlich bezeichnet,** für die EDV **datengerecht** gestaltet und darüber hinaus auch die Belange des jeweiligen **Wirtschaftszweiges** berücksichtigt. Es gibt deshalb Kontenrahmen für den Groß- und Außenhandel, Einzelhandel, Industrie, Handwerk, Banken und Versicherungen.[1]

Der erste Kontenrahmen für den Groß- und Außenhandel (1937) entsprach bereits weitgehend den Anforderungen, die an ein einheitliches und übersichtliches Kontenordnungssystem gestellt werden. Dieser Kontenrahmen musste jedoch den durch das **Bilanzrichtlinien-Gesetz** (1985) eingetretenen Änderungen, insbesondere in den Gliederungsvorschriften für den Jahresabschluss, angepasst werden. In der 1988 vom „Bundesverband des Deutschen Groß- und Außenhandels e.V. (BGA)" herausgegebenen **Neufassung des Kontenrahmens** entsprechen nunmehr auch die Kontenbezeichnungen den Posten der Bilanz (§ 266 HGB) und Gewinn- und Verlustrechnung (§ 275 HGB).

Aufbau des Großhandelskontenrahmens. Der Kontenrahmen für den Groß- und Außenhandel ist wie alle Kontenrahmen nach dem **Zehnersystem** (Dezimal-Klassifikation) aufgebaut. Die **Konten** werden zunächst **nach Sachgruppen** in

10 Klassen von 0 bis 9

geordnet. Die **Reihenfolge der Kontenklassen** entspricht dabei weitgehend dem **Betriebsablauf in einem Großhandelsbetrieb** (Prozessgliederungsprinzip):

Kontenklasse	Inhalt der Kontenklassen
0	Anlage- und Kapitalkonten
1	Finanzkonten
2	Abgrenzungskonten
3	Wareneinkaufs- und Warenbestandskonten
4	Konten der Kostenarten
5	Konten der Kostenstellen
6	Konten für Umsatzkostenverfahren
7	frei
8	Warenverkaufskonten (Verkaufserlöse)
9	Abschlusskonten

---

1 Aufgrund gesetzlicher Vorschriften waren alle Kontenrahmen nur bis 1953 verbindlich.

8.2 Kontenrahmen und Kontenplan

Im Kontenrahmen lässt sich jede der 10 Konten**klassen** (**ein**stellige Ziffer) in 10 Konten**gruppen** (**zwei**stellige Ziffer), jede Kontengruppe in 10 Konten**arten** (**drei**stellige Ziffer) und jede Kontenart in 10 Konten**unterarten** (**vier**stellige Ziffer) untergliedern.

Beispiel:	Aus der Kontennummer 1311 erkennt man die		
Kontenklasse:	**1** Finanzkonten		
Kontengruppe:	**13** Banken		**Kontenrahmen**
Kontenart:	**131** Kreditinstitute		
Kontenunterarten: (= Konten des Unternehmens)	**1311** Kreissparkasse **1312** Deutsche Bank		**Kontenplan**

Kontenplan. Der Kontenrahmen für den Groß- und Außenhandel bildet die **einheitliche Grundordnung** für die Aufstellung **betriebsindividueller Kontenpläne** der Unternehmen dieses Wirtschaftszweiges. **Aus dem Kontenrahmen** entwickelt jedes Unternehmen seinen **eigenen Kontenplan,** der auf seine **besonderen Belange** (Branche, Struktur, Größe, Rechtsform) ausgerichtet ist. So lässt sich im Kontenplan eine weitere Untergliederung der Kontenarten in Kontenunterarten entsprechend den Bedürfnissen des Unternehmens vornehmen. Der Kontenplan enthält somit nur die im Unternehmen geführten Konten.

Vereinfachung der Buchungsarbeit. Der Kontenplan vereinfacht die Buchungen im Grund- und Hauptbuch, da die Kontenbezeichnungen durch Kontennummern ersetzt werden.

Beispiel:	statt: **Privatentnahmen** an **Kasse** **1.800,00**	kurz: **1610** an **1510** **1.800,00**

S	1610 Privatentnahmen	H	S	1510 Kasse	H
1510	1.800,00		AB	7.500,00	1610 1.800,00

EDV-Kontenrahmen. Soll der Kontenrahmen des Groß- und Außenhandels zugleich auch als EDV-Kontenrahmen verwendet werden (wie für dieses Lehrbuch vorgesehen), ist jedes **Sachkonto des Hauptbuches** in der Regel mit einer **vierstelligen** Kontenziffer zu versehen. **Personenkonten** (Kunden- und Liefererkonten) haben stets **fünfstellige** Kontenziffern.

Merke:	● **Der Kontenrahmen bildet für alle Unternehmen eines Wirtschaftszweiges die einheitliche Grundordnung für die Gliederung und Bezeichnung der Konten. Der Kontenrahmen ermöglicht damit**
	▷ **eine Vereinfachung und Vereinheitlichung der Buchungs- und Abschlussarbeiten sowie**
	▷ **Zeit- und Betriebsvergleiche zur Überwachung der Wirtschaftlichkeit.**
	● **Der Kontenplan enthält nur die im Unternehmen geführten Konten.**

657774

8.3 Kontenrahmen des Groß- und Außenhandels im Überblick

Kontenklasse 0: Anlage- und Kapitalkonten

Die Kontenklasse 0 enthält die Anlage- und Kapitalkonten. Sie bilden die **Grundlage des Groß- und Außenhandelsunternehmens** und sind im Wesentlichen nach dem **Bilanzgliederungsschema** des § 266 HGB (siehe Anhang) gegliedert. Die Kontengruppe **„06 Eigenkapital"** berücksichtigt **die Rechtsform** des Unternehmens und enthält Eigenkapitalkonten für Einzelkaufleute, Personenhandelsgesellschaften und Kapitalgesellschaften.

Kontenklasse 1: Finanzkonten

Die Kontenklasse 1 enthält die Finanzkonten des Unternehmens. Sie geben Auskunft über die Liquidität und erfassen den Geldverkehr über **Kasse, Bank und Postbank** und den kurzfristigen Kreditverkehr mit den Kunden **(Forderungen a. LL)** und Lieferern **(Verbindlichkeiten a. LL)** sowie dem Finanzamt im Hinblick auf **Vorsteuer und Umsatzsteuer.** Zu den Finanzkonten rechnen auch sonstige Verbindlichkeiten sowie die Konten **„1610 Privatentnahmen"** und **„1620 Privateinlagen".**

Kontenklasse 2: Abgrenzungskonten

Die Kontenklasse 2 enthält die Konten, die eine **sachliche** Abgrenzung der Aufwendungen und Erträge gegenüber dem reinen **Warenhandelsgeschäft** als dem eigentlichen **Betriebszweck** ermöglichen sollen. Die Abgrenzungskonten erfassen im Wesentlichen die **neutralen** (betriebsfremden, außerordentlichen und periodenfremden) **Aufwendungen und Erträge** und bilden damit eine wichtige **Vorstufe der Kosten- und Leistungsrechnung,** in der erst eine exakte **Abgrenzungsrechnung** durchgeführt werden kann, und zwar **in tabellarischer Form,** um das reine **„Betriebsergebnis"** und das **„Neutrale Ergebnis"** des Unternehmens zu ermitteln (siehe 2. Teil). Die Klasse 2 enthält auch Konten für sonstige betriebliche Erträge, wie z. B. die **Entnahme von sonstigen Gegenständen und Leistungen** und **Entnahmen von Anlagegütern.**

Die **Abgrenzungskonten** der Kontenklasse 2 werden **direkt** über das **Gewinn- und Verlustkonto** abgeschlossen.

Kontenklasse 3: Wareneinkaufs- und Warenbestandskonten

In der Kontenklasse 3 werden die Waren**eingänge** und die Waren**bestände** (Anfangs- und Schlussbestand) auf **getrennten** Konten erfasst. Erst unter Berücksichtigung der **Warenbestandsveränderung** lässt sich auf dem Wareneingangskonto der **Wareneinsatz** ermitteln. Wareneingänge und Warenbestände können **nach Warengruppen** gegliedert werden. Da die Wareneingänge nach § 255 HGB zu ihren Anschaffungskosten zu erfassen sind, müssen in dieser Kontenklasse auch die **Warenbezugskosten** als Anschaffungsnebenkosten, die **Warenrücksendungen** und **alle Anschaffungskostenminderungen** (Nachlässe, Boni und Skonti von Lieferern) auf entsprechenden **Unterkonten** des Wareneingangskontos gebucht werden.

Kontenklasse 4: Konten der Kostenarten

Die Konten der Klasse 4 erfassen nur bedingt die im Rahmen des Warenhandelsgeschäftes anfallenden **betriebsnotwendigen** Aufwendungen = **Kosten.** Zur **genauen Ermittlung des Betriebsergebnisses** und für Zwecke der Kostenrechnung bevorzugt man die **tabellarische Form** der Abgrenzung und Erfassung aller Kosten einschließlich der kalkulatorischen Kostenarten im Rahmen der Kosten- und Leistungsrechnung (siehe 2. Teil).

Die Kostenkonten der Klasse 4 werden direkt zum Gewinn- und Verlustkonto abgeschlossen.

Kontenklasse 5: Konten der Kostenstellen

In der Kontenklasse 5 können für die Kostenstellen des Betriebes Konten eingerichtet werden: z. B. Einkauf, Lager, Vertrieb, Verwaltung, Fuhrpark u. a. **Branchen- und betriebsbedingt** sind **unterschiedliche Aufteilungen** erforderlich. In der Praxis wird die **Kostenstellenrechnung** in der Regel nicht kontenmäßig, sondern **tabellarisch** durchgeführt (siehe 2. Teil).

> ### Kontenklasse 6: Konten für Umsatzkostenverfahren
>
> **Kapitalgesellschaften,** die ihre **Gewinn- und Verlustrechnung** in Form des Umsatzkosten-verfahrens **veröffentlichen** (siehe Anhang: § 275 [3] HGB), können in der Kontenklasse 6 die dazu erforderlichen Konten einrichten.

> ### Kontenklasse 7: Frei

> ### Kontenklasse 8: Warenverkaufskonten (Verkaufserlöse)
>
> In der Kontenklasse 8 werden die eigentlichen **betrieblichen Erträge** des Groß- und Außen-handelsunternehmens erfasst: die **Erlöse aus Warenverkäufen.** Die Gliederung nach **Warengruppen** muss mit den Wareneingangs- und Warenbestandskonten der Klasse 3 kor-respondieren. **Warenrücksendungen** der Kunden und **Erlösberichtigungen** durch Nach-lässe, Boni und Skonti an Kunden sind entsprechenden **Unterkonten** zuzuordnen.
>
> In der Kontenklasse 8 wird auch die **Entnahme von Waren** erfasst. Die Entnahme von sons-tigen Gegenständen und Leistungen und die Entnahmen von Anlagegütern werden auf Konten der Klasse 2 gebucht. Die Konten der Klasse 8 werden in der Regel direkt über das **GuV-Konto** abgeschlossen.

> ### Kontenklasse 9: Abschlusskonten
>
> Die Kontenklasse 9 enthält das **Eröffnungsbilanzkonto (9100)** und die Abschlusskonten **„9300 Gewinn und Verlust"** und **„9400 Schlussbilanzkonto".** Nach Bedarf kann dem GuV-Konto noch das Konto „9200 Warenabschluss" (siehe Kontenrahmen) vorgeschaltet werden.

Merke: **Dem Kontenrahmen für den Groß- und Außenhandel liegt das Prozessgliederungs-prinzip zugrunde.**

Aufgaben

88   *Wie lauten die Kontenbezeichnungen und Geschäftsfälle?*

1. 0330 und 1410 an 1710	4. 4000 an 1310	7. 1710 an 1310
2. 3010 und 1410 an 1710	5. 4710 und 1410 an 1510	8. 1610 an 8710 und 1810
3. 1010 an 8010 und 1810	6. 4400 und 1410 an 1310	9. 1310 an 1010

89   **Anfangsbestände**

BGA	160.000,00	Kasse	3.000,00
Fuhrpark	120.000,00	Waren	120.000,00
Forderungen a. LL	78.000,00	Verbindlichkeiten a. LL	88.000,00
Bankguthaben	107.000,00	Eigenkapital	500.000,00

Kontenplan: 0330, 0340, 0610, 1010, 1310, 1410, 1510, 1610, 1710, 1810, 3010, 3910, 4020, 4100, 4810, 4910, 8010, 8710, 9100, 9300, 9400.

Geschäftsfälle

1. Wareneinkäufe lt. ER 73–78, brutto	15.232,00
2. Kauf eines PKWs (Betrieb) gegen Bankscheck, brutto	22.253,00
3. Gehaltszahlung durch Banküberweisung	4.800,00
4. Warenverkäufe lt. AR 92–96, brutto	80.920,00
5. Banküberweisung an Lieferer zum Ausgleich von ER 71	16.898,00
6. Privatentnahme von Waren lt. Entnahmebeleg, Warenwert	450,00
7. Barabhebung bei der Bank	2.100,00
8. Unsere Geschäftsmiete wird durch Bank überwiesen	7.800,00
9. Barkauf von Schreibmaterial einschließlich USt	416,50
10. Banküberweisung eines Kunden zum Ausgleich von AR 89	19.278,00

Abschlussangaben

1. Warenendbestand lt. Inventur	98.420,00
2. Abschreibungen lt. Anlagenkartei: BGA 3.200,00 €, Fuhrpark 2.400,00 €.	

Anfangsbestände

90

BGA	242.000,00	Bankguthaben	142.000,00
Fuhrpark	88.000,00	Kasse	5.800,00
Eigenkapital	479.800,00	Verbindlichkeiten a. LL	112.600,00
Darlehensschulden	150.000,00	Umsatzsteuer	13.400,00
Forderungen a. LL	98.000,00	Waren	180.000,00

Kontenplan: 0330, 0340, 0610, 0820, 1010, 1310, 1410, 1510, 1610, 1620, 1710, 1810, 2780, 3010, 3910, 4020, 4100, 4400, 4700, 4821, 4910, 8010, 8710, 8720, 9100, 9300, 9400.

Geschäftsfälle

1. Banküberweisung der Umsatzsteuer-Zahllast 13.400,00
2. Bankabbuchung für Tilgungsrate des Darlehens 22.000,00
3. Unsere Banküberweisung für Miete: Betrieb 18.600,00
   privat 1.200,00
4. Wareneinkäufe lt. ER 79–83, brutto 29.155,00
5. Barzahlung der Fahrzeuginspektion einschließlich USt 416,50
6. Warenverkäufe lt. AR 97–103, brutto 173.264,00
7. Banküberweisung der Gehälter 11.400,00
8. Barentnahme des Inhabers für den Haushalt 800,00
9. Zahlung von Werbeanzeigen durch Bank, netto 1.750,00
10. Barzahlung für Wertmarken der Frankiermaschine 1.200,00
11. Barverkauf eines PKWs zum Buchwert, netto 2.300,00
    + Umsatzsteuer 437,00
12. Banküberweisung von Kunden zum Ausgleich von AR 95–96 .... 13.566,00
13. Privateinlage durch Bankeinzahlung 20.000,00
14. Entnahme von Waren für private Zwecke, netto 3.000,00
15. Private Inanspruchnahme betrieblicher Leistungen, netto 1.500,00
16. Bankgutschrift für Verkaufsprovisionen, netto 4.500,00
    + Umsatzsteuer 855,00

Abschlussangaben

1. Warenschlussbestand lt. Inventur 120.000,00
2. Abschreibungen lt. Abschreibungsliste: BGA 5.300,00 €, Fuhrpark 2.200,00 €.

Aufgabe

Ermitteln Sie auch den Erfolg des Unternehmens durch Kapitalvergleich.

---

1. *Worin unterscheiden sich Kontenrahmen und Kontenplan?*

91

2. *Unterscheiden Sie Kontenklasse, Kontengruppe, Kontenart, Kontenunterart.*
3. *Ordnen Sie die Kontenklassen des Großhandelskontenrahmens nach a) Bestandskonten und b) Erfolgskonten.*
4. *Begründen Sie die Notwendigkeit eines Kontenrahmens.*
5. *Welches Prinzip liegt dem Aufbau des Großhandelskontenrahmens zugrunde?*
6. *Weshalb ist es sinnvoll, die Warenkonten der Klasse 3 und die Warenverkaufskonten der Klasse 8 nach Warengruppen (z. B. Kühlschränke, Elektroherde u. a.) zu gliedern?*

---

9   Bezugskosten, Gutschriften und Skonti

9.1   Bezugskosten

Bezugskosten als Anschaffungsnebenkosten. Beim Einkauf von Waren fallen **neben** dem Kaufpreis der Ware in der Regel auch noch **Bezugskosten** an. Dazu zählen:

▶ **Transportkosten:** Verpackung, Bahnfrachten, Hausfrachten, Versicherungen,

▶ **Zölle** und

▶ **Vermittlungsgebühren:** Provisionen, Maklergebühren.

Anschaffungskosten. Bezugskosten stellen **Anschaffungsnebenkosten** dar. Zusammen mit dem Kaufpreis der Ware **(Anschaffungspreis)** bilden sie handelsrechtlich die **Anschaffungskosten der Ware** (§ 255 HGB). Beim Einkauf sind die Waren zu ihren Anschaffungskosten zu buchen. Die Vorsteuer gehört natürlich nicht zu den Anschaffungskosten der Ware. Sie ist als Forderung gegenüber dem Finanzamt auf dem Konto „1410 Vorsteuer" zu buchen.

Buchung. Bezugskosten können **direkt** auf dem Wareneingangskonto gebucht werden. Für die Kalkulation der Waren ist es jedoch übersichtlicher und einfacher, sie zunächst **gesondert** auf einem **Unterkonto des Wareneingangskontos** zu erfassen:

3020 Warenbezugskosten

Beispiel:	❶ Zieleinkauf von Waren lt. ER 176 ab Werk	5.000,00 €	
	+ Umsatzsteuer	950,00 €	5.950,00 €
	❷ Barzahlung der Frachtkosten für obige Lieferung	600,00 €	
	+ Umsatzsteuer	114,00 €	714,00 €

❶ Buchung aufgrund der Eingangsrechnung: *Nennen Sie den Buchungssatz.*

❷ Buchung aufgrund der Speditionsrechnung:

<pre>
3020 Warenbezugskosten   600,00
1410 Vorsteuer   114,00
     an 1510 Kasse   714,00
</pre>

Umbuchung der Bezugskosten. Die **Warenbezugskosten** werden als Anschaffungsnebenkosten monatlich oder vierteljährlich **auf das Wareneingangskonto umgebucht:**

❸   3010 Wareneingang   an   3020 Warenbezugskosten 600,00

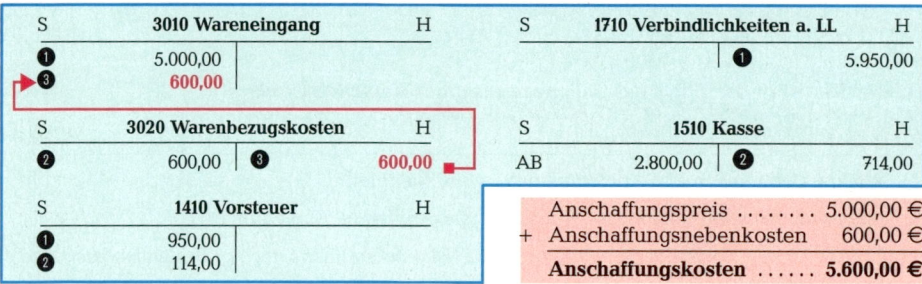

Anschaffungskosten. Nach Umbuchung der Bezugskosten weist das Wareneingangskonto die **Anschaffungskosten oder den Einstandswert** der eingekauften Waren aus: **5.600,00 €.** Das entspricht den handels- und steuerrechtlichen Vorschriften.

Merke: **Bei Anschaffung sind alle Wirtschaftsgüter des Anlage- und Umlaufvermögens buchhalterisch mit ihren Anschaffungskosten zu erfassen (§ 255 [1] HGB).**

657778

Aufgaben

92

a) Eingangsrechnung 4984: Warenwert 8.200,00 €, berechnete Fracht 500,00 € zuzüglich Umsatzsteuer.

b) Barzahlung der Hausfracht 119,00 € einschließlich Umsatzsteuer.

1. Buchen Sie die Fälle a) und b). 2. Ermitteln Sie die Anschaffungskosten.

93

Vorläufige Summenbilanz der Großhandlung E. Wette OHG	Soll	Haben
0330 BGA	104.704,00	2.500,00
0610 Eigenkapital	–	371.500,00
1010 Forderungen a. LL	844.200,00	782.300,00
1310 Bank	938.400,00	712.800,00
1410 Vorsteuer	108.507,00	88.600,00
1510 Kasse	65.200,00	53.400,00
1610 Privatentnahmen	48.400,00	–
1710 Verbindlichkeiten a. LL	463.400,00	542.100,00
1810 Umsatzsteuer	88.600,00	172.311,00
2610 Zinserträge	–	1.300,00
3010 Wareneingang	540.400,00	–
3020 Warenbezugskosten	41.300,00	–
3910 Warenbestände	110.000,00	–
4890 Diverse Aufwendungen	280.600,00	–
4910 Abschreibungen auf Sachanlagen	–	–
8010 Warenverkauf	–	890.600,00
8710 Entnahme von Waren	–	12.000,00
8720 Provisionserträge	–	4.300,00
Abschlusskonten: 9300 und 9400	3.633.711,00	3.633.711,00

Geschäftsfälle

1. Eingangsrechnung 53 456, Warenwert 8.500,00

   Verpackungskosten 200,00

   Bahnfracht 450,00

   + Umsatzsteuer 1.738,50   10.888,50

2. Barzahlung der Hausfracht hierauf einschließlich Umsatzsteuer 238,00

3. ER 53 457, Warenwert 6.500,00

   Fracht 450,00

   Transportversicherung 100,00

   + Umsatzsteuer 1.339,50   8.389,50

4. Zinsgutschrift der Bank 2.600,00

5. Privatentnahme von Waren einschließlich

   Umsatzsteuer 595,00

6. Wir erhalten Provision durch Banküberweisung 6.800,00

   + Umsatzsteuer 1.292,00   8.092,00

Abschlussangaben

1. Warenendbestand lt. Inventur 160.000,00
2. Abschreibungen auf BGA 15.000,00
3. Im Übrigen entsprechen die Buchwerte der Inventur.

1. Bilden Sie die Buchungssätze und buchen Sie auf den Konten des Hauptbuches.

2. Nennen Sie die Umbuchungen.

3. Ermitteln Sie a) den Einstandswert (Anschaffungskosten) der Waren, b) den Wareneinsatz und c) den Warenrohgewinn.

9.2 Gutschriften

Gutschriften werden erteilt, wenn **Waren zurückgesandt** oder nachträglich im **Preis ermäßigt** werden, weil sie falsch oder mit Mängeln geliefert wurden, oder wenn wegen Erreichens einer bestimmten Umsatzhöhe ein **nachträglicher Rabatt (Bonus)** gewährt wird. Gutschriften dieser Art ergeben sich beim Einkauf und Verkauf von Waren.

Unterkonten. Rücksendungen von Waren, Nachlässe und Boni könnten direkt auf dem Wareneingangs- bzw. Warenverkaufskonto gebucht werden. Das hätte jedoch den Nachteil, dass deren **Höhe** später nicht ohne weiteres festgestellt werden kann. Deshalb richtet man entsprechende **Unterkonten** ein, die **über das Wareneingangs- bzw. Warenverkaufskonto abzuschließen** sind:

3010 Wareneingang
● 3050 Rücksendungen an Lieferer
● 3060 Nachlässe von Lieferern
● 3070 Liefererboni

8010 Warenverkauf
● 8050 Rücksendungen von Kunden
● 8060 Nachlässe an Kunden
● 8070 Kundenboni

Steuerberichtigung. Bemessungsgrundlage für die Umsatzsteuer ist der **Nettopreis** der Ware. Jede **nachträgliche** Minderung dieses Wertes aufgrund von Rücksendungen, Preisnachlässen und Boni muss daher auch zu einer entsprechenden **Minderung (Berichtigung)** der Beträge auf den Konten „Vorsteuer" und „Umsatzsteuer" führen.

9.2.1 Rücksendungen, Nachlässe und Boni beim Wareneinkauf

Rücksendungen an die Lieferer vermindern den Wareneingang, die Vorsteuer und die Verbindlichkeiten aus diesen Warenlieferungen.

Beispiel: ❶ Wareneinkauf auf Ziel lt. ER 186: netto 4.000,00 € + 760,00 € USt.

❷ Bei Lieferung wird festgestellt, dass Waren im Wert von 800,00 € netto beschädigt sind. Vereinbarungsgemäß werden diese Waren an den Lieferer zurückgeschickt, von dem wir folgende Gutschriftsanzeige erhalten:

Nettowert der zurückgesandten Waren	800,00 €
+ Umsatzsteuer	152,00 €
Gutschrift vom Lieferer, brutto	**952,00 €**

❶ **Buchung aufgrund der Eingangsrechnung:** *Nennen Sie den Buchungssatz.*

❷ **Buchung aufgrund der Gutschriftsanzeige des Lieferers:**

1710	Verbindlichkeiten a. LL	952,00	
an	3050 Rücksendungen an Lieferer		800,00
an	1410 Vorsteuer		152,00

❸ **Abschluss des Unterkontos** (Umbuchung):

3050 Rücksendungen an Lieferer an 3010 Wareneingang   800,00

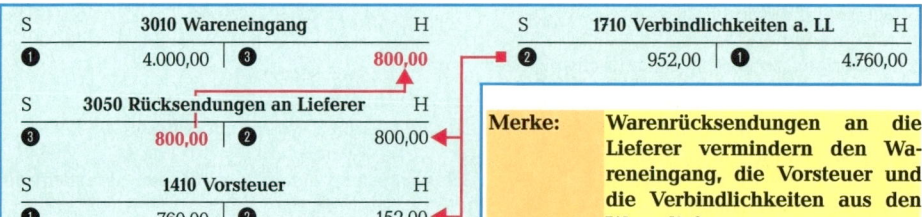

Merke:	**Warenrücksendungen an die Lieferer vermindern den Wareneingang, die Vorsteuer und die Verbindlichkeiten aus den Warenlieferungen.**

Preisnachlässe von Lieferern, die uns **nachträglich** aufgrund einer Mängelrüge gewährt werden, mindern den Anschaffungspreis der eingekauften Waren, die Vorsteuer und die Verbindlichkeiten aus dieser Warenlieferung.

Beispiel: ❶ Wareneinkauf auf Ziel lt. ER 187: netto 3.000,00 € + 570,00 € USt

❷ Aufgrund einer Mängelrüge gewährt uns der Lieferer einen Preisnachlass von 20 %. Die **Gutschriftsanzeige des Lieferers** lautet:

	Nettonachlass auf den Warenwert	600,00 €
+	Umsatzsteuer	114,00 €
	Bruttonachlass	**714,00 €**

	Warennettopreis	3.000,00 €	—	20 % **Nettonachlass**	**600,00 €**	=	2.400,00 €
+	Vorsteuer	570,00 €	—	20 % **Steuerberichtigung** ..	**114,00 €**	=	456,00 €
	Bruttopreis	**3.570,00 €**	—	20 % **Bruttonachlass**	**714,00 €**	=	**2.856,00 €**

❶ **Buchung aufgrund der Eingangsrechnung:** *Nennen Sie den Buchungssatz.*

❷ **Nettobuchung des Preisnachlasses aufgrund der Gutschriftsanzeige:**

1710	Verbindlichkeiten a. LL		714,00	
	an	3060 Nachlässe von Lieferern		600,00
	an	1410 Vorsteuer		114,00

❸ **Umbuchung am Ende der Rechnungsperiode:**

       3060 Nachlässe von Lieferern an 3010 Wareneingang .   600,00

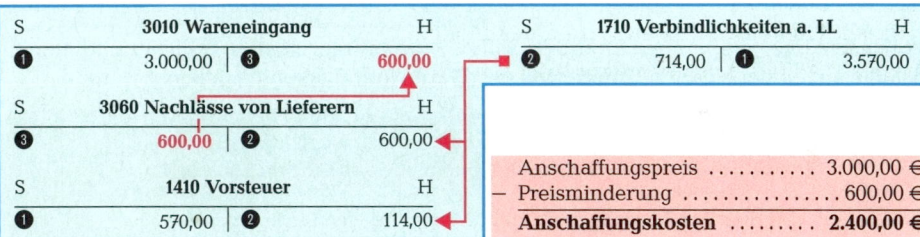

Anschaffungskosten. Nach Umbuchung der Nachlässe ergeben sich im Wareneingangskonto die Anschaffungskosten der eingekauften Waren gemäß § 255 (1) HGB: 2.400,00 €.

Nachträgliche Rabatte (Boni) von Lieferern. Der Bonus ist ein **Mengen-, Treue- oder Umsatzrabatt**, der **am Ende einer Periode** (Quartal, Halbjahr oder Jahr) für den insgesamt erreichten **Warenumsatz** zusätzlich gewährt wird. Die uns von Lieferern gewährten Boni mindern ebenfalls nachträglich den Anschaffungspreis der Waren.

Beispiel: Ein Lieferer gewährt uns für das 1. Quartal eine Umsatzvergütung von 3 % auf 80.000,00 € Warenumsatz. Die **Gutschriftsanzeige des Lieferers** lautet:

            2.400,00 € Nettobonus + 456,00 € USt = **2.856,00 €**

Buchung:

1710	Verbindlichkeiten a. LL		2.856,00	
	an	3070 Liefererboni		2.400,00
	an	1410 Vorsteuer		456,00

Wie lautet der Buchungssatz für den Abschluss des Kontos „3070 Liefererboni"?

Merke: **Nachlässe und Boni von Lieferern mindern die Anschaffungspreise der eingekauften Waren, die Vorsteuer und die Verbindlichkeiten a. LL.**

9.2.2 Rücksendungen, Nachlässe u. Boni beim Warenverkauf

Rücksendungen vom Kunden. Senden unsere Kunden beanstandete Waren an uns zurück, so vermindern sich die **Verkaufserlöse,** die **Umsatzsteuer** sowie die **Forderungen a. LL.** Rücksendungen werden auf einem **Unterkonto des Warenverkaufskontos** erfasst.

Beispiel:	❶ Warenverkauf auf Ziel lt. AR 197: netto 5.000,00 € + 950,00 € USt
	❷ Kunde sendet beschädigte Waren an uns zurück. **Gutschrift an Kunden:**
	1.000,00 € Nettowarenwert + 190,00 € USt = **1.190,00 €**

❶ **Buchung aufgrund der Ausgangsrechnung:** *Nennen Sie den Buchungssatz.*

❷ **Buchung der Warenrücksendung des Kunden:**

	8050	Rücksendungen von Kunden	1.000,00	
	1810	Umsatzsteuer ....,,,	190,00	
	an	1010 Forderungen a. LL		1.190,00

❸ **Abschluss des Unterkontos:**

    8010 **Warenverkauf** an 8050 Rücksendungen von Kunden   1.000,00

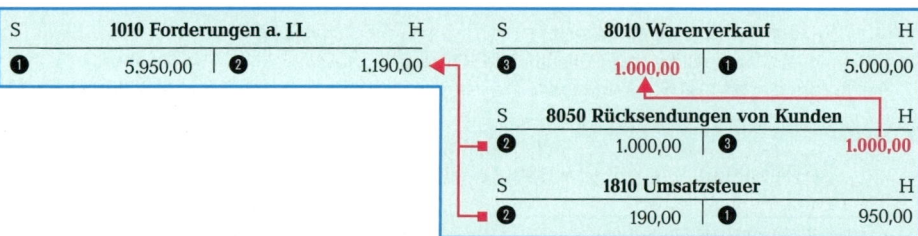

Preisnachlässe, die wir **nachträglich** Kunden gewähren, stellen **Erlösberichtigungen** dar, die auf einem eigenen **Unterkonto** des Warenverkaufskontos gebucht werden.

Beispiel:	Wir gewähren einem Kunden, dem wir Waren zum Nettopreis von 10.000,00 € + 1.900,00 € = 11.900,00 € brutto verkauft hatten, wegen Mängelrüge einen **Preisnachlass** von 20 %: 2.000,00 € netto + 380,00 € USt = **2.380,00 €.**

❶ **Buchung aufgrund der Ausgangsrechnung:** *Nennen Sie den Buchungssatz.*

❷ **Buchung des dem Kunden gewährten Preisnachlasses:**

	8060	Nachlässe an Kunden	2.000,00	
	1810	Umsatzsteuer	380,00	
	an	1010 Forderungen a. LL		2.380,00

❸ **Umbuchung am Ende der Rechnungsperiode:**

    8010 **Warenverkauf** .. an 8060 Nachlässe an Kunden 2.000,00

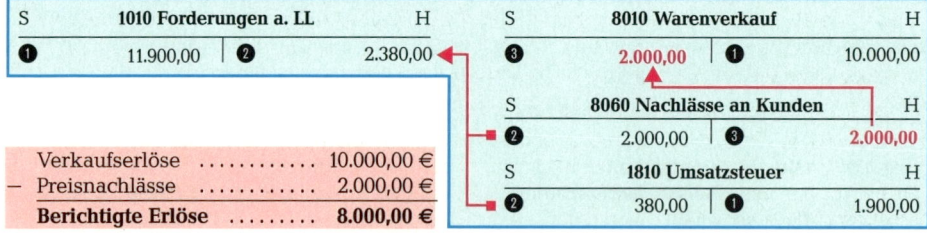

Kundenboni werden auf Konto 8070 erfasst und wie Nachlässe gebucht.

Merke:	**Warenrücksendungen von Kunden sowie Nachlässe und Boni an Kunden mindern die Verkaufserlöse, die Umsatzsteuer und die Forderungen a. LL.**

657782

Aufgaben

Buchen Sie auf den Konten 1010, 1410, 1710, 1810, 3010, 3050, 3060, 3070, 8010, 8050, 8060, 8070.   **94**

1. Zieleinkauf von Waren lt. ER 406–428, netto 50.000,00
   + Umsatzsteuer 9.500,00   59.500,00

2. Rücksendung beschädigter Waren an Lieferer, netto 1.000,00
   + Umsatzsteuer   190,00   1.190,00

3. Zielverkäufe von Waren lt. AR 807–840, netto 45.000,00
   + Umsatzsteuer 8.550,00   53.550,00

4. Kunde sendet beschädigte Waren zurück (AR 811), netto 2.000,00
   + Umsatzsteuer   380,00   2.380,00

5. Lieferer (ER 410) gewährt uns Preisnachlass
   für beschädigte Waren, Nettowert   800,00

6. Kunde (AR 812) erhält von uns eine Gutschrift über einen
   Preisnachlass wegen Mängelrüge, einschließlich USt (brutto) 1.428,00

7. Warenlieferer gewährt uns einen Bonus, brutto 3.570,00

8. Kunde erhält von uns Gutschrift über einen Bonus, netto 1.500,00

a) Zieleinkauf von Waren lt. ER 450: Warenwert 5.000,00 € + 950,00 € USt.   **95**
b) Rücksendung beschädigter Waren (ER 450): Warenwert 2.000,00 €.

1. *Buchen Sie die Geschäftsfälle a) und b) auf Konten. Schließen Sie das Konto 3050 ab.*
2. *Nennen Sie die entsprechenden Buchungen beim Lieferer.*

c) Zielverkauf von Waren lt. AR 754: 8.000,00 € netto + 1.520,00 € USt.
d) Aufgrund einer Mängelrüge erhält der Kunde von uns eine Gutschrift einschließlich
   Umsatzsteuer von 595,00 €.

1. *Buchen Sie die Geschäftsfälle c) und d) und schließen Sie das Konto 8060 ab.*
2. *Wie lauten die entsprechenden Buchungen beim Kunden?*

Buchen Sie die folgenden Geschäftsfälle auf den Konten 1010, 1410, 1710, 1810, 3010, 3050, 3060,   **96**
8010, 8050, 8060 und ermitteln Sie jeweils die erforderlichen Steuerberichtigungen.

1. Zieleinkauf von Waren, Warenwert lt. ER 567: 5.800,00 €.
2. Rücksendung beschädigter Waren an Lieferer (ER 567): Warenwert 1.800,00 €.
3. Auf die übrigen Waren (ER 567) gewährt uns der Lieferer noch 20 % Nachlass.
4. Zielverkauf von Waren, Netto- bzw. Warenwert lt. AR 859: 6.000,00 €.
5. Kunde sendet beschädigte Waren (AR 859) zurück: 2.000,00 € netto.
6. Kunde (AR 859) erhält im Übrigen noch einen Preisnachlass von brutto 238,00 €.

a) Ein Warenlieferer gewährt uns wegen Mängelrüge einen Preisnachlass von 10 % des Rech-   **97**
   nungsbetrages. Der Rechnungsbetrag (ER 488) lautete über 11.900,00 €.
b) Wir gewähren einem Kunden aufgrund seiner Mängelrüge nachträglich einen Preisnachlass von 20 % des Rechnungsbetrages. Die Ausgangsrechnung (AR 811) weist einen Rechnungsbetrag von 17.850,00 € aus.

1. *Ermitteln Sie jeweils die Gutschrift und die Steuerberichtigung.*
2. *Erstellen Sie die entsprechende Gutschriftsanzeige.*
3. *Nennen Sie den Buchungssatz aufgrund der Gutschriftsanzeige der Fälle a) und b).*

Gutschrift über eine Umsatzvergütung von 3 % auf den Nettowarenumsatz des 2. Halbjahres   **98**
in Höhe von 350.000,00 €.

1. *Erstellen Sie die Gutschriftsanzeige.*
2. *Wie bucht a) der Lieferer und b) der Kunde?*
3. *Erläutern Sie die Auswirkung der Boni im Ein- und Verkaufsbereich.*

99 *Buchen Sie im Grund- und Hauptbuch. Erstellen Sie den Jahresabschluss zum 31. Dezember.*

Kontenplan und vorläufige Saldenbilanz zum 27. Dez.		Soll	Haben
0330	Betriebs- und Geschäftsausstattung	248.000,00	–
0340	Fuhrpark	84.000,00	–
0610	Eigenkapital	–	450.000,00
1010	Forderungen a. LL	222.324,00	–
1310	Bank	140.000,00	–
1410	Vorsteuer	105.542,00	–
1510	Kasse	19.200,00	–
1610	Privatentnahmen	72.000,00	–
1710	Verbindlichkeiten a. LL	–	224.700,00
1810	Umsatzsteuer	–	249.166,00
3010	Wareneingang	808.400,00	–
3020	Warenbezugskosten	20.800,00	–
3050	Rücksendungen an Lieferer	–	5.000,00
3060	Nachlässe von Lieferern	–	3.500,00
3070	Liefererboni	–	1.500,00
3910	Warenbestände	150.000,00	–
4100	Mieten	62.000,00	–
4620	Ausgangsfrachten	8.500,00	–
4700	Betriebskosten, Instandhaltung	16.800,00	–
4800	Allgemeine Verwaltungskosten	132.700,00	–
4890	Diverse Aufwendungen	155.000,00	–
4910	Abschreibungen auf Sachanlagen	–	–
8010	Warenverkauf	–	1.357.500,00
8050	Rücksendungen von Kunden	48.400,00	–
8060	Nachlässe an Kunden	7.100,00	–
8070	Kundenboni	2.900,00	–
8710	Entnahme von Waren	–	12.300,00
Abschlusskonten: 9300 und 9400		2.303.666,00	2.303.666,00

Geschäftsfälle vom 27. Dezember bis 31. Dezember

1. Zieleinkäufe von Waren, ab Werk, ER 460–466
   Warenwert 19.700,00
   + Umsatzsteuer 3.743,00 23.443,00
2. Eingangsfrachten hierauf bar, Nettofrachtbetrag 850,00
   + Umsatzsteuer 161,50 1.011,50
3. Rücksendung mangelhafter Waren an Lieferer (ER 462)
   Warenwert 900,00
   + Umsatzsteuer 171,00 1.071,00
4. Lieferer schreibt uns aufgrund unserer Mängelrüge
   einschließlich Umsatzsteuer gut, brutto 714,00
5. Zielverkäufe von Waren, frei dort, AR 962–968
   Warenwert 52.400,00
   + Verpackungskosten 800,00
   + Umsatzsteuer 10.108,00 63.308,00
6. Ausgangsfrachten hierauf bar, brutto 1.666,00
7. Lastschrift der Bank für Mietüberweisung 6.500,00
   Darin enthalten ist die Miete für die Wohnung des Inhabers 900,00
8. Gutschriftsanzeige (Mängelrüge) an Kunden (AR 963), brutto 773,50
9. Kunde erhält von uns einen Bonus, netto 1.500,00
10. Gutschriftsanzeige (Mängelrüge) eines Lieferers (ER 465), brutto 416,50

11. Kunde sendet mangelhafte Waren zurück (AR 964), brutto 952,00
12. Lieferer gewährt uns einen Bonus von netto 2.000,00

Abschlussangaben
1. 20 % Abschreibung vom Buchwert auf 0330 und 0340
2. Warenendbestand lt. Inventur 200.000,00
3. Im Übrigen entsprechen die Buchwerte der Inventur.

Kontenplan und vorläufige Saldenbilanz der Aufgabe 99   100

Geschäftsfälle
1. Banküberweisung für Ausgangsfrachten (AR 978–982)
   einschließlich Umsatzsteuer 1.190,00
2. Zielverkäufe von Waren, ab hier, AR 978–982
   Warenwert 27.000,00
   + Umsatzsteuer 5.130,00   32.130,00
3. Einem Kunden (AR 966) werden aufgrund seiner Mängelrüge
   gutgeschrieben, brutto 1.130,50
4. Privatentnahme von Waren, Warenwert 600,00
5. Gutschriften an Kunden aufgrund von Mängelrügen
   (AR 978–982), brutto 1.071,00
6. Rücksendung beschädigter Waren (ER 458), Warenwert 700,00
7. Zieleinkäufe von Waren, ab Werk, ER 489–490
   Warenwert 15.400,00
   + Fracht und Transportversicherung 600,00
   + Umsatzsteuer 3.040,00   19.040,00
8. Barzahlung der Hausfracht hierauf einschließlich USt 238,00
9. Gutschriftsanzeige des Lieferers aufgrund unserer Mängelrüge
   (ER 432) einschließlich Umsatzsteuer 892,50
10. Banküberweisung für LKW-Reparatur, netto 2.800,00
    + Umsatzsteuer 532,00   3.332,00
11. Kunde sendet wegen Falschlieferung Waren (AR 980) zurück
    und erhält von uns eine Gutschrift einschließlich USt 2.975,00
12. Banküberweisung der Lebensversicherungsprämie des
    Geschäftsinhabers 860,00
13. Lieferer gewährt uns einen Bonus, brutto 3.570,00

Abschlussangaben
1. Abschreibungen auf BGA: 32.000,00 €; auf Fuhrpark: 18.000,00 €.
2. Inventurwert des Warenschlussbestandes 250.000,00

1. *Wie hoch sind in den Aufgaben 99/100 jeweils a) die berichtigten Verkaufserlöse,*   101
   b) der Wareneinsatz, c) der Rohgewinn und d) der Reingewinn?
2. *Halten Sie die Höhe des Reingewinns für angemessen, wenn man für die Arbeitsleistung des*
   Geschäftsinhabers einen Unternehmerlohn (= Vergütung für eine vergleichbare Tätigkeit) von
   72.000,00 € je Geschäftsjahr zugrunde legt?
3. *Welche Gründe sprechen für die gesonderte buchhalterische Erfassung der Bezugskosten,*
   Rücksendungen, Nachlässe und Boni?
4. *Erläutern Sie die Zusammensetzung der Anschaffungskosten nach § 255 (1) HGB.*

9.3   Lieferer- und Kundenskonti

Bedeutung des Skontos. Ein- und Ausgangsrechnungen werden meist innerhalb einer bestimmten Zahlungsfrist unter Abzug von Skonto beglichen. Der Skonto ist eine **Zinsvergütung für vorzeitige Zahlung.** Er enthält aber auch eine **Prämie für die Ersparung von Risiko und Aufwand**, die mit Zielverkäufen verbunden sind. Ein Skonto von 2 % entspricht beispielsweise einem Jahreszinssatz von 36 %, wenn die Zahlungsbedingungen lauten: „Zahlbar innerhalb von 10 Tagen mit 2 % Skonto oder 30 Tage netto Kasse". Es lohnt sich also, alle Rechnungen innerhalb der Skontofrist zu bezahlen.

- **Liefererskonti.** Der Skonto, der uns von Lieferern gewährt wird, **mindert** nachträglich den **Anschaffungspreis** der eingekauften Waren und muss deshalb auch auf einem **Unterkonto des Wareneingangskontos** gebucht werden: „**3080 Liefererskonti**".
- **Kundenskonti.** Skonti, die wir den Kunden gewähren, **schmälern** die **Verkaufserlöse.** Sie sind auf einem **Unterkonto des Warenverkaufskontos** zu erfassen: „**8080 Kundenskonti**".

Buchungsverfahren. Skonti können **netto oder brutto** gebucht werden, je nachdem, ob man die Vor- bzw. Umsatzsteuer **sofort oder später** entsprechend berichtigen will.

9.3.1   Liefererskonti

Beispiel: ❶ Wareneinkauf auf Ziel lt. ER 460: 10.000,00 € netto + 1.900,00 € USt.

❷ ER 460 wird von uns abzüglich 2 % Skonto durch Banküberweisung beglichen.

	100 % Nettopreis ...	10.000,00	—	2 % **Nettoskonto**	200,00	=	9.800,00 €
+	19 % Vorsteuer	1.900,00	—	2 % **Vorsteuerberichtigung**	38,00	=	1.862,00 €
	119 % Bruttopreis ...	11.900,00	—	2 % **Bruttoskonto**	238,00	=	11.662,00 €

Nettobuchung. Der vom Lieferer gewährte Skonto wird **direkt** mit dem **Nettobetrag** gebucht, wobei die darauf entfallende **Vorsteuerberichtigung sofort** vorgenommen wird.

❶ **Buchung aufgrund der ER 460:** *Nennen Sie den Buchungssatz.*

❷ **Buchung des Rechnungsausgleichs:**

    1710 Verbindlichkeiten a. LL ..... 11.900,00   an **3080 Liefererskonti** 200,00
                                                 an **1410 Vorsteuer** 38,00
                                                 an **1310 Bank** 11.662,00

❸ **Abschlussbuchung:** 3080 Liefererskonti   an   3010 Wareneingang 200,00

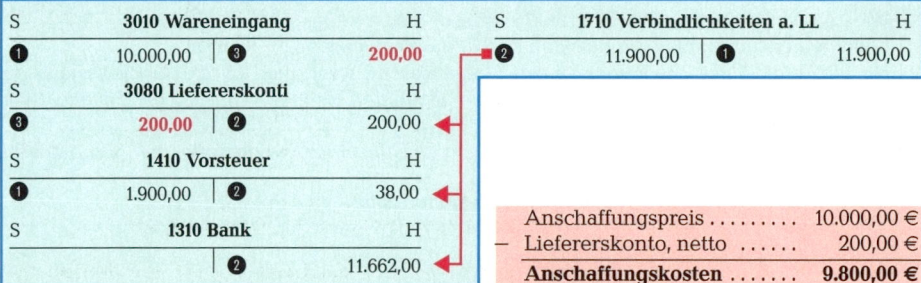

Bruttobuchung. Der Skonto kann auch zunächst **brutto** gebucht werden:

❷ 1710 Verbindlichkeiten a. LL ..   11.900,00   an **3080 Liefererskonti** 238,00
                                                       an **1310 Bank** 11.662,00

657786

Steuerberichtigung. Zum Monatsende – bei Ermittlung der Zahllast – wird der Vorsteueranteil aus der **Summe der Bruttoskonti** ermittelt und umgebucht:[1]

119 % = Bruttoskonti	119 % ≙ 238,00 €	$x = \dfrac{238,00\ € \cdot 19\ \%}{119\ \%} = \mathbf{38,00\ €}$
19 % = Steuerberichtigung	19 % ≙ x €	

$$\boxed{\text{Steuerberichtigungsbetrag} \quad = \quad \frac{\text{Bruttoskonti} \cdot 19\ \%}{119\ \%}}$$

❸ Umbuchung: 3080 Liefererskonti .... an 1410 Vorsteuer 38,00

S	3080 Liefererskonti	H	S	1710 Verbindlichkeiten a. LL	H
❸	38,00 ❷	238,00	❷	11.900,00 ❶	11.900,00

S	1410 Vorsteuer	H
❶	1.900,00 ❸	38,00

S	1310 Bank	H
	❷	11.662,00

Wie lautet der Buchungssatz für den Abschluss des Kontos „3080 Liefererskonti"?

9.3.2 Kundenskonti

Beispiel: ❶ Warenverkauf auf Ziel lt. AR 812: 15.000,00 € netto + 2.850,00 € USt.
  ❷ Wir erhalten vom Kunden den Rechnungsbetrag abzüglich 2 % Skonto (Bank).

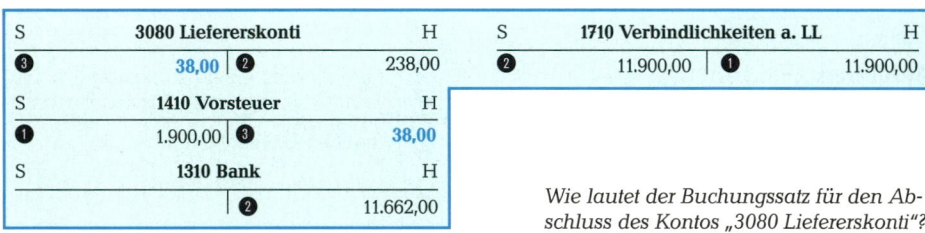

Rechnungsbetrag lt. AR 812 .. 17.850,00 €	Steuerberichtigung = $\dfrac{357 \cdot 19\ \%}{119\ \%}$
− 2 % Skonto (brutto) .... 357,00 €	
Bankgutschrift .... **17.493,00 €**	= **57,00 €**

❶ **Buchung der AR 812:** *Nennen Sie den Buchungssatz.*

❷ **Nettobuchung:** 1310 Bank 17.493,00
  8080 Kundenskonti 300,00
  1810 Umsatzsteuer .....   57,00 an 1010 Forder. a. LL   17.850,00

❸ **Abschlussbuchung:** 8010 Warenverkauf .... an **8080 Kundenskonti** 300,00

S	1010 Forderungen a. LL	H	S	8010 Warenverkauf	H
❶	17.850,00 ❷	17.850,00	❸	300,00 ❶	15.000,00

			S	1810 Umsatzsteuer	H
			❷	57,00 ❶	2.850,00

			S	1310 Bank	H
			❷	17.493,00	

Verkaufserlöse .... 15.000,00 €	S	8080 Kundenskonti	H
− Kundenskonti .... 300,00 €	❷	300,00 ❸	300,00
Berichtigte Erlöse .... **14.700,00 €**			

Nennen Sie für das vorliegende Beispiel auch die Bruttobuchung des Kundenskontos.

Merke: ● **Bei Liefererskonto ist die Vorsteuer, bei Kundenskonto die Umsatzsteuer zu berichtigen.**
  ● **Liefererskonti mindern die Anschaffungspreise, Kundenskonti die Erlöse.**

---

1 In der **EDV** erfolgt die **Steuerberichtigung** mit Eingabe des Bruttobetrages **automatisch** (Programmfunktion).

Merke:	Die Umsatzsteuer-Zahllast kann am Monatsende erst nach Vornahme der anteiligen Berichtigungen auf den Steuerkonten ermittelt werden:

S	1410 Vorsteuer	H
Vorsteuerbeträge aufgrund von Eingangsrechnungen	**Berichtigungen** ● Rücksendungen an Lieferer ● Preisnachlässe von Lieferern ● Liefererboni ● Liefererskonti	

S	1810 Umsatzsteuer	H
Berichtigungen ● Rücksendungen von Kunden ● Preisnachlässe an Kunden ● Kundenboni ● Kundenskonti	**Umsatzsteuerbeträge** aufgrund von Ausgangsrechnungen	

Aufgaben

102   Die Eingangsrechnung 8857 über 2.975,00 € (Warenwert 2.500,00 € + 475,00 € USt) wird unter Abzug von 2 % Skonto durch Banküberweisung an den Lieferer beglichen.
Konten: 1310 (AB 85.000,00 €), 1410, 1710, 3010, 3080.

1. *Buchen Sie den Eingang der Waren aufgrund der ER 8857.*
2. *Ermitteln Sie die Steuerberichtigung und buchen Sie beim Rechnungsausgleich den Skonto a) netto und b) brutto.*
3. *Wie lauten die entsprechenden Buchungen beim Lieferer?*

103   Der Kunde begleicht unsere Ausgangsrechnung 4459 über 17.850,00 € (Warenwert 15.000,00 € + 2.850,00 € USt) abzüglich 2 % Skonto durch Postbanküberweisung.
Konten: 1010, 1320, 1810, 8010, 8080.
1. *Buchen Sie den Verkauf der Waren aufgrund der AR 4459.*
2. *Buchen Sie den Skonto beim Zahlungseingang a) netto und b) brutto.*
3. *Nennen Sie die entsprechenden Buchungen zu 1. und 2. auch beim Kunden.*

104

Auszug aus der vorläufigen Summenbilanz	Soll	Haben
1410 Vorsteuer	52.500,00	48.350,00
1810 Umsatzsteuer	72.150,00	83.450,00
3080 Liefererskonti (brutto)	?	3.808,00
8080 Kundenskonti (brutto)	2.975,00	?

1. *Ermitteln Sie am Monatsende die Steuerberichtigungen und buchen Sie.*
2. *Ermitteln Sie nach den Berichtigungsbuchungen die Umsatzsteuer-Zahllast.*

105

Auszug aus der vorläufigen Summenbilanz	Soll	Haben
1410 Vorsteuer	28.640,00	14.450,00
1810 Umsatzsteuer	43.560,00	66.350,00
3080 Liefererskonti (brutto)	?	5.474,00
8080 Kundenskonti (brutto)	6.307,00	?

Ermitteln und buchen Sie die Steuerberichtigungen. Wie hoch ist die Zahllast?

106   *Buchen Sie die Skonti in der folgenden Aufgabe a) netto und b) brutto.*

Bestände: Forderungen a. LL 29.750,00, Bankguthaben 225.600,00, Vorsteuer 2.400,00, Verbindlichkeiten a. LL 28.560,00, Umsatzsteuer 5.800,00 €.

Konten: 1010, 1310, 1410, 1710, 1810, 3080, 8080.

Geschäftsfälle

1. Kunde begleicht AR 256 durch Banküberweisung
abzüglich 2 % Skonto, Rechnungsbetrag 5.950,00
2. Banküberweisung an den Lieferer zum Ausgleich von ER 456
abzüglich 2 % Skonto, Rechnungsbetrag 26.775,00
3. Banküberweisung der Umsatzsteuer-Zahllast an das Finanzamt   ....   ?

Kontenplan und vorläufige Saldenbilanz	Soll	Haben
0330 Betriebs- und Geschäftsausstattung	210.000,00	–
0340 Fuhrpark	78.000,00	–
0610 Eigenkapital	–	400.000,00
1010 Forderungen aus Lieferungen und Leistungen	249.016,00	–
1310 Bank	270.600,00	–
1410 Vorsteuer	59.278,00	–
1510 Kasse	8.400,00	–
1610 Privatentnahmen	76.000,00	–
1710 Verbindlichkeiten aus Lieferungen und Leistungen	–	198.000,00
1810 Umsatzsteuer	–	277.894,00
3010 Wareneingang	899.200,00	–
3020 Warenbezugskosten	18.800,00	–
3050 Rücksendungen an Lieferer	–	8.500,00
3070 Liefererboni	–	3.400,00
3080 Liefererskonti	–	19.300,00
3910 Warenbestände	120.000,00	–
4890 Diverse Aufwendungen	380.400,00	–
4910 Abschreibungen auf Sachanlagen	–	–
8010 Warenverkauf	–	1.535.000,00
8060 Nachlässe an Kunden	26.900,00	–
8070 Kundenboni	17.500,00	–
8080 Kundenskonti	28.000,00	–
Abschlusskonten: 9300 und 9400	2.442.094,00	2.442.094,00

Geschäftsfälle

1. Banküberweisungen von Kunden: Rechnungsbeträge 33.320,00
   – Bruttoskonti (2 %) 666,40   32.653,60
2. Gutschriftsanzeige an Kunden für Boni:
   2,5 % von 480.000,00 € Jahres-Nettoumsatz 12.000,00
   + Umsatzsteuer 2.280,00   14.280,00
3. Die Eingangsrechnung ER 1406
   Warenwert 22.500,00
   + Umsatzsteuer 4.275,00   26.775,00
   wurde versehentlich als Ausgangsrechnung gebucht.
   Stornieren Sie die Falschbuchung und buchen Sie ER 1406.
4. AR 1450–1460, Warenwert 82.000,00
   + Umsatzsteuer 15.580,00   97.580,00
5. Banküberweisungen an Lieferer: Rechnungsbeträge 29.750,00
   – Bruttoskonti (2 %) 595,00   29.155,00
6. Kunde erhält Preisnachlass wegen Mängelrüge, brutto 595,00
7. Lieferer schreiben uns Boni gut:
   3 % auf den Jahres-Nettoumsatz von 680.000,00 € 20.400,00
   + Umsatzsteuer 3.876,00   24.276,00
8. Rücksendung beschädigter Waren an Lieferer, Warenwert 3.500,00

Abschlussangaben

1. Abschreibungen auf BGA: 52.000,00 €; auf Fuhrpark: 15.600,00 €.
2. Warenschlussbestand lt. Inventur 80.000,00 €.

Auswertung

1. *Wie hoch ist a) der Rohgewinn und b) der Reingewinn des Unternehmens?*
2. *Ermitteln und beurteilen Sie die Rentabilität (Verzinsung) des Eigenkapitals in %, indem Sie den Reingewinn nach Abzug eines jährlichen Unternehmerlohnes in Höhe von 84.000,00 € zum eingesetzten Eigenkapital (400.000,00 €) in Beziehung setzen.*
3. *Wie beurteilen Sie das Verhältnis zwischen Eigenkapital und Fremdkapital?*
4. *Welche Vermögensteile werden durch eigene Mittel (Eigenkapital) gedeckt (finanziert)?*

Aufgaben und Fragen zur Wiederholung

108   Die Konten „1410 Vorsteuer" und „1810 Umsatzsteuer" weisen zum 31. Dezember folgende Zahlen aus:

S	1410 Vorsteuer	H
...	182.800,00 ...	172.600,00

S	1810 Umsatzsteuer	H
...	168.000,00 ...	176.200,00

Wie lauten die Buchungssätze zum Abschluss der beiden Konten?

109   *Erläutern Sie in folgenden Fällen jeweils den Buchungsvorgang:*

1. 0610	an	9300	9. 1610	an	2780	und 1810	17. 3020	und	1410	an	1310
2. 3910	an	3010	10. 1810	an	1410		18. 8050	und	1810	an	1010
3. 1310	an	1620	11. 1610	an	8710	und 1810	19. 1710	an	3060	und	1410
4. 8710	an	9300	12. 4910	an	0330		20. 1310	an	8720	und	1810
5. 9400	an	3910	13. 9400	an	1410		21. 8080	und	1810	an	1010
6. 9300	an	3010	14. 9300	an	0610		22. 2050	an	1510		
7. 1620	an	0610	15. 1810	an	9400		23. 1310	an	2610		
8. 0610	an	1610	16. 8010	und	1810	an	1010		24. 1710	an	3010 und 1410

110   *Erklären Sie, ob nachstehende Geschäftsfälle den Jahresgewinn einer Unternehmung* ❶ *mindern,* ❷ *mehren oder* ❸ *nicht verändern:*

1. Ausgleich einer Eingangsrechnung durch Banküberweisung.
2. Privatentnahme bar.
3. Zahlung der Gehälter und Löhne.
4. Unentgeltliche Entnahme von Waren.
5. Warenbestandserhöhung zum 31. Dezember.
6. Verkauf von Waren auf Ziel.
7. Inhaber leistet Kapitaleinlage durch Bankeinzahlung.
8. Kassenfehlbetrag lt. Inventur.
9. Überweisung der Umsatzsteuer an das Finanzamt.
10. Bankgutschrift für Provisionserträge.
11. Abschreibung auf Gebäude.
12. Verkauf eines nicht mehr benötigten LKWs zum Buchwert.
13. Entnahme von sonstigen Gegenständen und Leistungen (z. B. private Inanspruchnahme betrieblicher Leistungen).
14. Verminderung des Warenbestandes zum 31. Dezember.
15. Warenlieferer gewährt Preisnachlass wegen Mängelrüge.
16. Kunde begleicht Rechnung unter Skontoabzug.

111   1. *Nennen Sie die wichtigsten Aufgaben der Finanzbuchhaltung.*
2. *Welcher Zusammenhang besteht zwischen Inventur, Inventar, Schluss- und Eröffnungsbilanz?*
3. *Nennen Sie Beispiele für eine körperliche und buchmäßige Inventur.*
4. *Was bedeutet der Grundsatz der Bilanzidentität?*
5. *Erklären Sie jeweils anhand eines Beispiels die vier typischen Wertveränderungen der Bilanzposten und ihre Auswirkung auf die Bilanzsumme.*
6. *Um welche Art der Wertveränderung handelt es sich bei folgenden Buchungen:*
   a) Abschreibungen auf Sachanlagen an Betriebs- und Geschäftsausstattung
   b) Forderungen a. LL an Warenverkauf und Umsatzsteuer
   c) Gehälter an Bank
   d) Bank an Zinserträge
   e) Verbindlichkeiten a. LL an Darlehensschulden?

10 Abschluss in der Betriebsübersicht

Jahresabschlussarbeiten. Zum Ende des Geschäftsjahres sind alle Bestands- und Erfolgskonten abzuschließen, um den **Jahresabschluss** des Großhandelsunternehmens zu erstellen:

Schlussbilanz und **Gewinn- und Verlustrechnung**

Bevor das geschieht, ist zunächst von allen Vermögensteilen und Schulden **Inventur** zu machen und das Inventar als Grundlage der Schlussbilanz aufzustellen. Im Anschluss daran sind **Umbuchungen** vorzunehmen, die den **Abschluss der Konten vorbereiten.** So sind aufgrund der Inventur **Bewertungskorrekturen** (z.B. Abschreibungen auf das Anlagevermögen) und **Berichtigungsbuchungen** (z.B. Kassendifferenz) erforderlich. Die Bestandsveränderung auf dem Konto „3910 Warenbestände" ist zu ermitteln und auf das Konto „3010 Wareneingang" umzubuchen. Außerdem sind alle **Unterkonten** (z.B. die Privatkonten) über die entsprechenden Hauptkonten abzuschließen. Schließlich ist der Saldo des Kontos „1410 Vorsteuer" auf das Konto „1810 Umsatzsteuer" umzubuchen, um die Zahllast buchhalterisch zu ermitteln.

Reihenfolge der Jahresabschlussarbeiten:

1. Inventur ➜ Inventar ➜ Schlussbilanz

2. Umbuchungen (vorbereitende Abschlussbuchungen):
   - Buchung der Abschreibungen
   - Ermittlung und Buchung der Warenbestandsveränderung
   - Abschluss der Unterkonten über die entsprechenden Hauptkonten
   - Verrechnung der Konten „1410 Vorsteuer" und „1810 Umsatzsteuer"
   - Berichtigungsbuchungen aufgrund der Inventur

3. Abschlussbuchungen:
   - Abschluss der **Erfolgskonten** über das Gewinn- und Verlustkonto:
     - Gewinn- und Verlustkonto an Aufwandskonten
     - Ertragskonten   an Gewinn- und Verlustkonto
   - Abschluss des **Gewinn- und Verlustkontos** über das Eigenkapitalkonto:
     - bei Gewinn: Gewinn- und Verlustkonto an Eigenkapital
     - bei Verlust: Eigenkapital   an Gewinn- und Verlustkonto
   - Abschluss der **Bestandskonten** über das Schlussbilanzkonto:
     - Schlussbilanzkonto   an Aktivkonten
     - Passivkonten   an Schlussbilanzkonto

Betriebsübersicht. Vor dem endgültigen **Abschluss der Konten** kann man einen Probeabschluss in Form einer **tabellarischen**

Betriebsübersicht

machen, die auch als **Hauptabschlussübersicht** bezeichnet wird.

Aufgaben. Die Betriebsübersicht wird erstellt, um

- **die rechnerische Richtigkeit** der Buchungen zu **überprüfen,**
- eine **zusammenfassende Übersicht über** das abgelaufene **Geschäftsjahr** als Informations- und **Entscheidungsgrundlage** der Unternehmensleitung zu **gewinnen,**
- den **kontenmäßigen Jahresabschluss vorzubereiten** oder auch
- einen **kurzfristigen Abschluss** (z.B. Monatsabschluss) zu **erstellen.**

Betriebsübersicht (Hauptabschlussübersicht) zum 31. Dezember ..

Kto.-Nr.	Konto	Summenbilanz S	Summenbilanz H	Saldenbilanz I S	Saldenbilanz I H	Umbuchungen S	Umbuchungen H	Saldenbilanz II S	Saldenbilanz II H	Schlussbilanz Aktiva	Schlussbilanz Passiva	GuV-Rechnung Aufw.	GuV-Rechnung Erträge
0330	BGA	240.000	10.000	230.000	–	–	46.000	184.000	–	184.000	–	–	–
0610	Eigenkapital	–	520.000	–	520.000	36.000	–	–	484.000	–	484.000	–	–
1010	Forderungen a.LL	934.500	788.200	146.300	–	–	–	146.300	–	146.300	–	–	–
1310	Bank	924.400	734.700	189.700	–	–	–	189.700	–	189.700	–	–	–
1410	Vorsteuer	148.657	142.857	5.800	–	–	5.800	–	–	–	–	–	–
1610	Privatentnahmen	36.000	–	36.000	–	–	36.000	–	–	–	–	–	–
1710	Verbindlichkeiten a.LL	585.000	683.200	–	98.200	–	–	–	98.200	–	98.200	–	–
1810	Umsatzsteuer	142.857	167.257	–	24.400	5.800	–	–	18.600	–	18.600	–	–
3010	Wareneingang	570.000	–	570.000	–	50.000	80.000	540.000	–	–	–	540.000	–
3020	Bezugskosten	50.000	–	50.000	–	–	50.000	–	–	–	–	–	–
3910	Warenbestände	100.000	–	100.000	–	80.000	–	180.000	–	180.000	–	–	–
4000	Personalkosten	115.400	–	115.400	–	–	–	115.400	–	–	–	115.400	–
4100	Mieten	48.000	–	48.000	–	–	–	48.000	–	–	–	48.000	–
4800	Allgemeine Verwaltung	31.700	–	31.700	–	–	–	31.700	–	–	–	31.700	–
4910	Abschreibungen auf SA	–	–	–	–	46.000	–	46.000	–	–	–	46.000	–
8010	Warenverkauf	–	892.500	–	892.500	12.200	–	–	880.300	–	–	–	880.300
8080	Kundenskonti	13.908	1.708	12.200	–	–	12.200	–	–	–	–	–	–
		3.940.422	3.940.422	1.535.100	1.535.100	230.000	230.000	1.481.100	1.481.100	700.000	600.800	781.100	880.300
	Jahresgewinn										99.200	99.200	
										700.000	700.000	880.300	880.300

Beispiel

Beim Elektrogroßhandel Schneider KG ergeben sich auf den Konten zum 31. Dezember .. die obigen Soll- und Habensummen (Summenbilanz).

Abschlussangaben

1. Abschreibung auf BGA 46.000,00
2. Warenendbestand lt. Inventur .. 180.000,00
3. Im Übrigen Buchbestände = Inventurbestände

Erläuterung der Umbuchungen

1. Warenbestandsveränderung:
   Schlussbestand an Waren 180.000,00
   − Anfangsbestand an Waren 100.000,00
   Bestandserhöhung: **3910** an **3010** ... 80.000,00
2. Bezugskosten: **3010** an **3020** 50.000,00
3. Kundenskonti: **8010** an **8080** 12.200,00
4. Abschreibung: **4910** an **0330** 46.000,00
5. Abschluss d. Privatkontos: **0610** an **1610** ... 36.000,00
6. Abschluss d. Vorsteuerkontos: **1810** an **1410** ... 5.800,00

Eigenkapital zum 1. Jan. ...	520.000,00 €
− Privatentnahmen	36.000,00 €
	484.000,00 €
+ **Jahresgewinn**	**99.200,00 €**
Eigenkapital zum 31. Dez. ...	**583.200,00 €**

Die Betriebsübersicht (Hauptabschlussübersicht) umfasst in der Regel 6 Spalten:[1]

Spalte 1: Summenbilanz

Sie bildet den Ausgangspunkt und damit die **Grundlage der Betriebsübersicht,** da sie die **Soll- und Habensummen aller Bestands- und Erfolgskonten** übernimmt. Die Summen enthalten die Anfangsbestände und die Veränderungen durch die Geschäftsfälle.

Da bei jeder Buchung der Betrag doppelt gebucht wird, und zwar einmal im Soll und einmal im Haben, müssen in der Summenbilanz die Endsummen der Soll- und Habenseite gleich groß sein. Weichen die beiden Summen voneinander ab, so wurden unterschiedliche Beträge im Soll und im Haben gebucht (z.B. Gegenbuchung fehlt, Betrag wurde zweimal im Soll gebucht, Rechenfehler). Die Summenbilanz erweist sich somit als wirksames **Kontrollinstrument** für die **rechnerische** Richtigkeit der Buchungen. Sie wird daher auch als Probebilanz bezeichnet.

In der Summenbilanz sind bereits wichtige Zahlen auf den Konten zu erkennen, wie z.B. die Höhe der entstandenen und ausgeglichenen Forderungen und Verbindlichkeiten, die Bewegungen auf den Finanzkonten sowie Höhe und Zusammensetzung der Aufwendungen und Erträge.

Spalte 2: Saldenbilanz I

Jedes Konto, das in die Summenbilanz übernommen wurde, wird saldiert. Der **Saldo** erscheint in der Saldenbilanz I – im Gegensatz zum Konto – auf der wertmäßig **größeren** Seite. Auch hier muss die Sollsumme gleich der Habensumme sein (Summengleichheit).

Spalte 3: Umbuchungen (vorbereitende Abschlussbuchungen)

Die Umbuchungsspalte nimmt die vorbereitenden Abschlussbuchungen (siehe S. 91) auf, die im Anschluss an die Inventur nach den Regeln der Doppik durchgeführt werden. Deshalb muss auch hier Summengleichheit im Soll und im Haben bestehen.

Spalte 4: Saldenbilanz II

Aus den Zahlen der Saldenbilanz I **und** den Umbuchungen ergeben sich die **endgültigen** Salden der Saldenbilanz II. Soll und Haben müssen übereinstimmen.

Spalte 5: Schlussbilanz

Diese Spalte übernimmt die **Salden der Bestandskonten** aus der Saldenbilanz II. Aktiva und Passiva können hier in der Regel zunächst nicht summengleich sein. Die **Differenz bedeutet Gewinn oder Verlust,** je nachdem, welche Seite überwiegt. Der Saldo der Schlussbilanz muss aber genauso groß sein wie der Saldo der Gewinn- und Verlustrechnung in der Spalte 6 **(Abstimmung!).**

Spalte 6: Gewinn- und Verlustrechnung (Erfolgsrechnung)

In diese Spalte sind **alle Aufwendungen und Erträge** der Saldenbilanz II zu übernehmen. Zu den Aufwendungen gehört vor allem der auf dem Konto „3010 Wareneingang" ausgewiesene **Wareneinsatz.**

Der **Saldo** der Erfolgsrechnung ist der **Gewinn oder Verlust** des Unternehmens.

Abschlussbuchungen aufgrund der Betriebsübersicht. Nach Erstellung der Betriebsübersicht (Hauptabschlussübersicht) werden die Umbuchungen auf die Konten des Hauptbuches übertragen. Sodann erfolgt der eigentliche buchhalterische Abschluss der Konten.

Merke:
- **Die Betriebsübersicht, auch Hauptabschlussübersicht genannt, dient vor allem der Vorbereitung des Jahresabschlusses.**
- **Sie gibt eine Gesamtübersicht über das abgelaufene Geschäftsjahr und ist zugleich Informations- und Entscheidungsgrundlage.**

---

1 Die **achtspaltige Betriebsübersicht** enthält noch zusätzlich die Spalten „Eröffnungsbilanz" und „Umsatzbilanz", aus deren Addition sich die „Summenbilanz" ergibt.

Aufgaben

112
113

112	Summenbilanz	Erstellen Sie die Betriebsübersicht.	113	Summenbilanz
Soll	**Haben**	**Konten**	**Soll**	**Haben**
264.000,00	11.000,00	0330 BGA	216.000,00	9.000,00
–	528.000,00	0610 Eigenkapital	–	430.000,00
14.000,00	44.000,00	0820 Darlehensschulden	12.300,00	38.000,00
1.027.950,00	867.050,00	1010 Forderungen a. LL	828.750,00	709.450,00
997.240,00	808.170,00	1310 Bank	825.160,00	661.230,00
163.517,00	157.137,00	1410 Vorsteuer	133.778,00	128.558,00
39.600,00	–	1610 Privatentnahmen	32.400,00	–
643.500,00	751.520,00	1710 Verbindlichkeiten a. LL . .	526.500,00	614.880,00
157.137,00	183.977,00	1810 Umsatzsteuer	128.558,00	150.518,00
582.000,00	–	3010 Wareneingang	548.000,00	–
210.000,00	–	3910 Warenbestände	100.000,00	–
126.940,00	–	4000 Personalkosten	103.860,00	–
58.400,00	–	4100 Mieten	50.000,00	–
34.870,00	–	4800 Allg. Verwaltung	28.530,00	–
–	–	4910 Abschreibungen auf SA .	–	–
–	968.300,00	8010 Warenverkauf	–	792.200,00
4.319.154,00	4.319.154,00	Summen	3.533.836,00	3.533.836,00
		Abschlussangaben		
50.600,00		1. Abschreibung auf BGA	41.400,00	
198.000,00		2. Wareninventurbestand	170.000,00	

114
115

114	Summenbilanz	Erstellen Sie die Betriebsübersicht.	115	Summenbilanz
Soll	**Haben**	**Konten**	**Soll**	**Haben**
303.077,00	–	0330 BGA	237.600,00	–
100.800,00	11.880,00	0340 Fuhrpark	84.000,00	9.900,00
–	668.400,00	0610 Eigenkapital	–	557.000,00
1.093.950,00	936.377,00	1010 Forderungen a. LL	911.625,00	780.315,00
1.080.234,00	872.823,00	1310 Bank	900.196,00	727.353,00
183.217,00	176.326,00	1410 Vorsteuer	152.681,00	146.939,00
42.768,00	–	1610 Privatentnahmen	50.600,00	–
711.212,00	861.802,00	1710 Verbindlichkeiten a. LL . .	592.680,00	718.168,00
176.326,00	205.314,00	1810 Umsatzsteuer	146.939,00	171.095,00
643.200,00	–	3010 Wareneingang	360.300,00	–
62.160,00	–	3020 Bezugskosten	52.500,00	–
150.000,00	–	3910 Warenbestände	300.000,00	–
137.095,00	–	4000 Personalkosten	114.246,00	–
57.024,00	–	4100 Mieten	47.520,00	–
72.459,00	–	4800 Allg. Verwaltung	60.383,00	–
–	–	4910 Abschreibungen auf SA .	–	–
–	1.132.600,00	8010 Warenverkauf	–	931.500,00
38.080,00	6.080,00	8060 Nachlässe an Kunden . . .	17.850,00	2.850,00
23.800,00	3.800,00	8080 Kundenskonti	19.040,00	3.040,00
4.875.402,00	4.875.402,00	Summen	4.048.160,00	4.048.160,00
		Abschlussangaben		
230.000,00		1. Warenendbestand	210.000,00	
61.000,00		2. Abschreibung auf BGA	47.500,00	
17.700,00		3. Abschreibung auf Fuhrpark .	14.800,00	

Kontenplan und vorläufige Summenbilanz	Soll	Haben
0330 Betriebs- und Geschäftsausstattung	320.000,00	—
0610 Eigenkapital	—	592.000,00
1010 Forderungen a. LL	1.420.500,00	1.210.300,00
1310 Bank	1.642.300,00	1.480.300,00
1410 Vorsteuer	176.464,00	105.100,00
1610 Privatentnahmen	85.400,00	—
1710 Verbindlichkeiten a. LL	980.800,00	1.130.500,00
1810 Umsatzsteuer	270.500,00	365.864,00
2610 Zinserträge	—	5.800,00
2780 Entnahme von sonstigen Gegenständen und Leistungen	—	3.600,00
3010 Wareneingang	920.600,00	—
3020 Bezugskosten	82.400,00	—
3060 Nachlässe von Lieferern	2.850,00	17.850,00
3910 Warenbestände	480.500,00	—
4000 Personalkosten	220.300,00	—
4100 Mieten	120.000,00	—
4700 Betriebskosten, Instandhaltung	12.800,00	—
4800 Allgemeine Verwaltung	122.300,00	—
4910 Abschreibungen auf Sachanlagen	—	—
8010 Warenverkauf	—	1.980.600,00
8050 Rücksendungen von Kunden	29.750,00	4.750,00
8080 Kundenskonti	35.700,00	5.700,00
8710 Entnahme von Waren	—	2.600,00
8720 Provisionserträge	—	18.200,00
Abschlusskonten: 9300 und 9400	6.923.164,00	6.923.164,00

116

Geschäftsfälle vom 30. Dezember bis 31. Dezember

1. Warenlieferer stellt für Transport nachträglich in Rechnung 2.500,00
   + Umsatzsteuer 475,00

2. Entnahme von Waren für Privatzwecke, Warenwert 1.500,00

3. Lastschrift der Bank für Mietüberweisungen 9.500,00
   Darin ist die Miete für die Wohnung des Geschäftsinhabers enthalten 900,00

4. Der Geschäftsinhaber lässt die Umzäunung seines Privathauses von
   Mitarbeitern seines eigenen Betriebes reparieren. Kosten netto 1.650,00

5. Wir erhalten Verkaufsprovision durch Banküberweisung, netto 36.800,00
   + Umsatzsteuer 6.992,00

6. Kunde sendet beschädigte Waren zurück, Warenwert 4.000,00

7. Zinsgutschrift der Bank 2.100,00

8. Gutschriftsanzeige des Warenlieferers aufgrund unserer Mängelrüge 3.500,00
   + Umsatzsteuer 665,00

Abschlussangaben

1. Abschreibung auf BGA 48.000,00
2. Warenschlussbestand 160.000,00

Aufgabe

Buchen Sie zunächst die Geschäftsfälle auf Konten. Übertragen Sie die Soll- und Habensumme eines jeden Kontos in die Summenbilanz der Betriebsübersicht und führen Sie den Abschluss in der Betriebsübersicht durch. Erstellen Sie danach den kontenmäßigen Abschluss.

11 Organisation der Finanzbuchhaltung

11.1 Die Belegorganisation
11.1.1 Bedeutung und Arten der Belege

Die Richtigkeit der Buchungen kann nur anhand der Belege überprüft werden. Deshalb muss jeder Buchung ein entsprechender Beleg zugrunde liegen. Der wichtigste **Grundsatz ordnungsmäßiger Buchführung** (§ 238 [2] HGB) lautet deshalb:

Keine Buchung ohne Beleg!

Nach der Herkunft der Belege unterscheidet man zwischen **externen** Belegen (= Fremdbelege) und **internen** Belegen (= Eigenbelege).

Belegarten

Externe Belege fallen im Geschäftsverkehr mit Außenstehenden an.	Interne Belege entstehen aus innerbetrieblichen Geschäftsfällen.
Beispiele:	**Beispiele:**
– Eingangsrechnungen	– Kopien von Ausgangsrechnungen
– Quittungen	– Quittungsdurchschriften
– Gutschriftsanzeige des Lieferers für Warenrücksendung und nachträglichen Preisnachlass	– Durchschrift der Gutschriftsanzeige an Kunden für Warenrücksendung und nachträglichen Preisnachlass
– Begleitbriefe zu erhaltenen Schecks und Wechseln	– Durchschriften von Begleitbriefen zu weitergegebenen Schecks und Wechseln
– Erhaltene sonstige Geschäftsbriefe über z.B. nachträgliche Belastungen	– Durchschriften von abgesandten sonstigen Geschäftsbriefen
– Bankbelege (z.B. Kontoauszüge u.a.)	– Lohn- und Gehaltslisten
– Postbelege (z.B. Quittungen über Einzahlungen, Versand, Kontoauszüge der Postbank u.a.)	– Belege über Privatentnahmen (Entnahme von Waren, Entnahme v. s. G. u. L.)
	– Belege über Storno- und Umbuchungen sowie Abschlussbuchungen

Ersatzbelege sind auszustellen, wenn ein **Originalbeleg abhanden gekommen** ist oder ein Fremdbeleg nicht zu erhalten war. Bei verloren gegangenen Fremdbelegen wird man in der Regel eine Abschrift erbitten. Fehlen z.B. über eine Taxifahrt oder von auswärts geführte Ferngespräche die erforderlichen Belege, so ist ein Ersatzbeleg zu erstellen, der **Zeitpunkt, Grund und Höhe der Ausgabe** enthält.

11.1.2 Bearbeitung der Belege

Folgende Arbeitsstufen umfasst die Bearbeitung der Belege in der Buchhaltung:

▶ **Vorbereitung** der Belege zur Buchung

▶ **Buchung** der Belege im Grund- und Hauptbuch

▶ **Ablage** und Aufbewahrung der Belege

Die sorgfältige Vorbereitung der Belege ist unerlässliche Voraussetzung ordnungs-mäßiger Buchführung. Dazu gehören:

- **Überprüfung der Belege** auf ihre **sachliche und rechnerische Richtigkeit.**
- **Bestimmung des Buchungsbeleges.** Gehören zu einem Geschäftsfall mehrere Belege (z.B. bei Banküberweisungen: Überweisungsvordruck und Kontoauszug), muss vorab bestimmt werden, welcher Beleg als Buchungsunterlage verwendet werden soll, um mehrfache Buchungen zu vermeiden.
- **Ordnen der Belege nach Belegarten (Belegsortierung)** als **Voraussetzung für Sammel-buchungen** und eine ordnungsmäßige Ablage und **Aufbewahrung** der Belege:

– Ausgangsrechnungen	– Bankbelege
– Gutschriften an Kunden	– Postbankbelege
– Eingangsrechnungen	– Kassenbelege
– Gutschriften von Lieferern	– Privatentnahmen/-einlagen
– Lohn- und Gehaltslisten	– Sonstige Belege

- **Fortlaufende Nummerierung** der Belege innerhalb jeder Belegart.
- **Vorkontierung der Belege,** indem man mithilfe eines Kontierungsstempels die Buchungs-sätze bereits auf den Belegen angibt.

Jede Buchung im Grund- und Hauptbuch enthält den Hinweis auf die **Belegart und die Belegnummer.** Dieser **Belegvermerk** (z.B. AR 15) stellt sicher, dass zu jeder Buchung der zugehörige Beleg sofort auffindbar ist. Umgekehrt muss nach jeder Buchung der **Buchungsvermerk auf dem Beleg** eingetragen werden, der die Journal-seite, das Buchungsdatum sowie das Zeichen des Buchhalters angibt. Durch diese **wechselseitigen Hinweise** wird der **Beleg zum Bindeglied** zwischen Geschäftsfall und Buchung.

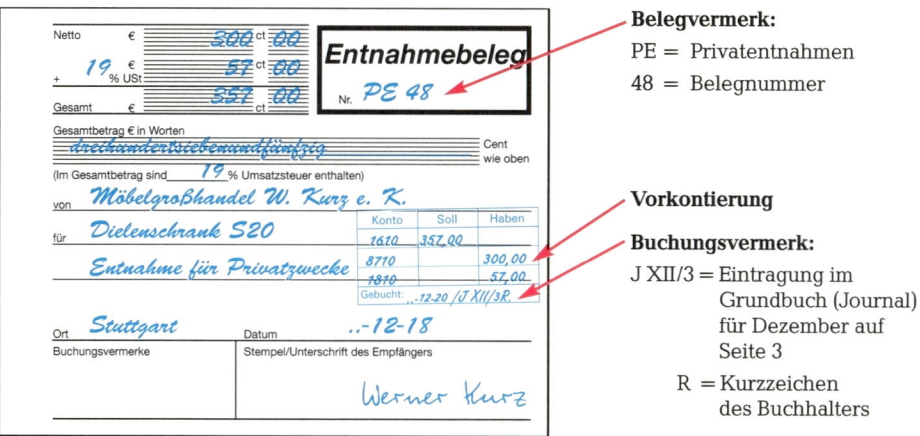

Belegvermerk:

PE = Privatentnahmen

48 = Belegnummer

Vorkontierung

Buchungsvermerk:

J XII/3 = Eintragung im Grundbuch (Journal) für Dezember auf Seite 3

R = Kurzzeichen des Buchhalters

Belegaufbewahrung. Nach der Buchung müssen die Belege sorgfältig abgelegt und **10 Jahre** aufbewahrt werden, **gerechnet vom Schluss des Kalenderjahres,** in dem der Beleg entstanden ist (§ 257 [4] HGB, § 147 [3] AO). **Für jede Belegart** wird in der Regel **ein Ordner** angelegt, in dem die Belege nach fortlaufender Nummer abgeheftet sind. Bei einer **Mikrofilmablage** muss die jederzeitige Wiedergabe der mikroverfilmten Belege sichergestellt sein (vgl. S. 7).

Merke: **Die Belegorganisation ist die Grundlage ordnungsmäßiger Buchführung.**

11.2 Die Bücher der Finanzbuchhaltung

Die Buchungen müssen **jederzeit nachprüfbar** sein. Sie sind deshalb jeweils

▶ in **zeitlicher Reihenfolge** zu erfassen,
▶ nach **sachlichen Gesichtspunkten** zu ordnen und
▶ gegebenenfalls **durch Nebenaufzeichnungen zu erläutern.**

Diese Ordnung der Buchungen erfolgt in bestimmten **„Büchern"** der Buchführung.

11.2.1 Das Grundbuch

Im Grundbuch (Journal) werden die Buchungen in **zeitlicher (chronologischer) Reihenfolge** erfasst. Im Einzelnen nimmt das Grundbuch folgende Buchungen auf:

1. **Eröffnungsbuchungen über EBK**
2. **Laufende Buchungen** aufgrund der vorkontierten Belege
3. **Vorbereitende Abschlussbuchungen,** die auch **Umbuchungen** genannt werden:
   − Buchung der Abschreibungen
   − Abschluss der Unterkonten (z. B. Privat)
   − Verrechnung der Vor- und Umsatzsteuer
4. **Abschlussbuchungen**
   − Abschluss der **Erfolgskonten** über das GuV-Konto
   − Abschluss des **GuV-Kontos** über das Eigenkapitalkonto
   − Abschluss der **Bestandskonten** über das Schlussbilanzkonto

Wichtige Daten sind im Grundbuch bzw. Journal auszuweisen: Belegdatum, Belegvermerk, Buchungstext, Kontierung und der Buchungsbetrag:

Journal			Monat November ..				Seite ...
				Kontierung		Betrag in €	
Datum	**Beleg**	**Buchungstext**		Soll	Haben	Soll	Haben
12. Nov...		Übertrag von Seite ...				...	...
12. Nov...	BA 158	Überweisung an Vits KG		1710	1310	4.760,00	4.760,00
13. Nov...	AR 896	Verkauf an Holzen OHG		1010	8010	7.140,00	6.000,00
					1810		1.140,00
14. Nov...	BA 159	Überweisung von Decker		1310	1010	2.856,00	2.856,00
...	...	...					
...	...	...					

Bedeutung des Grundbuches. Die chronologischen Aufzeichnungen im Journal ermöglichen es, jeden einzelnen Geschäftsfall während der Aufbewahrungsfristen schnell bis zum Beleg zurückzuverfolgen und damit nachzuweisen.

Buchungsverfahren. Jede Grundbuchung muss auf dem entsprechenden Sachkonto des Hauptbuches und gegebenenfalls auf dem Konto bzw. der Karteikarte eines Nebenbuches (Lagerkartei, Kunden- und Liefererkonto u. a.) erfasst werden. Ob die Grundbuchungen **vor** der Übertragung auf die Konten **(= Übertragungsbuchführung)** oder **im Durchschreibeverfahren (= Durchschreibebuchführung)** oder **automatisch** mit der Buchung auf den Konten **(= EDV-Buchführung)** erfolgen, ist eine Frage des jeweils angewandten **Buchungsverfahrens.**

11.2.2 Das Hauptbuch

Sachliche Ordnung. Aus dem Grundbuch lässt sich der Stand der einzelnen Vermögensteile und Schulden nicht erkennen. Deshalb müssen die Geschäftsfälle noch in **sachlicher** Ordnung auf entsprechenden **Sachkonten** gebucht werden, z.B. alle Gehaltszahlungen auf einem Konto „Gehälter", alle Bargeschäfte auf einem Kassenkonto u.a. Die Sachkonten stellen wegen ihrer Bedeutung für die Buchführung das **Hauptbuch** dar. Sie werden in der Regel auf losen Formblättern oder EDV-mäßig geführt.

Die Sachkonten sind die **im Kontenplan** des Betriebes verzeichneten **Bestands- und Erfolgskonten.** Ihr Abschluss führt zur Gewinn- und Verlustrechnung und Bilanz. Bei jeder Buchung auf einem Sachkonto müssen ähnlich wie im Grundbuch vermerkt werden: Datum, Belegvermerk, Buchungstext, Gegenkonto, Betrag im Soll und im Haben:

Konto: 1310 Bank					
Beleg-datum	**Beleg-vermerk**	**Buchungstext**	**Gegenkonto**	**Betrag in €**	
				Soll	Haben
12. Nov. ..	BA 158	Überweisung an Vits KG	1710	–	4.760,00
14. Nov. ..	BA 159	Überweisung von Decker	1010	2.856,00	–
...	...	...			
...	...	...			

Zusammenhang zwischen Belegen, Grund- und Hauptbuch

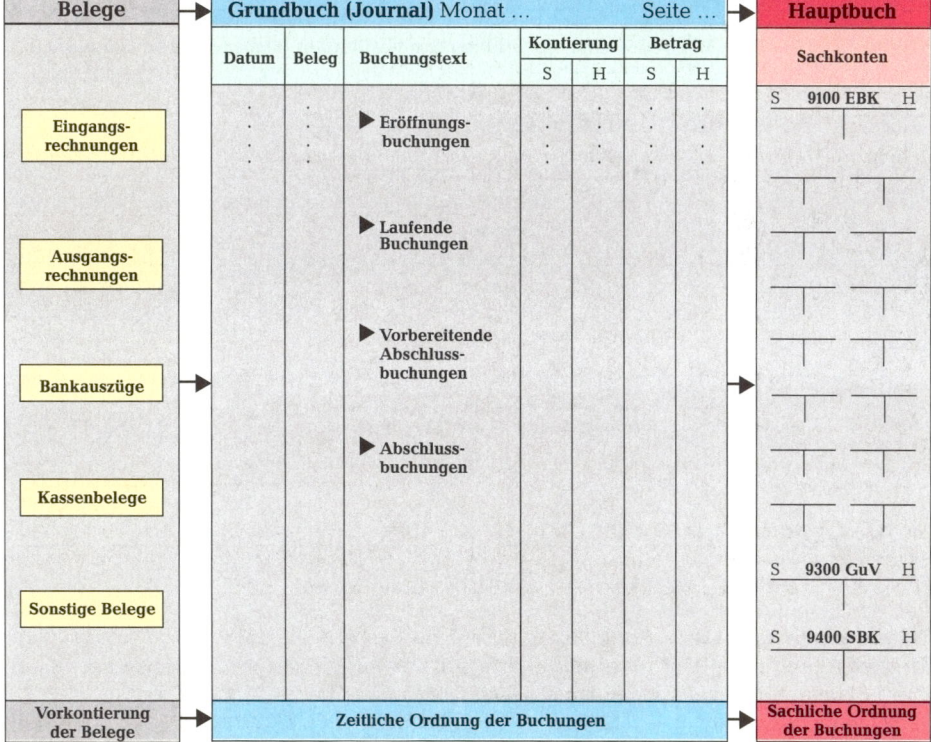

Merke: ● Das Grundbuch (Journal) erfasst die Geschäftsfälle in zeitlicher Reihenfolge.
● Das Hauptbuch erfasst die Geschäftsfälle in sachlicher Ordnung auf Sachkonten.

11.2.3   Die Nebenbücher im Überblick

Bestimmte **Sachkonten** des Hauptbuches müssen **näher erläutert** werden, um **wichtige Einzelheiten** zu erfahren. Das geschieht in entsprechenden **Nebenbüchern**.

Sachkonten	Nebenbücher
Forderungen a. LL, **Verbindlichkeiten a. LL**	**Kontokorrentbuch** erfasst den unbaren Geschäftsverkehr mit jedem einzelnen Kunden und Lieferer.
Warenbestände	**Lagerkartei** erfasst für jede Warenart Zugänge und Abgänge und ermittelt jederzeit (permanent) den Buchbestand → Seite 105.
Löhne und Gehälter	**Lohn-/Gehaltsbuchhaltung** Für jeden Arbeitnehmer wird ein Lohn- bzw. Gehaltskonto geführt.
Anlagekonten	**Anlagenkartei** Für jeden Anlagegegenstand gibt es eine Anlagenkarte, die Anschaffungskosten, Nutzungsdauer, Abschreibung und Buchwert zum 31. Dezember ausweist.
Besitz- und Schuldwechsel	**Wechselbuch** Die Fälligkeiten u. a. der Wechsel müssen überwacht werden.

Merke: **Die Nebenbücher dienen der Erläuterung bestimmter Sachkonten im Hauptbuch.**

11.2.3.1   Kontokorrentbuchhaltung

Die Kontokorrentbuchhaltung erfasst den Geschäftsverkehr mit Kunden und Lieferern. Die Einrichtung von **Personenkonten für Kunden und Lieferer** ist erforderlich, weil aus den Sachkonten „1010 Forderungen a. LL" und „1710 Verbindlichkeiten a. LL" nicht zu ersehen ist, wie hoch die Forderungen gegenüber den einzelnen Kunden **(Debitoren)** und die Schulden gegenüber den einzelnen Lieferern **(Kreditoren)** sind. Die Kunden- und Liefererkonten dienen vor allem der **Überwachung der Zahlungstermine.** Sie bilden das Kontokorrentbuch[1].

Kundenkonto: Petra Klein e. Kffr. , Südallee 2, 50858 Köln				Kontonummer: 10001		
Datum	Beleg	Buchungstext	Journalseite	Soll	Haben	Saldo
2. Jan...	–	Saldovortrag	J 1	4.760,00	–	4.760,00
4. Jan...	BA 1	Banküberweisung	J 1	–	3.570,00	1.190,00
12. Jan...	AR 38	Verkauf Artikel-Nr. 567	J 3	2.856,00	–	4.046,00
...	...	...				

Bei konventioneller Buchhaltung (Übertragungsbuchführung) **muss jede Buchung auf den Sachkonten 1010 und 1710 zugleich auf dem entsprechenden Kunden- und Liefererkonto vermerkt werden.** Beim Abschluss werden die Salden der Kunden- und Liefererkonten jeweils in eine **Saldenliste für Debitoren bzw. Kreditoren** übertragen, deren Summe mit dem Saldo des Kontos 1010 bzw. 1710 übereinstimmen muss.

In der EDV-Buchführung wird **nur** auf den **Personenkonten** gebucht. Die dort erfassten Buchungen werden **automatisch** auf die Sachkonten 1010 und 1710 **übertragen.**

---

1   ital.: conto corrente = laufende Rechnung

Sachkonten sind in der Regel vierstellig, **Personenkonten fünfstellig:**

Debitoren:	10000-59999	➤	z. B. 10000 Kunde A,	10001 Kunde B, usw.
Kreditoren:	60000-99999	➤	z. B. 60000 Lieferer A,	60001 Lieferer B, usw.

Kundenkonten erhalten z. B. an der **fünften** Stelle (die EDV-Anlage liest die Kennziffern von rechts nach links) die **Kennziffern 1 bis 5,** Liefererkonten die Ziffern **6 bis 9.**

Beispiel: Im Möbelgroßhandel Kurz weisen die Saldenlisten der Kunden- und Liefererkonten sowie die Sachkonten 1010 und 1710 zum 31. Dezember folgende Zahlen aus:

Konto-Nr.	Kunden	Salden
10001	Möbelladen Hein e. K.	115.000,00
10002	Möbelcenter MC	86.250,00
10003	SB-Möbelmarkt GmbH	165.000,00
	Saldensumme	**366.250,00**

Konto-Nr.	Lieferer	Salden
60001	Küchentechnikwerke KG	135.000,00
60002	Polstermöbelwerke AG	247.250,00
60003	Büromöbelwerke OHG	143.750,00
	Saldensumme	**526.000,00**

1010 Forderungen a. LL				
Datum	Beleg	Text	Soll	Haben
31. Dez.	–	...	2.875.000,00	2.508.750,00
		Saldo	–	366.250,00
			2.875.000,00	2.875.000,00

1710 Verbindlichkeiten a. LL				
Datum	Beleg	Text	Soll	Haben
31. Dez.	–	...	1.889.000,00	2.415.000,00
		Saldo	526.000,00	–
			2.415.000,00	2.415.000,00

Merke: **Die Saldensumme der Kundenkonten (Debitoren) und Liefererkonten (Kreditoren) im Kontokorrentbuch muss jeweils mit dem Saldo des Sachkontos „1010 Forderungen a. LL" bzw. „1710 Verbindlichkeiten a. LL" im Hauptbuch übereinstimmen.**

Aufgaben

In der Finanzbuchhaltung des Möbelgroßhandels Kurz weisen die **Kundenkonten** Möbelladen Hein und Möbelcenter MC folgende **offene Posten,** also noch nicht bezahlte Rechnungen, aus: **117**

S	10001 Möbelladen Hein e. K.	H
AR 407	23.800,00	
AR 409	11.900,00	

S	10002 Möbelcenter MC	H
AR 408	35.700,00	
AR 410	5.950,00	

Richten Sie außer den Kundenkonten noch folgende Sachkonten ein: 1010 Forderungen a. LL (AB 77.350,00 €), 1310 Bank (AB 109.500,00 €), 1810 Umsatzsteuer, 8010 Warenverkauf.

Buchen Sie die folgenden Geschäftsfälle auf den Sachkonten und nehmen Sie zugleich die entsprechenden Eintragungen auf den Kundenkonten vor:

1. Kunde Möbelladen Hein begleicht AR 407 lt. BA 12 . . . . 23.800,00 €
2. Verkauf von 20 Eicheschränken ES 44 lt. AR 411 an das
   Möbelcenter MC, netto . . . . 50.000,00 €
   + Umsatzsteuer . . . . 9.500,00 € 59.500,00 €
3. Möbelcenter MC begleicht lt. BA 13 die fällige AR 408 . . . . 35.700,00 €
4. Verkauf von Schreibtischen ST 45 an den Möbelladen Hein
   lt. AR 412, netto . . . . 15.000,00 €
   + Umsatzsteuer . . . . 2.850,00 € 17.850,00 €

1. *Ermitteln Sie die Salden der Kundenkonten und stellen Sie diese in einer Saldenliste „Debitoren" zusammen.*
2. *Ermitteln Sie den Saldo im Sachkonto 1010 Forderungen a. LL und stimmen Sie diesen mit der Summe der Salden der Debitoren-Saldenliste ab.*

118   Die **Liefererkonten** Küchentechnikwerke KG und Polstermöbelwerke AG des Möbelgroßhandels W. Kurz e. K. weisen folgende **offene Posten** aus:

S	60001 Küchentechnikwerke KG		H
	ER 580	29.750,00	
	ER 582	14.280,00	

S	60002 Polstermöbelwerke AG		H
	ER 581	47.600,00	
	ER 583	20.230,00	

Richten Sie noch folgende Sachkonten ein:

1310 Bank (AB 167.000,00 €), 1410 Vorsteuer, 1710 Verbindlichkeiten a. LL (AB 111.860,00 €), 3010 Wareneingang.

Buchen Sie die folgenden Geschäftsfälle auf den erforderlichen Sachkonten und ergänzen Sie entsprechend die beiden Liefererkonten:

1. ER 580 wird bei Fälligkeit beglichen. BA 45 ....   29.750,00 €

2. Einkauf von Fernsehsesseln FS 200 lt. ER 584
   bei Polstermöbelwerke AG, netto ....   44.000,00 €
   + Umsatzsteuer ....   8.360,00 €   52.360,00 €

3. Ausgleich von ER 581 lt. BA 46 ....   47.600,00 €

4. Einkauf von Einbauküchen LS 405 bei
   Küchentechnikwerke KG lt. ER 585, netto ....   68.500,00 €
   + Umsatzsteuer ....   13.015,00 €   81.515,00 €

1. *Ermitteln Sie die Salden der Liefererkonten und des Kontos 1710 Verbindlichkeiten a. LL.*

2. *Erstellen Sie die Kreditoren-Saldenliste und nehmen Sie die Abstimmung mit dem Sachkonto 1710 vor.*

---

119   1. *Erläutern Sie Aufgaben und Bedeutung der Bücher der Buchführung:*
       a) Grundbuch,
       b) Hauptbuch,
       c) Nebenbücher,
       d) Inventar- und Bilanzbuch.

2. *Inwiefern ist der Beleg Bindeglied zwischen Geschäftsfall und Buchung?*

3. *Belege lassen sich nach ihrer Entstehung in*
       a) Fremd- bzw. externe Belege und
       b) Eigen- bzw. interne Belege unterscheiden.
       Nennen Sie Beispiele.

4. *Nennen Sie die Aufbewahrungsfrist für Geschäftsbelege, die Bücher der Buchführung, das Inventar und die Bilanz.*

5. *Von welchem Zeitpunkt an beginnt die Aufbewahrungsfrist?*

6. *Welche Möglichkeiten der Belegaufbewahrung bestehen?*

120

Geschäftsgänge mit Grund-, Haupt-, Kontokorrent- und Bilanzbuch

1. *Richten Sie die Sachkonten ein und tragen Sie die Beträge der Summenbilanz vor.*
2. *Richten Sie die Personenkonten ein und tragen Sie die Soll- und Habenbeträge vor.*
3. *Buchen Sie die Geschäftsfälle für Dezember auf den entsprechenden Konten.*
4. *Erstellen Sie zum 31. Dezember die Saldenlisten der Personenkonten und stimmen Sie diese mit den Sachkonten „1010 Forderungen a. LL" und „1710 Verbindlichkeiten a. LL" ab.*
5. *Führen Sie den kontenmäßigen Jahresabschluss im Hauptbuch durch.*
6. *Erstellen Sie eine ordnungsmäßig gegliederte Bilanz für das Bilanzbuch.*

Belegabkürzungen: AR (Ausgangsrechnung), ER (Eingangsrechnung), BA (Bankauszug), PA (Postbankauszug), KB (Kassenbeleg), PE (Privatentnahmebeleg), SB (Sonstige Belege).

Kundenkonten der Textilgroßhandlung Edgar Tuch e. K.	Soll	Haben
10000 F. Walter e. Kffr., Leverkusen	344.500,00	322.400,00
10001 Kühn KG, Köln	241.250,00	221.400,00
10002 R. Schulze e. Kfm., Bergheim	225.000,00	175.580,00
Summe	810.750,00	719.380,00
Liefererkonten der Textilgroßhandlung Edgar Tuch e. K.	**Soll**	**Haben**
60000 M. Blau e. K., Rheine	189.400,00	224.600,00
60001 S. Schneider e. K., Emsdetten	180.200,00	215.800,00
60002 Weber GmbH, Soest	155.400,00	184.480,00
Summe	525.000,00	624.880,00

Sachkonten der Textilgroßhandlung Edgar Tuch e. K.	Soll	Haben
0330 Betriebs- und Geschäftsausstattung	218.000,00	13.000,00
0610 Eigenkapital	−	429.000,00
1010 Forderungen a. LL	810.750,00	719.380,00
1310 Bank	790.158,00	646.570,00
1320 Postbankguthaben	69.343,00	14.000,00
1410 Vorsteuer	99.586,50	83.140,00
1510 Kasse	28.940,00	21.180,00
1610 Privatentnahmen	40.000,00	−
1710 Verbindlichkeiten a. LL	525.000,00	624.880,00
1810 Umsatzsteuer	83.140,00	150.907,50
3010 Wareneingang	460.000,00	−
3910 Warenbestände	189.000,00	−
4000 Personalkosten	102.000,00	−
4100 Mieten	45.070,00	−
4800 Allgemeine Verwaltung	35.320,00	−
8010 Warenverkauf	−	780.150,00
8710 Entnahme von Waren	−	14.100,00
Weitere Konten: 4910, 9300, 9400	3.496.307,50	3.496.307,50

Geschäftsfälle ab 18. Dezember bis 31. Dezember ..

Datum	Beleg	Buchungstext	€
18. Dez.	AR 949	Zielverkauf an F. Walter e. Kffr., netto	8.800,00
		+ Umsatzsteuer	1.672,00
19. Dez.	ER 468	Zieleinkauf bei M. Blau e. K., netto	12.300,00
		+ Umsatzsteuer	2.337,00
20. Dez.	BA 91	Überweisung von Kühn KG	13.685,00
		Überweisung an S. Schneider e. K.	23.205,00
21. Dez.	KB 248	Barkauf von Postwertzeichen	650,00
	PE 35	Private Warenentnahme, netto	750,00
23. Dez.	ER 469	Zieleinkauf bei Weber GmbH, netto	11.800,00
		+ Umsatzsteuer	2.242,00
27. Dez.	KB 249	Privatentnahme, bar	800,00
28. Dez.	AR 950	Zielverkauf an R. Schulze e. Kfm., netto	15.600,00
		+ Umsatzsteuer	2.964,00
29. Dez.	PA 93	Überweisung von R. Schulze e. Kfm.	28.560,00
		Überweisung der Gehälter	6.400,00
		Überweisung der Telefongebühren, netto	1.200,00
		+ Umsatzsteuer	228,00
30. Dez.	KB 250	Barkauf von Büromaterial, brutto	535,50
31. Dez.	KB 251	Barverkäufe v. Waren (Tageslosung), brutto	6.664,00

Abschlussangaben

Datum	Beleg	Buchungstext	€
31. Dez.	SB 189	Warenendbestand lt. Inventur	168.000,00
31. Dez.		Anlagenkartei: Abschreibungen auf BGA	25.000,00
31. Dez.	Inventar	Buchbestände = Inventurbestände	

121 Die Personen- und Sachkonten der Textilgroßhandlung Edgar Tuch e. K. sind zum 18. Dez. ... einzurichten (vgl. Aufgabe 120). Folgende Geschäftsfälle sind noch bis zum 31. Dezember .. zu buchen:

Datum	Beleg		Buchungstext	€
18. Dez.	BA	92	Unsere Zahlung der Miete für Büroräume	4.500,00
	BA	93	Barabhebung für Geschäftskasse	1.800,00
19. Dez.	AR	951	Verkauf an Kühn KG, netto	15.600,00
			+ Umsatzsteuer	2.964,00
20. Dez.	ER	470	Kauf eines Kleincomputers gegen	
			Rechnung, netto	1.200,00
			+ Umsatzsteuer	228,00
20. Dez.	PA	94	Abbuchung der Telefonrechnung, netto	750,00
			+ Umsatzsteuer	142,50
21. Dez.	ER	471	Einkauf bei S. Schneider e. K., netto	5.800,00
			+ Umsatzsteuer	1.102,00
22. Dez.	BA	94	Überweisung von F. Walter e. Kffr.	11.900,00
			von Kühn KG	8.330,00
			von R. Schulze e. Kfm.	28.560,00
23. Dez.	KB	252	Warenverkäufe, bar, brutto	6.545,00
24. Dez.	KB	253	Privatentnahme, bar	700,00
27. Dez.	BA	95	Überweisung an Dr. med. Baier zum	
			Ausgleich der Arztrechnung	440,00
28. Dez.	AR	952	Verkauf an F. Walter e. Kffr., netto	15.600,00
			+ Umsatzsteuer	2.964,00
28. Dez.	ER	472	Einkauf bei M. Blau e. K., netto	14.400,00
			+ Umsatzsteuer	2.736,00
29. Dez.	BA	96	Unsere Bareinzahlung aus der Geschäftskasse	2.500,00
29. Dez.	PE	36	Privatentnahme von Waren, netto	450,00
			+ Umsatzsteuer	85,50
30. Dez.	PA	95	Unsere Überweisung für Lagerraummiete	6.400,00
31. Dez.	BA	97	Überweisung an M. Blau e. K.	34.510,00
			an Weber GmbH	17.255,00

Abschlussangaben

31. Dez.	SB	190	Warenschlussbestand lt. Inventur	176.000,00
31. Dez.	SB	191	Abschreibung auf BGA	38.000,00
31. Dez.			Im Übrigen entsprechen die Buchwerte der Inventur.	

122 1. Damit Buchungsbelege den Grundsätzen ordnungsmäßiger Buchführung entsprechen, müssen sie sorgfältig vorbereitet werden. *Was ist dabei zu beachten?*

2. *Nennen Sie die Ihnen bekannten Nebenbücher und beschreiben Sie kurz die Informationen, die sie enthalten.*

3. *Ergänzen Sie:*

   a) Im ●●●buch werden die Geschäftsfälle in ●●● Reihenfolge erfasst, das ●●●buch erfasst sie in ●●● Ordnung auf Sachkonten.

   b) Die ●●● dienen der näheren ●●● bestimmter ●●● im Hauptbuch.

   c) Die Saldensumme der ●●● und ●●● im ●●● muss jeweils mit dem Saldo der Konten ●●● und ●●● im ●●● übereinstimmen.

11.2.3.2 Waren- oder Lagerbuch (Lagerbuchführung)

Ermittlung des Sollbestandes. In der Lagerbuchführung wird für **jeden** Artikel eine **Lagerkarte** (Warenkarte) geführt, die die **Zugänge und Abgänge in Mengeneinheiten** (Stück, kg, m u. a.) erfasst. Dadurch kann der **Bestand** an einem Artikel **jederzeit buchmäßig,** also ohne zeitaufwendige körperliche Inventur, festgestellt werden (vgl. permanente Inventur auf Seite 9).

Istbestand. Der Soll- bzw. Buchbestand der Lagerkartei muss aber mindestens **einmal** im Geschäftsjahr durch eine körperliche Bestandsaufnahme überprüft werden. **Unterschiede zwischen Soll- und Istbeständen** können auf Diebstahl, Verderb, Schwund oder nicht erfasste Eingangs- und Ausgangsrechnungen zurückzuführen sein. Die Lagerkarte und das Sachkonto Warenbestände sind dann entsprechend zu berichtigen.

Überwachung des Lagerbestandes. Die Lagerkartei dient nicht nur der täglichen Erfassung, sondern vor allem auch der Überwachung des Lagerbestandes der **einzelnen** Artikel und Warengruppen. Die Lagerkarte enthält deshalb auch wichtige Angaben für das **Bestellwesen.** Sie weist sowohl den **Mindest-** als auch den **Höchstbestand** für den einzelnen Artikel aus.

Lagerkarte

Artikel Nr.:	0458			Mindestbestand:	18		
Artikel:	Kühlschrank L 200			Höchstbestand:	45		
Lieferer:	60005			Lagerort:	C I 4		

Datum	Beleg	EP je Einheit	Zugang	Abgang	Bestand	Bemerkungen
..-01-01	Vortrag	200,00	-	-	20	
..-01-05	ER 12	220,00	10	-	30	
..-01-10	AR 24	-	-	8	22	
..-01-14	AR 36	-	-	3	19	
..-01-18	ER 56	230,00	15	-	34	

EDV. Die Lagerkartei wird überwiegend in Loseblattform geführt. Die meisten Unternehmen bedienen sich zur Erfassung und Überwachung der Lagerbestände der elektronischen Datenverarbeitung (EDV). Die Lagerbuchführung wird dadurch wesentlich vereinfacht. Die gewünschten Daten können schnellstens über den **Bildschirm** oder den **Drucker** abgerufen werden.

Merke: **Die Lagerkartei dient der buchmäßigen Ermittlung und Überwachung der einzelnen Warenbestände.**

Aufgabe

123

Führen Sie die Lagerkarte für DVD-Rekorder M 48, Artikel Nr.: 0456.

Lieferer: Interton GmbH, Frankfurt a. M., 60041

Mindestbestand: 12 Stück; Höchstbestand: 40 Stück. Einstands- bzw. Bezugspreis 190,00 €.

1. Jan. Anfangsbestand lt. Inventurliste vom 31. Dezember des Vorjahres 14 Stück;

ER 112 vom 12. Jan. 20 Geräte; Lieferung am 13. Jan. lt. AR 98 10 Geräte;

ER 114 vom 25. Jan. 15 Geräte; 31. Jan. Lieferung lt. AR 168 14 Geräte.

1. Worin liegen die betriebswirtschaftlichen Vorteile der permanenten Inventur?

2. Nennen Sie andere Verfahren der Inventur der Warenvorräte.

12 Buchen mit Finanzbuchhaltungsprogrammen

12.1 Finanzbuchhaltung in der betrieblichen Praxis

Die Zahl der täglichen Geschäftsfälle ist selbst in kleineren Unternehmen so groß, dass die Fülle von Belegen nicht mit einem **konventionellen Buchungsverfahren** (Übertragungsbuchführung, Durchschreibebuchführung) in wirtschaftlich vertretbarer Zeit zu bearbeiten ist. **Nur eine EDV-gestützte Buchführung ermöglicht es,**

▶ eine Vielzahl von Buchungsdaten in kürzester Zeit zu erfassen,

▶ automatisch zu verarbeiten,

▶ auszuwerten und zu speichern sowie

▶ die Ergebnisse jederzeit abzurufen.

Drei Schritte kennzeichnen die **Arbeitsweise der EDV** in der Buchführung:

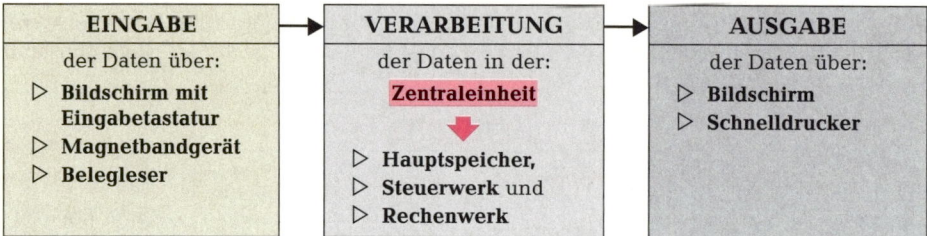

EINGABE	VERARBEITUNG	AUSGABE
der Daten über:	der Daten in der: **Zentraleinheit**	der Daten über:
▷ **Bildschirm mit Eingabetastatur** ▷ **Magnetbandgerät** ▷ **Belegleser**	▷ **Hauptspeicher,** ▷ **Steuerwerk** und ▷ **Rechenwerk**	▷ **Bildschirm** ▷ **Schnelldrucker**

12.1.1 Merkmale kommerzieller Finanzbuchhaltungssoftware

Zur Steuerung und Verwaltung der betrieblichen Prozesse wird in der Praxis i. d. R. betriebswirtschaftliche **Standard- oder Individualsoftware** eingesetzt.[1] Diese **Programme** beinhalten neben den prozesssteuernden Modulen (Warenwirtschafts- und Planungssystem) auch kaufmännische Module (Finanzbuchhaltung, Kostenrechnung und Personalwesen). Im Folgenden werden die Merkmale der betrieblichen Finanzbuchhaltungssoftware kurz dargestellt.

1. Die Programme haben eine **komfortable Benutzerführung.** Die Menüstruktur ist schnell erkennbar, die Eingabemasken sind übersichtlich gestaltet. Eingabefehler werden teilweise durch Plausibilitätskontrollen abgefangen.

2. Die für den Betrieb einzurichtenden **Stammdaten** können **flexibel** gestaltet werden. Konten, Bilanzstruktur, GuV-Aufbau usw. lassen sich veränderten betrieblichen Bedingungen oder neuen gesetzlichen Bestimmungen schnell anpassen.

3. Das **Buchen von Eingangs- und Ausgangsrechnungen** erfolgt im Rahmen einer **Offene-Posten-Buchhaltung.** Es wird also nicht auf einem Konto „Forderungen" oder „Verbindlichkeiten" gebucht, sondern auf **einzelnen Debitoren- und Kreditorenkonten,** deren Salden in ihrer Summe den Forderungen bzw. Verbindlichkeiten entsprechen.

4. **Bestimmte Buchungen** werden **automatisch** durchgeführt. Die **Umsatzsteuer bzw. Vorsteuer,** aber auch die **Steuerberichtigungen** bei Skontozahlungen oder Gutschriften werden in der Regel automatisch aufgrund der Einstellungen in den Stammdaten gebucht.

5. Buchungen lassen sich als **Dialog-** oder als **Stapelbuchungen** erfassen. Bei einer **Dialogbuchung** wird jede Buchung **sofort** nach ihrer Eingabe **auf** die entsprechenden **Konten übertragen.** Die Erfassung als **Stapelbuchung** hat den Vorteil, dass die **erfassten Daten** zunächst nur als Text gespeichert werden und damit **ohne Stornierung korrigiert** werden können.

---

1   Anbieter für branchenneutrale betriebswirtschaftliche Software sind u. a. SAP, Sage KHK und Lexware.

6577106

6. Die Programme bieten umfangreiche **Auswertungen.** Neben der Bilanz und der GuV-Rechnung werden **Saldenlisten, OP-Listen, Mahnlisten, Fälligkeitslisten** usw. gedruckt. Die **Umsatzsteuer-Voranmeldung** (Voraussetzung für die Überweisung der Zahllast an das Finanzamt) und so genannte **betriebswirtschaftliche Auswertungen** wie Bilanzkennziffern können jederzeit erstellt werden.

7. Die **Benutzeroberfläche des Moduls Finanzbuchhaltung** entspricht den Oberflächen der anderen betriebswirtschaftlichen Anwendungen (Kostenrechnung, Bestellwesen, Fakturierung, Gehaltsabrechnung u. a.). Welcher Benutzer (Mitarbeiter, User) welches Modul mit welchen Rechten nutzen darf, wird über **Passwörter** geregelt.

8. Die **Daten sämtlicher betriebswirtschaftlicher Anwendungen** werden in einer **zentralen Datenbank** gehalten, sodass von vielen Arbeitsplätzen und unterschiedlichen Anwendungen auf aktuelle Daten zugegriffen werden kann. Zum Beispiel werden die Daten der mithilfe des Programmmoduls Fakturierung in der Verkaufsabteilung erstellten Ausgangsrechnungen an das Programmmodul Finanzbuchhaltung übergeben und dort automatisch gebucht.

9. Zu beachten sind bei der Arbeit mit Finanzbuchhaltungsprogrammen neben den „**Grundsätzen ordnungsmäßiger Buchführung**" (GoB, siehe Seite 7) die seit 1995 geltenden „**Grundsätze ordnungsmäßiger DV-gestützter Buchführungssysteme**" (GoBS).[1]

12.1.2 Buchen der laufenden Geschäftsfälle

Der typische Arbeitsablauf für die Buchung der laufenden Geschäftsfälle **beinhaltet:**

● **Sortieren der Belege.** Belege gleicher Art bilden „Stapel". Ein Beispiel für einen sinnvollen Stapel sind die Eingangsrechnungen der beiden letzten Tage, die den Einkauf von Waren betreffen.

● **Vorkontierung der Belege.** Auf dem Beleg werden die Konten, i. d. R. auch die Kostenstellen, manuell vermerkt.

● **Ermitteln einer Buchungskontrollsumme.** Die Endbeträge der zu buchenden Belege des Stapels werden summenmäßig erfasst.

● **Erfassen der Kontierungsdaten am Bildschirmarbeitsplatz über „Stapelbuchen".** Das Modul Finanzbuchhaltung der betriebswirtschaftlichen Software wird aufgerufen und das **Menü „Buchungserfassung"** gewählt. Die Kontierungsdaten jedes einzelnen Beleges werden mithilfe der **Erfassungsmaske** eingegeben.

● **Abstimmen der Kontrollsumme.** Bei Abweichung ist eine Fehlersuche notwendig. Das heißt konkret: Eine Mitarbeiterin bzw. ein Mitarbeiter liest die Daten der gebuchten Belege vor, eine andere (ein anderer) hakt die Buchungen im Journal ab.

● **Übernahme der Buchungen und Drucken des Journals.** Sofern keine offensichlichen Fehler vorliegen, wird der Stapel „ausgebucht", das heißt, die Buchungen werden in das Finanzbuchhaltungssystem übernommen. Anschließend kann das Journal (Grundbuch) gedruckt und abgeheftet werden.

Das Erstellen von **Auswertungen** (Offene-Posten-Listen, Zahlungsvorschlagslisten, Umsatzsteuer-Voranmeldung, vorläufige Bilanz, GuV-Rechnung und andere) wird von den dafür jeweils zuständigen Mitarbeitern angefordert. Die Auswertungen können mithilfe der Finanzbuchhaltungssoftware jederzeit zur Verfügung gestellt werden.

Merke:
● **In der betrieblichen Praxis wird die Finanzbuchhaltung mithilfe kommerzieller Finanzbuchhaltungssoftware durchgeführt.**
● **Das Modul Finanzbuchhaltung ist Bestandteil integrierter kaufmännischer Software.**

---

[1] **Zu den Grundsätzen zählen vor allem: Zuverlässigkeit** des eingesetzten Programms, **Nachprüfbarkeit** der Daten, Gewährleistung der **Datensicherheit,** Sicherstellung der jederzeitigen **Datenwiedergabe.**

Merke:
- Konten, Bilanzstruktur und GuV-Aufbau können über die Stammdatenpflege jederzeit verändert werden.
- Wesentlicher Bestandteil des Finanzbuchhaltungssystems ist die Offene-Posten-Buchhaltung.
- Buchungen werden in eine Buchungserfassungsmaske eingetragen. Die Auswirkungen der Buchungen werden von der Finanzbuchhaltungssoftware als Auswertungen erstellt.
- Für das Erstellen von Auswertungen, wie z. B. Bilanz und GuV-Rechnung, werden keine Konten abgeschlossen. Die Salden bleiben erhalten.

12.2   Offene-Posten-Buchhaltung

Bei Buchung einer Eingangs- bzw. Ausgangsrechnung wird jeweils ein **offener Posten** angelegt. Bei der Buchung des Zahlungsausgangs bzw. Zahlungseingangs wird die **Belegnummer** des entsprechenden offenen Postens angegeben und der offene Posten wird ausgeglichen. Die Sachkonten **1010 Forderungen a. LL** und **1710 Verbindlichkeiten a. LL** können **nicht manuell** angebucht werden, da sie als **Sammelkonten** die Buchungen auf den Personenkonten **automatisch,** also softwarebedingt, aufnehmen.

Beispiel: Die Elektrogroßhandlung Karl Wirtz e. K. (siehe Aufgabe 126) erhält am 15. Januar .. von dem Lieferanten Velox GmbH die folgende **Rechnung,** die die **Belegnummer 101** erhält:

Menge	Bezeichnung	Einzelpreis in €	Gesamtpreis in €
100	Kaffeemaschinen „Aromaplus"	35,00	3.500,00
		Rechnungspreis netto	3.500,00
		+ 19 % Umsatzsteuer	665,00
		Rechnungspreis brutto	4.165,00

Die Elektrogroßhandlung Wirtz bezahlt die Rechnung am 20. Januar per **Banküberweisung.** Die **Belegnummer des Kontoauszuges ist 102.**

Die Buchungen lauten:

101	3010 Wareneingang	3.500,00			
	1410 Vorsteuer	665,00	an	60001 Velox GmbH (Kreditorenkonto)	4.165,00
102	60001 Velox GmbH (Kreditorenkonto) ...	4.165,00	an	1310 Bank	4.165,00

Sollen beide Buchungen **sofort** nacheinander erfasst werden, ist es sinnvoll, die Methode **„Dialogbuchen"** zu wählen.

Bevor die Buchungen mithilfe eines Finanzbuchhaltungsprogramms erfasst werden, sollten die Eingabedaten in einen **Kontierungsbogen** eingetragen werden. Der Kontierungsbogen ist wie die Buchungsmaske der eingesetzten Software aufgebaut.

12.2.1   Einsatz der Finanzbuchhaltungssoftware „Lexware financial office"

Der Kontierungsbogen weist nach Eintragung der o. g. Buchungen Folgendes aus:

Datum	Beleg-Nr.	Buchungstext	Betrag in €	Soll- konto	Haben- konto	USt-Text	OP-Nr.
15. Jan.	101	Eingangsrechnung	4.165,00	3010	60001	VoSt19	
20. Jan.	102	Zahlungsausgang	4.165,00	60001	1310		101

Die Buchungs-erfassungs-maske weist die erfassten **Daten der Eingangs-rechnung** aus:

Der Schalter vor dem Betragsfeld ermöglicht die Eingabe des Brutto- oder Nettobetrages **(Vor-einstellung „brutto").** Mit der Eintragung der Kontonummern erscheinen die Kontobezeich-nung und der Saldo einschl. der aktuell erfassten Buchung. In den Stammdaten des Kontos 3010 Wareneingang ist der **Steuertext VoSt19** (19 % Vorsteuer) eingetragen, deshalb erscheint dieser Text **automatisch** im Feld Steuer. Anhand des Steuertextes ermittelt die Software den Steuerbetrag. Steuersatz und Steuerbetrag werden angezeigt. Mit Betätigen der **Schaltfläche „Buchen"** wird die Buchung in das **Journal** übertragen und im unteren Teil angezeigt.

Das nebenste-hende Bild zeigt die **Buchung des Zahlungs-ausgangs** vor Betätigen der OP-Schaltflä-che:

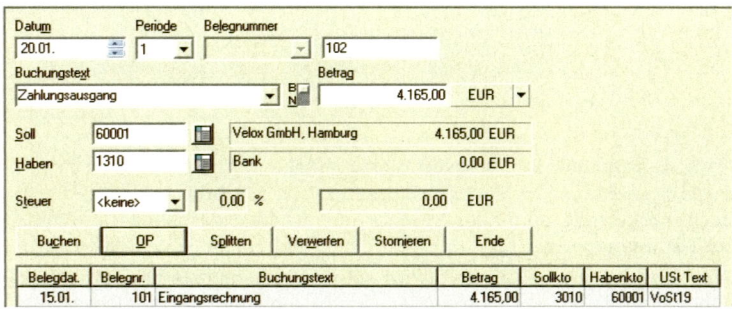

Nach Klicken auf die OP-Schaltfläche erscheinen in einem weiteren Fenster die **offenen Posten des** in der Buchung angegebenen **Personenkontos:**

Im obigen Beispiel liegt nur **ein** offener Posten vor. Erfasster Zahlungsbetrag und offener Posten sind identisch. Der offene Posten wird markiert und nach Klicken auf die Schaltfläche „Buchen" ist der Zahlungsausgang gebucht.

Sollte der Buchungsbetrag nicht mit dem Betrag des gewählten offenen Postens identisch sein, bietet das Programm in einem weiteren Fenster die Auswahl „Weiterführen" oder „Aus-buchen" an. **Weiterführen** wird gewählt, wenn der Restbetrag als offener Posten weiterhin bestehen soll. Es handelt sich um eine Teilzahlung. **Ausbuchen** wird gewählt, wenn der offene Posten ausgeglichen ist, zum Beispiel bei Skontoabzug.

12.2.2   Einsatz der Finanzbuchhaltungssoftware „Sage KHK Classic Line"

Die Eintragung in den Kontierungsbogen sollte folgendermaßen erfolgen:

Soll-konto	Beleg-Nr.	Beleg-datum	Haben-konto	Betrag	SA	SC	Buchungstext	OP-Nr.
S3010	101	15. Jan.	K60001	4.165,00	V	1	Eingangsrechnung	101
K60001	102	20. Jan.	S1310	4.165,00			Zahlungsausgang	101

Die nebenstehende Darstellung zeigt die erfassten Daten der Eingangsrechnung in der **Buchungserfassungsmaske:**

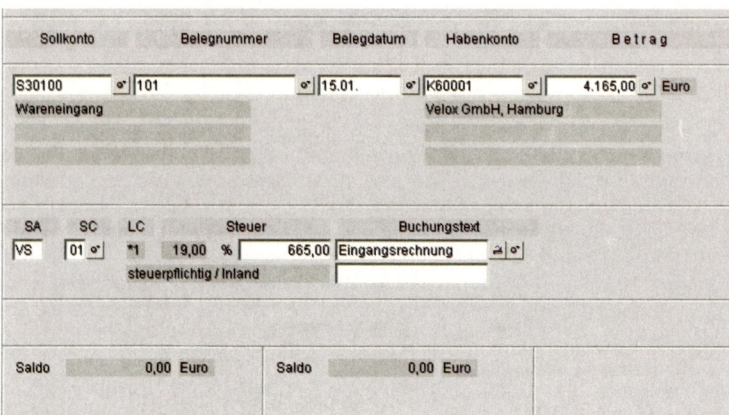

Nach Aufrufen der Buchungserfassungsmaske *(Finanzbuchhaltung → Buchen → Buchungserfassung → Buchungserfassung)* ist ein **Buchungskreis** (in der Regel 01) **und** die **Buchungsperiode** (aktueller Monat) einzutragen. Anschließend steht die Erfassungsmaske zur Verfügung.

Jede Eingabe in ein Datenfeld wird mit der Eingabetaste bestätigt. Nach **Eingabe der Kontonummer** wird die Bezeichnung des Kontos eingeblendet. Gleichzeitig wird am unteren Bildschirmrand der **aktuelle Saldo des Kontos** angezeigt.

Bei Kontonummern brauchen nachfolgende Nullen nicht eingegeben zu werden. Die Kontonummern können vollständig über den numerischen Block der Tastatur eingegeben werden. Das „D" für **Debitoren** wird mit einer „1", das „K" für **Kreditoren** wird mit einer „2" und das „S" für **Sachkonten** wird mit einer „3" eingegeben.

Bei der **Anzeige der aktuellen Salden** werden Sollsalden ohne Vorzeichen und Habensalden mit einem Minuszeichen hinter dem Betrag dargestellt.

In den **Datenfeldern SA (Steuerart)** und **SC (Steuercode)** werden die **Voreinstellungen** (VS: Vorsteuer Soll) und 01 (Steuersatz: 19 %) aus den Stammdaten des Kontos „Wareneingang" angezeigt. Wird, wie in diesem Beispiel, bei der Buchung ein offener Posten angelegt, erscheint

nach Eingabe des Buchungstextes ein weiteres Fenster für die **Daten des offenen Postens:**

Als OP-Nummer wird die vorher eingegebene **Belegnummer** vorgeschlagen. In der Regel wird sie übernommen.

Es kann eine **Zahlungsbedingung** erfasst werden (Tage Skonto, Skontosatz, Tage Ziel). In den Feldern Betrag und Valuta-Datum werden die Voreinstellungen normalerweise übernommen. Bei der Buchung auf Personenkonten erscheint anschließend in einem weiteren Fenster die Frage: **„Buchung abschließen und speichern?".** Nach Klicken auf „Ja" ist die Buchung erfolgt.

Der nebenstehende Bildschirmausdruck zeigt die Buchung des Zahlungsausgangs:

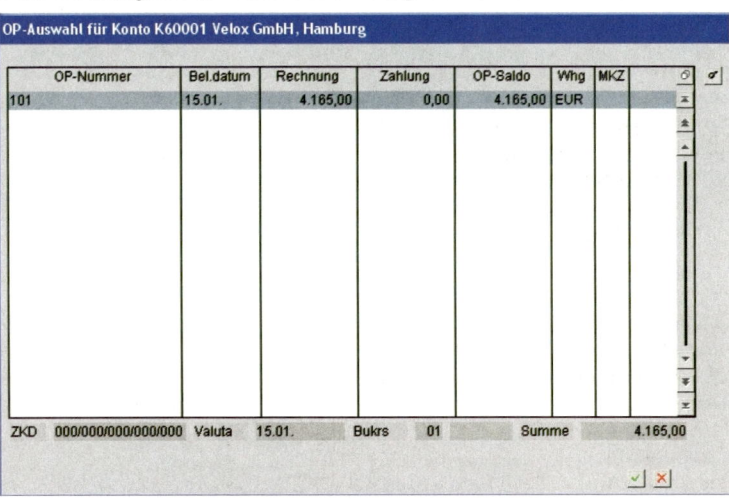

Die zuletzt erfassten Buchungen werden im oberen Teil des Erfassungsbildschirmes angezeigt. Nach Eingabe des Buchungstextes werden in einem gesonderten Fenster die **offenen Posten des Kreditorenkontos,** auf dem im Soll gebucht wird, angezeigt.

Die durch die Zahlung auszugleichende **Rechnung wird markiert.** Nach Bestätigen mit der Eingabetaste werden die **OP-Daten in die Buchungserfassungsmaske** übernommen. Mit Übernahme dieser Daten wird die **Buchung gespeichert.**

Falls Buchungsbetrag und Betrag des offenen Postens nicht übereinstimmen, wird der **Restbetrag** angezeigt. Soll dieser Restbetrag „ausgebucht" werden (OP ist ausgeglichen, Zahlung ist vollständig erfolgt), wird der **Restbetrag als Skonto** eingetragen. Wird in das Skontofeld nichts eingetragen, bleibt der **Restbetrag als Verbindlichkeit** (bei Kunden als Forderung) bestehen. Die Voreinstellung des Datenfeldes Skonto hängt von der erfassten Zahlungskondition bei Buchung der zu zahlenden Rechnung ab.

Merke:	• Bei der Buchung von Eingangs- und Ausgangsrechnungen werden offene Posten angelegt.
	• Zahlungen an Lieferanten und Zahlungen von Kunden werden jeweils einem vorher gebuchten offenen Posten zugeordnet.
	• Die Offene-Posten-Buchhaltung der Kreditoren (Lieferer) unterstützt die Entscheidungen bei eigenen Zahlungen (Zeitpunkt, Nutzen von Skonto, ...).
	• Die Offene-Posten-Buchhaltung der Debitoren (Kunden) unterstützt das Mahnwesen.
	• Alle Debitoren werden dem Sammelkonto „Forderungen a. LL", alle Kreditoren dem Sammelkonto „Verbindlichkeiten a. LL" zugewiesen.

12.3   Stammdatenpflege im Rahmen der Finanzbuchhaltung

Kommerzielle Finanzbuchhaltungsprogramme zeichnen sich dadurch aus, dass der Kontenplan des Unternehmens völlig frei gestaltet werden kann. Das heißt, Sachkonten, Debitoren und Kreditoren können jederzeit neu eingerichtet bzw. verändert werden.

Das nebenstehende Fenster zeigt **Daten des Kunden Werner Gruppe e. Kfm. der Elektrogroßhandlung Karl Wirtz e. K.,** erstellt mit der „Lexware"-Finanzbuchhaltung. Am linken Rand ist die Auswahl der Bearbeitungsmasken für die Kundenstammdaten aufgeführt.

Das nebenstehende Beispiel, erstellt mit der „Sage-KHK-Classic-Line"-Finanzbuchhaltung, zeigt die **Stammdaten des Sachkontos Warenbestände.** Über das Auswertungskennzeichen BAU3 wird gesteuert, dass der Saldo des Kontos in der Bilanz unter der Position „3. Fertige Erzeugnisse und Waren" erscheint.

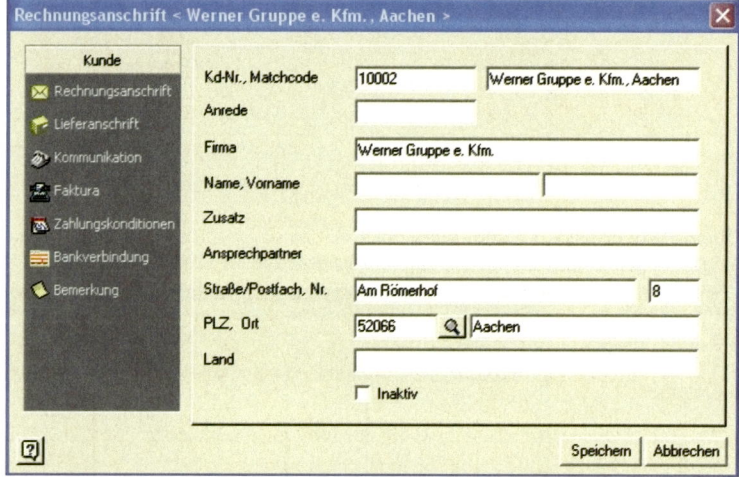

Merke:
- Die Konten (Debitoren, Kreditoren, Sachkonten) werden in der Finanzbuchhaltung als Stammdaten geführt.
- Bei der Erfassung eines neuen Kunden werden neben dem Debitorenkonto auch Daten für andere Module (Kundenadresse für die Fakturierung) erfasst.
- Alle Sachkonten müssen genau einer Position in der Bilanz (Bestandskonten) oder einer Position in der GuV-Rechnung (Erfolgskonten) zugeordnet werden.
- Weitere wichtige Stammdaten sind Steuerschlüssel, Zahlungsbedingungen und vorformulierte Buchungssätze.

Aufgaben

124

Sie sind Mitarbeiter/-in in der Finanzbuchhaltung der Elektrogroßhandlung Karl Wirtz e. K. Der folgende Geschäftsgang ist im November des aktuellen Geschäftsjahres zu buchen. Den Kontenplan der Elektrogroßhandlung Karl Wirtz können Sie der Aufgabe 126 entnehmen.

Geschäftsfälle (Hinweis: Der Umsatzsteuersatz beträgt in allen Fällen 19 %.)

Nr.	Datum	Text	
101	10. Nov.	Ausgangsrechnung an den Kunden Rolf Naumann e. K. für die Lieferung diverser Elektrogeräte, brutto	13.090,00
102	10. Nov.	Eingangsrechnung für Staubsauger von der Velox GmbH, brutto	4.760,00
103	15. Nov.	Privateinlage des Inhabers bar	2.000,00
104	15. Nov.	Rolf Naumann e. K. bezahlt AR 101 durch Banküberweisung	13.090,00
105	15. Nov.	Zahlung einer Reparatur bar, brutto	59,50
106	15. Nov.	Banküberweisung für Werbeanzeige, brutto	357,00
107	15. Nov.	Banküberweisung an die Velox GmbH. Ausgleich der ER 102	4.760,00
108	15. Nov.	Eingangsrechnung f. Küchenmaschinen von der Velox GmbH, brutto	1.785,00
109	17. Nov.	Eingangsrechnung f. Wäschetrockner v. d. Hausmann GmbH, brutto	3.927,00
110	20. Nov.	Banküberweisung der Gehälter	4.320,00
111	20. Nov.	Privatentnahme des Inhabers bar	500,00
112	20. Nov.	Abbuchung der Bank für Kfz-Versicherung	750,00

Arbeitsanweisungen

1. Buchen Sie die Geschäftsfälle im Grundbuch.
2. Führen Sie die Konten „Umsatzsteuer" und „Vorsteuer" und ermitteln Sie die Zahllast.
3. Tragen Sie die Buchungen in einen Kontierungsbogen ein. Die Struktur des Kontierungsbogens ist abhängig von der Software, die Ihnen zur Verfügung steht.
4. Erfassen Sie die Buchungen mithilfe eines kommerziellen Finanzbuchhaltungsprogramms (z. B. Lexware oder Sage KHK).
5. Erstellen Sie folgende Auswertungen:
   a) Journal des Monats November,
   b) Saldenliste Sachkonten zum 30. November,
   c) Saldenliste Kreditoren zum 30. November,
   d) Offene-Posten-Liste Kreditoren zum 30. November,
   e) Umsatzsteuer-Voranmeldung für November.

125

1. Sie richten für ein kommerzielles Finanzbuchhaltungsprogramm das Konto 4810 Bürobedarf neu ein. Warum ist es sinnvoll, einen Steuertext bzw. Steuercode zu erfassen?
2. Kommerzielle Finanzbuchhaltungsprogramme kennen das Konto SBK nicht. Dafür lässt sich jederzeit eine Saldenliste erstellen. Worin unterscheidet sich die Auswertung „Saldenliste Sachkonten" von dem Konto SBK?
3. Welche Informationen enthält die Offene-Posten-Liste Kreditoren im Vergleich zur Saldenliste Kreditoren?
4. Die Sachkonten 1010 Forderungen a. LL und 1710 Verbindlichkeiten a. LL sind eingerichtet. Sie haben auf diesen Konten jedoch nicht gebucht. Trotzdem weisen diese Konten in der Saldenliste Buchungen auf. Welche sind das?
5. Die Umsatzsteuer-Voranmeldung weist die Zahllast bzw. den Vorsteuer-Überhang auf. Welche anderen wesentlichen Daten werden ausgedruckt?

13   Beleggeschäftsgang – computergestützt

126 In der Finanzbuchhaltung der **Elektrogroßhandlung Karl Wirtz e. K.,** Rheinstr. 44, 90451 Nürnberg, Bankverbindungen: Stadtsparkasse Nürnberg, Konto-Nr. 218 435 717, BLZ 760 501 01; Postbank Nürnberg, Konto-Nr. 9987 96-850, BLZ 760 100 85, werden folgende **Bücher** geführt:

- **Grundbuch** (Journal) für die laufenden Buchungen, die vorbereitenden Abschlussbuchungen und die Abschlussbuchungen.
- **Hauptbuch** für die Sachkonten: Bestandskonten, Erfolgskonten, Abschlusskonten.
- **Kontokorrentbuch** für die Personenkonten: Kundenkonten, Liefererkonten.
- **Bilanzbuch** für die Aufnahme des ordnungsmäßig gegliederten Jahresabschlusses: Jahresbilanz und Gewinn- und Verlustrechnung mit Unterschrift.

In der EDV-Fibu müssen die folgenden **Salden der Sach- und Personenkonten** über das **Hilfs- bzw. Gegenkonto „9150 Saldenvorträge"** gebucht werden.

I. Die Sachkonten der Elektrogroßhandlung Karl Wirtz e. K. weisen zum 27. Dezember .. im Soll und im Haben folgende Salden aus **(Saldenbilanz):**

Kontenplan und vorläufige Saldenbilanz	Soll	Haben
0330 Betriebs- und Geschäftsausstattung	275.204,00	—
0340 Fuhrpark	107.200,00	—
0610 Eigenkapital	—	625.000,00
1010 Forderungen a. LL	119.000,00	—
1310 Bank	272.600,00	—
1320 Postbank	28.100,00	—
1410 Vorsteuer	145.886,00	—
1510 Kasse	25.839,20	—
1610 Privatentnahmen	52.600,00	—
1710 Verbindlichkeiten a. LL	—	160.745,20
1810 Umsatzsteuer	—	228.684,00
3010 Wareneingang	767.200,00	—
3020 Bezugskosten	45.200,00	—
3060 Nachlässe von Lieferern	—	3.200,00
3080 Liefererskonti	—	13.600,00
3910 Warenbestände	142.400,00	—
4000 Personalkosten	143.400,00	—
4100 Mieten	64.800,00	—
4200 Steuern, Beiträge, Versicherungen	16.100,00	—
4400 Werbe- und Reisekosten	2.800,00	—
4700 Betriebskosten, Instandhaltung	20.100,00	—
4821 Portokosten	2.100,00	—
4822 Kosten der Telekommunikation	4.300,00	—
4910 Abschreibungen auf Sachanlagen	—	—
8010 Warenverkauf	—	1.220.000,00
8060 Nachlässe an Kunden	3.400,00	—
8080 Kundenskonti	21.600,00	—
8710 Entnahme von Waren	—	8.600,00
Abschlusskonten im Hauptbuch: 9300 und 9400	2.259.829,20	2.259.829,20

6577114

II. Offene-Posten-Liste: Folgende Rechnungen an die Kunden und von den Lieferern stehen noch offen, sind also noch nicht bezahlt:

Kundenkonten (Debitoren)			Offene Posten – Kunden			
Konto	Kunden	Datum	Rechnungs-Nr.	Betrag		Salden
10 001	Heinz Karls e. K. Hauptstraße 7 06132 Halle	..-12-10 ..-12-16 ..-12-18	4 538 4 552 4 556	14.875,00 833,00 8.092,00		23.800,00
10 002	Werner Gruppe e. Kfm. Am Römerhof 8 52066 Aachen	..-12-04 ..-12-21	4 535 4 563	41.650,00 11.900,00		53.550,00
10 003	Rolf Naumann e. K. Amselweg 14 67063 Ludwigshafen	..-12-21 ..-12-27	4 565[1] 4 567[1]	5.950,00 11.900,00		17.850,00
10 004	Stadtwerke 90475 Nürnberg	..-12-12 ..-12-21	4 541 4 564	2.380,00 11.900,00		14.280,00
10 005	Wolfgang Kunde e. K. 76646 Bruchsal	..-12-10 ..-12-27	4 539 4 566	2.142,00 7.378,00		9.520,00
Saldensumme der Kundenkonten (Abstimmung mit Konto 1010)						119.000,00

1 Rolf Naumann werden 2 % Skonto gewährt.

Liefererkonten (Kreditoren)			Offene Posten – Lieferer		
Konto	Lieferer	Datum	Rechnungs-Nr.	Betrag	Salden
60 001	Velox GmbH Postfach 65 11 20 22359 Hamburg	..-12-23	4 567	29.964,20	29.964,20
60 002	Hausgeräte GmbH Kantstraße 22 19063 Schwerin	..-12-09 ..-12-21	5 500 5 567	21.420,00 20.230,00	41.650,00
60 003	Franz Schneider KG Saalestraße 16 39126 Magdeburg	..-12-15	8 765	38.080,00	38.080,00
60 004	Hausmann GmbH Am Wiesenrain 16 75181 Pforzheim	..-12-20 ..-12-23	7 654[1] 7 660[1]	17.850,00 12.971,00	30.821,00
60 005	Sonstige Lieferer	—	—	20.230,00	20.230,00
Saldensumme der Liefererkonten (Abstimmung mit Konto 1710)					160.745,20

1 Rechnungen der Hausmann GmbH werden mit 2 % Skonto beglichen.

III. Geschäftsfälle
Die Belege 1–25 auf den folgenden Seiten stellen die Geschäftsfälle der Elektrogroßhandlung Karl Wirtz e. K. vom 27. Dezember .. bis zum 31. Dezember .. dar.

IV. Abschlussangaben (→ siehe Belege 26–27)
1. Abschreibungen auf Betriebs- und Geschäftsausstattung .... 45.400,00 €
   Fuhrpark .... 24.000,00 €
2. Warenendbestand lt. Inventur .... 207.400,00 €
3. Im Übrigen entsprechen die Buchbestände der Inventur.

V. Aufgaben
1. *Eröffnen Sie die Sach- und Personenkonten mit den Salden zum 27. Dezember ..*
2. *Führen Sie die Vorkontierung der Belege auf einem besonderen Grundbuchblatt durch:*

Soll-konto	Beleg-nummer	Beleg-datum	Haben-konto	Betrag	Steuerart V bzw. M	Prozent-satz	OP-Nr.	B-Text

3. *Buchen Sie die Geschäftsfälle konventionell oder EDV-gestützt.*
4. *Erstellen Sie einen ordnungsmäßigen Jahresabschluss.*

Beleg 1

EBERHARD ZACK
Bezirks-Schornsteinfegermeister
90451 Nürnberg
Heidestr. 84 – Telefon 0911 52809
Steuer-Nr. 065 312 26587

QUITTUNG
RECHNUNG

Fachgerechte Reinigung spart Heizkosten.

Firma/Herrn/Frau *Elektrogroßhandlung Karl Wirtz e. K.*

Rauchgasanalyse	35,00
Reinigung der Zentralheizung	115,00
Nürnberg *27. Dez. ..* — Nettobetrag	150,00
Betrag erhalten: — + 19 % Umsatzsteuer	28,50
Bruttobetrag	178,50

Konto | Soll | Haben
Gebucht:

Zack
Bezirks-Schornsteinfegermeister

KB 126

Anlage: Bescheinigung über das Messergebnis

Bankkonto: Deutsche Bank, Nürnberg — Konto-Nr. 104 000 700, BLZ 760 700 12

Beleg 2

Velox
Elektrovertriebsgesellschaft mbH

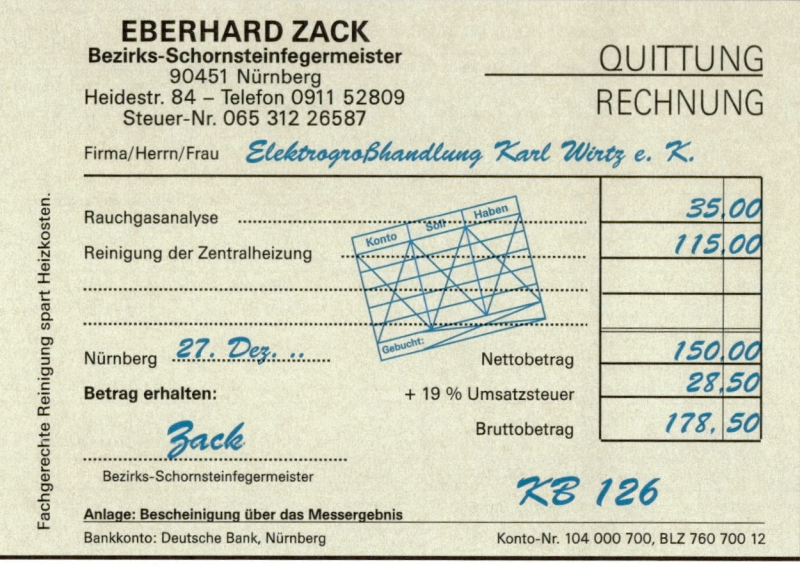

Velox GmbH, Postfach 65 11 20, 22359 Hamburg

Eingang: ..-12-28

Elektrogroßhandel
Karl Wirtz e. K.
Rheinstraße 44
90451 Nürnberg

Konto | Soll | Haben
Gebucht:

Ihre Bestellung Nr./ Tag/Zeich.	Unsere Auftrags-Nr./Zeich.	Zeit der Leistung/ Liefertag	Datum
..-12-23	WR 10 012 y	..-12-26	..-12-27

Rechnung Nr.
4 589

Wir sandten für Ihre Rechnung und auf Ihre Gefahr:

Zeichen und Nr.	Gegenstand	Menge und Einheit	Preis je Einheit €	Betrag €
St 44	Staubsauger "Velox"	40	75,00	3.000,00
KM 27	Küchenmaschine "Royal"	20	112,50	2.250,00
EH 14	Elektroherd "Rekord"	20	240,00	4.800,00
				10.050,00
	+ 19 % Umsatzsteuer			1.909,50
				11.959,50

Telefon 040 246829
Fax 040 486820 USt-IdNr. DE 872 646 918
Bankkonto Vereins- und Westbank Hamburg Kto.-Nr. 6 091 123, BLZ 200 300 00
E-Mail vertriebs.gmbh@velox-wvd.de
Internet www.velox-wvd.de

Beleg 3

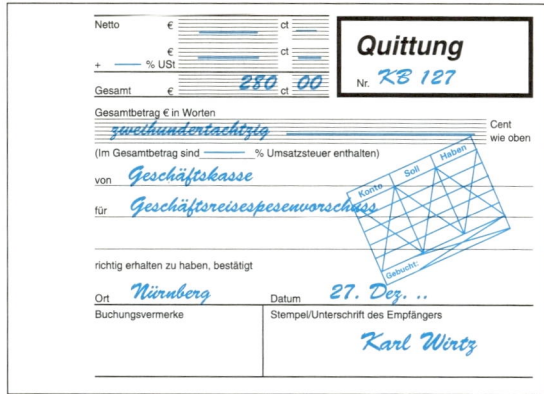

Netto	€		ct			**Quittung**
+	% USt	€		ct		Nr. *KB 127*
Gesamt	€		ct			

280 00

Gesamtbetrag € in Worten

zweihundertachtzig   Cent
                                                          wie oben

(Im Gesamtbetrag sind ———— % Umsatzsteuer enthalten)

von   *Geschäftskasse*

für   *Geschäftsreisespesenvorschuss*

richtig erhalten zu haben, bestätigt

Ort   *Nürnberg*   Datum   *27. Dez. ..*

Buchungsvermerke   Stempel/Unterschrift des Empfängers

                        Karl Wirtz

Beleg 4

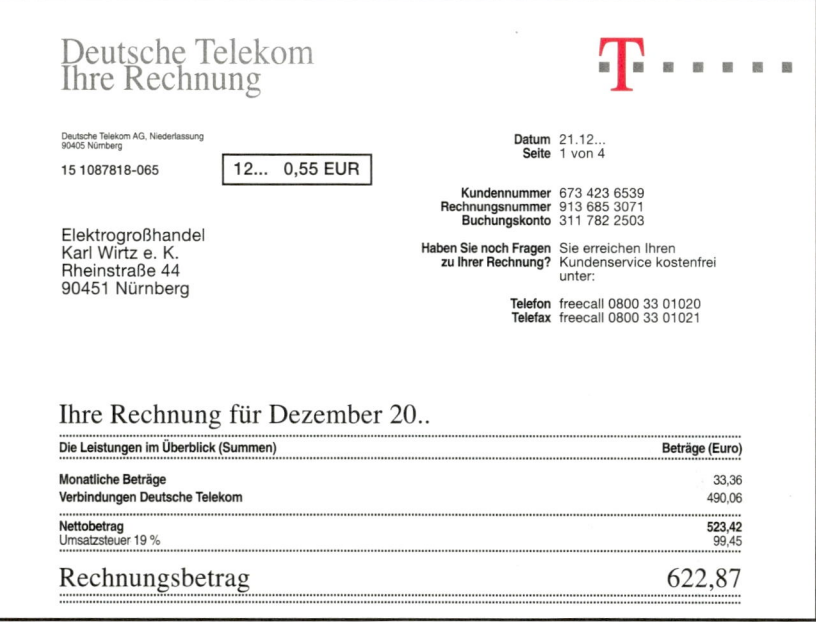

Deutsche Telekom
Ihre Rechnung

T · · · · · ·

Deutsche Telekom AG, Niederlassung
90405 Nürnberg

15 1087818-065 | 12... 0,55 EUR |

Elektrogroßhandel
Karl Wirtz e. K.
Rheinstraße 44
90451 Nürnberg

Datum 21.12...
Seite 1 von 4

Kundennummer 673 423 6539
Rechnungsnummer 913 685 3071
Buchungskonto 311 782 2503

Haben Sie noch Fragen   Sie erreichen Ihren
zu Ihrer Rechnung?   Kundenservice kostenfrei
                     unter:

Telefon   freecall 0800 33 01020
Telefax   freecall 0800 33 01021

Ihre Rechnung für Dezember 20..

Die Leistungen im Überblick (Summen)	Beträge (Euro)
Monatliche Beträge	33,36
Verbindungen Deutsche Telekom	490,06
Nettobetrag	**523,42**
Umsatzsteuer 19 %	99,45

Rechnungsbetrag   622,87

**Konto-
auszug zu
Beleg 4**

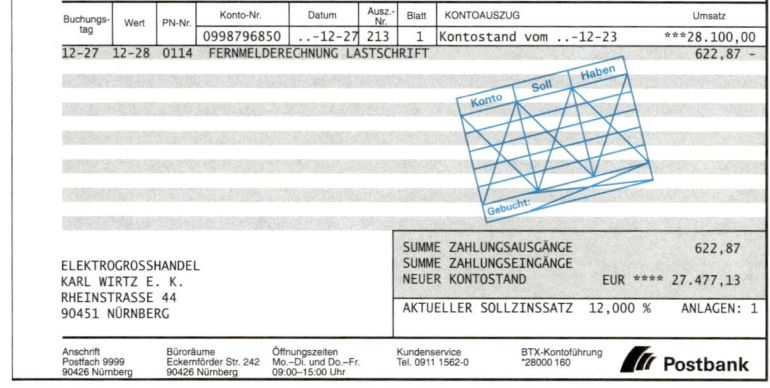

Buchungs-tag	Wert	PN-Nr.	Konto-Nr.	Datum	Ausz.-Nr.	Blatt	KONTOAUSZUG	Umsatz
			0998796850	..-12-27	213	1	Kontostand vom ..-12-23	***28.100,00
12-27	12-28	0114	FERNMELDERECHNUNG LASTSCHRIFT					622,87 -

ELEKTROGROSSHANDEL
KARL WIRTZ E. K.
RHEINSTRASSE 44
90451 NÜRNBERG

SUMME ZAHLUNGSAUSGÄNGE	622,87
SUMME ZAHLUNGSEINGÄNGE	
NEUER KONTOSTAND	EUR **** 27.477,13
AKTUELLER SOLLZINSSATZ 12,000 %	ANLAGEN: 1

Anschrift   Büroräume   Öffnungszeiten   Kundenservice   BTX-Kontoführung
Postfach 9999   Eckernförder Str. 242 Mo.–Di. und Do.–Fr.   Tel. 0911 1562-0   *28000 160   **Postbank**
90426 Nürnberg   90426 Nürnberg   09:00–15:00 Uhr

Beleg 5

Karl Wirtz e. K. ELEKTROGROSSHANDEL

Elektrogroßhandel K. Wirtz e. K., Rheinstr. 44, 90451 Nürnberg

Elektrofachgeschäft
Werner Gruppe e. Kfm.
Am Römerhof 8
52066 Aachen

Unsere Auftrags-Nr.	20 336
Lieferschein-Nr.	20 586
Versanddatum:	..-12-28
Versandart:	LKW
Verpackungsart:	Kartons

Konto Soll Haben

Gebucht:

Ihr Zeichen/Bestellung Nr. vom
WA/4 896/..-12-18

Kunden-Nr.
10 002

Bitte bei Zahlung angeben:

Rechnungs-Nr. 4 586
Rechnungsdatum: ..-12-28

Steuer-Nr. 543 221 19439

Rechnung

Position	Sachnummer	Bezeichnung der Lieferung/ Leistung	Menge und Einheit	Preis je Einheit €	Betrag €
L	4 842	Kaiser-Leuchte	8	130,00	1.040,00
K	2 245	Küchenmaschine "Royal"	6	145,00	870,00
H	3 451	Elektroherd "Rekord"	4	290,00	1.160,00
					3.070,00
		+ 19 % Umsatzsteuer			583,30
					3.653,30

Zahlbar rein netto innerhalb von 20 Tagen. Skontoabzug ist nicht zulässig.

Geschäftsräume Rheinstraße 44 90451 Nürnberg	Telefon: 0911 56356-0 Telefax: 0911 44481 Internet: www.elektrowirtz-wvd.de	Stadtsparkasse Nürnberg Konto-Nr. 218 435 717 BLZ 760 501 01	Postbank Nürnberg Konto-Nr. 9987 96-850 BLZ 760 100 85

Beleg 6

Beleg 7

Beleg 8

Kontoauszug

 **Stadtsparkasse Nürnberg**

Konto-Nr.	Datum	Ausz.-Nr.	Blatt	Buchungstag	PN-Nr.	Wert	Umsatz
218 435 717	..-12-28	66	1				
				12-28	8744	12-28	5.831,00 H

GUTSCHRIFT
R. NAUMANN, LUDWIGSHAFEN
RE 4 565 VOM 21. DEZ. .. 5.950,00
- 2 % SKONTO   119,00
(KONTO 10 003)

ELEKTROGROSSHANDEL
KARL WIRTZ E. K.
RHEINSTR. 44
90451 NÜRNBERG

Alter Saldo
H   272.600,00 EUR

Neuer Saldo
H   278.431,00 EUR

Beleg 9

Stadtsparkasse Nürnberg

760 501 01

Empfangsbescheinigung
über Bar-Einzahlung auf eigenes Konto

Kontonummer

218 435 717

Kontoinhaber

Elektrogroßh. Karl Wirtz e. K.

Betrag: Euro, Cent

6.500,00------

..-12-27   6.500,00

**Stadtsparkasse
Nürnberg**   *Kurz*

Für den Einzahlungstag und den Betrag ist der Maschinendruck maßgebend.

Kontoauszug zu Beleg 9 und Beleg 10

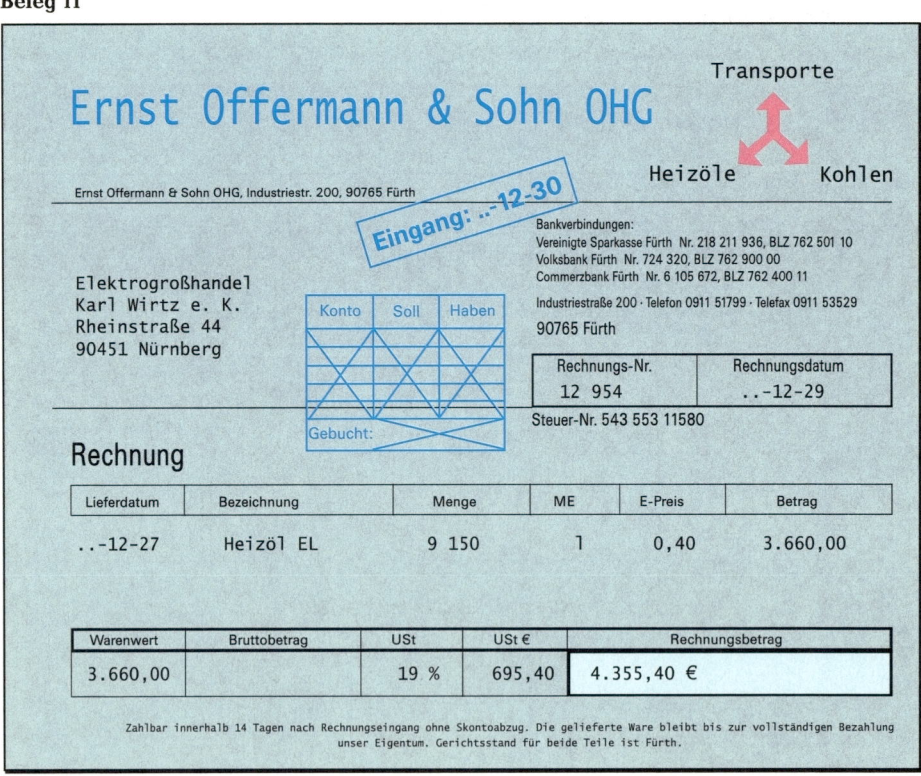

Kontoauszug   ⬢ Stadtsparkasse Nürnberg

Konto-Nr.	Datum	Ausz.-Nr.	Blatt	Buchungstag	PN-Nr.	Wert	Umsatz
218 435 717	..–12–29	67	1				

```
EINZAHLUNG                            12-29   0679   12-27    6.500,00 H
ÜBERWEISUNG (BELEG 10)                12-29   0677   12-27   17.493,00 S
HAUSMANN GMBH, PFORZHEIM
RE 7 654 VOM 20. DEZ...  17.850,00
- 2 % SKONTO                   357,00
(KONTO 60 004)


    ELEKTROGROSSHANDEL
    KARL WIRTZ E. K.
    RHEINSTR. 44
    90451 NÜRNBERG
```

Konto   Soll   Haben   Gebucht:

Alter Saldo
H 278.431,00 EUR

Neuer Saldo
H 267.438,00 EUR

Beleg 11

Ernst Offermann & Sohn OHG

Transporte

Heizöle   Kohlen

Ernst Offermann & Sohn OHG, Industriestr. 200, 90765 Fürth

Eingang: ..-12-30

Elektrogroßhandel
Karl Wirtz e. K.
Rheinstraße 44
90451 Nürnberg

Konto	Soll	Haben
Gebucht:		

Bankverbindungen:
Vereinigte Sparkasse Fürth Nr. 218 211 936, BLZ 762 501 10
Volksbank Fürth Nr. 724 320, BLZ 762 900 00
Commerzbank Fürth Nr. 6 105 672, BLZ 762 400 11

Industriestraße 200 · Telefon 0911 51799 · Telefax 0911 53529

90765 Fürth

Rechnungs-Nr.	Rechnungsdatum
12 954	..–12–29

Steuer-Nr. 543 553 11580

Rechnung

Lieferdatum	Bezeichnung	Menge	ME	E-Preis	Betrag
..–12–27	Heizöl EL	9 150	l	0,40	3.660,00

Warenwert	Bruttobetrag	USt	USt €	Rechnungsbetrag
3.660,00		19 %	695,40	4.355,40 €

Zahlbar innerhalb 14 Tagen nach Rechnungseingang ohne Skontoabzug. Die gelieferte Ware bleibt bis zur vollständigen Bezahlung
unser Eigentum. Gerichtsstand für beide Teile ist Fürth.

Beleg 12

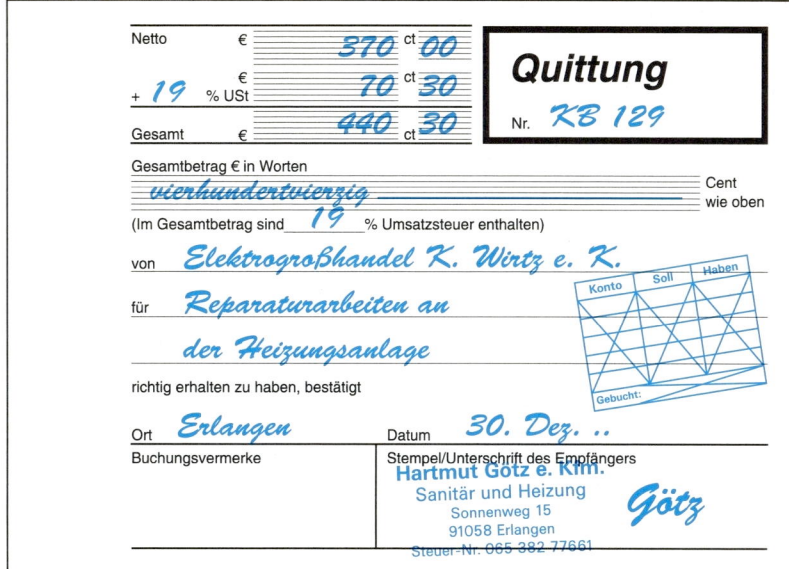

Netto € 370 ct 00

+ 19 % USt € 70 ct 30

Gesamt € 440 ct 30

Quittung

Nr. KB 129

Gesamtbetrag € in Worten

vierhundertvierzig Cent wie oben

(Im Gesamtbetrag sind 19 % Umsatzsteuer enthalten)

von *Elektrogroßhandel K. Wirtz e. K.*

für *Reparaturarbeiten an*

der Heizungsanlage

richtig erhalten zu haben, bestätigt

Konto Soll Haben

Gebucht:

Ort *Erlangen* Datum *30. Dez. ..*

Buchungsvermerke

Stempel/Unterschrift des Empfängers

Hartmut Götz e. Kfm.
Sanität und Heizung
Sonnenweg 15
91058 Erlangen
Steuer-Nr. 065 382 77661

Götz

Beleg 13

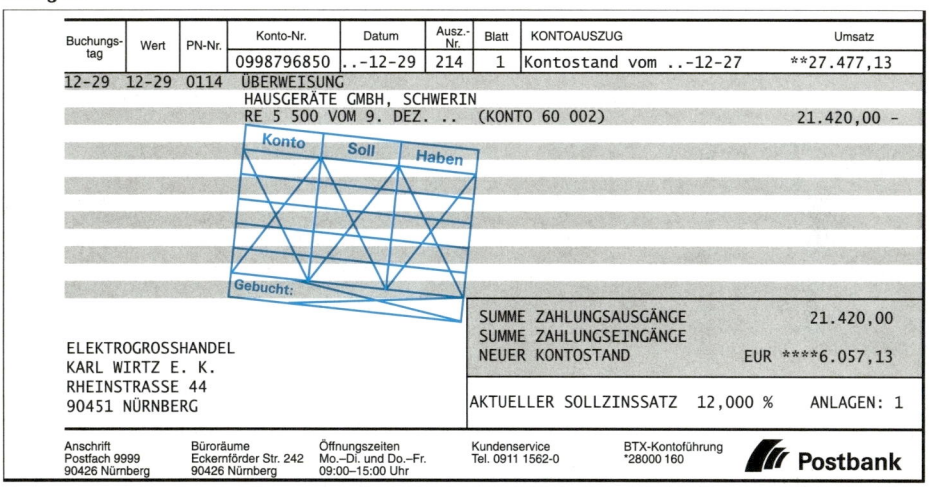

Buchungs-tag	Wert	PN-Nr.	Konto-Nr.	Datum	Ausz.-Nr.	Blatt	KONTOAUSZUG	Umsatz
			0998796850	..-12-29	214	1	Kontostand vom ..-12-27	**27.477,13
12-29	12-29	0114	ÜBERWEISUNG					
			HAUSGERÄTE GMBH, SCHWERIN					
			RE 5 500 VOM 9. DEZ. .. (KONTO 60 002)					21.420,00 -

Konto Soll Haben

Gebucht:

SUMME ZAHLUNGSAUSGÄNGE	21.420,00
SUMME ZAHLUNGSEINGÄNGE	
NEUER KONTOSTAND	EUR ****6.057,13
AKTUELLER SOLLZINSSATZ 12,000 %	ANLAGEN: 1

ELEKTROGROSSHANDEL
KARL WIRTZ E. K.
RHEINSTRASSE 44
90451 NÜRNBERG

Anschrift	Büroräume	Öffnungszeiten	Kundenservice	BTX-Kontoführung	
Postfach 9999	Eckernförder Str. 242	Mo.–Di. und Do.–Fr.	Tel. 0911 1562-0	*28000 160	**Postbank**
90426 Nürnberg	90426 Nürnberg	09:00–15:00 Uhr			

Belege 14 und 15

Buchungs-tag	Wert	PN-Nr.	Konto-Nr.	Datum	Ausz.-Nr.	Blatt	KONTOAUSZUG	Umsatz
			0998796850	..–12-30	215	1	Kontostand vom ..–12-29	***6.057,13
12-30	12-30	0114	GUTSCHRIFT **(BELEG 14)** HEINZ KARLS, HALLE RE 4 538 VOM 10. DEZ. .. (KONTO 10 001)					14.875,00 +
12-30	12-30	0114	GUTSCHRIFT **(BELEG 15)** WERNER GRUPPE, AACHEN RE 4 535 VOM 4. DEZ. .. (KONTO 10 002)					41.650,00 +

ELEKTROGROSSHANDEL
KARL WIRTZ E. K.
RHEINSTRASSE 44
90451 NÜRNBERG

SUMME ZAHLUNGSAUSGÄNGE	
SUMME ZAHLUNGSEINGÄNGE	56.525,00
NEUER KONTOSTAND	EUR ****62.582,13
AKTUELLER SOLLZINSSATZ 12,000 %	ANLAGEN: 1

| Anschrift Postfach 9999 90426 Nürnberg | Büroräume Eckernförder Str. 242 90426 Nürnberg | Öffnungszeiten Mo.–Di. und Do.–Fr. 09:00–15:00 Uhr | Kundenservice Tel. 0911 1562-0 | BTX-Kontoführung *28000 160 | **Postbank** |

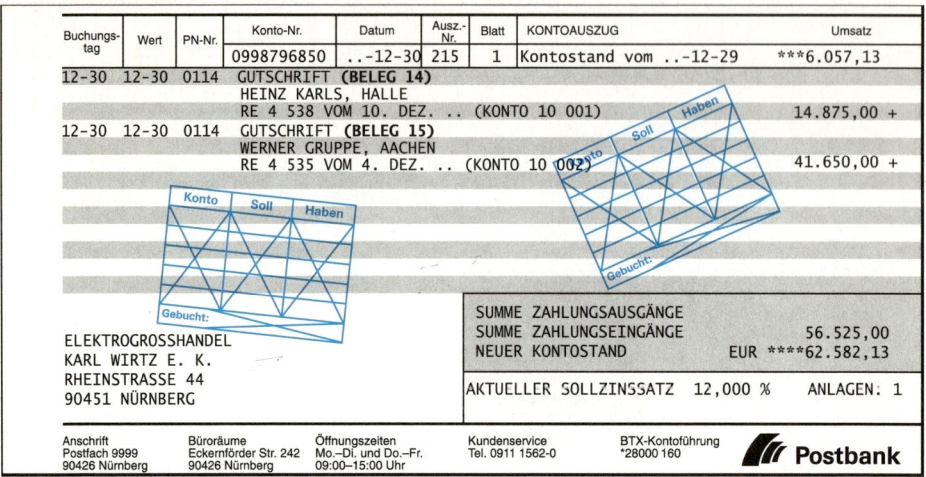

Beleg 16

W. SCHREIBER E. K.

BÜRO EINRICHTUNGEN

Walter Schreiber e. K. • Büroeinrichtungen • Kantstraße 12 • 70193 Stuttgart

Elektrogroßhandel
Karl Wirtz e. K.
Rheinstraße 44
90451 Nürnberg

EINGEGANGEN
..-12-31

Steuer-Nr. 065 326 18189
USt-IdNr. DE 876 765 654

Ihr Zeichen/Ihre Bestellung vom ..–12-21	Unser Auftrag Nr./Zeichen US 8 012	Zeit der Leistung ..–12-27	Datum ..–12-30

Rechnung Nr. 679

Wir sandten für Ihre Rechnung und auf Ihre Gefahr:

Zeichen/Nr.	Gegenstand	Menge/Einheit	Preis je Einheit €	Betrag €
ST 43	Schreibtisch, Eiche 156/76 mit 6 Schubfächern	2	805,00	1.610,00
	+ 19 % Umsatzsteuer			305,90
				1.915,90

| Telefon 0711 34625-0 Telefax 0711 32158 | E-Mail vertrieb@schreiber-wvd.de Internet www.schreiber-wvd.de | Geschäftszeit 08:30–18:30 Uhr | Postbank Stuttgart Konto 4012 52-705 BLZ 600 100 70 |

6577122

Beleg 17

Herstellung von Elektrogeräten

Franz Schneider KG

Franz Schneider KG, Postfach 12 60, 39104 Magdeburg

Konto	Soll	Haben

Gebucht:

Elektrogroßhandel
Karl Wirtz e. K.
Rheinstraße 44
90451 Nürnberg

Steuer-Nr. 543 812 22467

Eingang: ..-12-31

Ihre Bestellung vom	Unser Auftrag Nr.	Zeit der Leistung	Datum
..-12-21	K 4 789 IV	..-12-27	..-12-30

Rechnung Nr. 9 345

USt-IdNr.:
DE 231 457 879

Wir sandten für Ihre Rechnung auf Ihre Gefahr:

Artikel Nr.	Gegenstand	Menge/Stück	Stückpreis €	Gesamtpreis €
TS 12	Warmwassergerät	20	40,00	800,00
W 26	Elektro-Warmluftofen	30	80,00	2.400,00
				3.200,00
	+ 19 % Umsatzsteuer			608,00
				3.808,00

Geschäftsräume:
Saalestraße 16
39126 Magdeburg

Telefon 0391 4869-0
Telefax 0391 35275

Internet www.schneider-elektro-wvd.de
E-Mail info@schneider-elektro-wvd.de

Bankkonto 486 222
Deutsche Bank, Magdeburg
BLZ 810 700 00

Postbank
Berlin 124 45-101
BLZ 100 100 10

Beleg 18

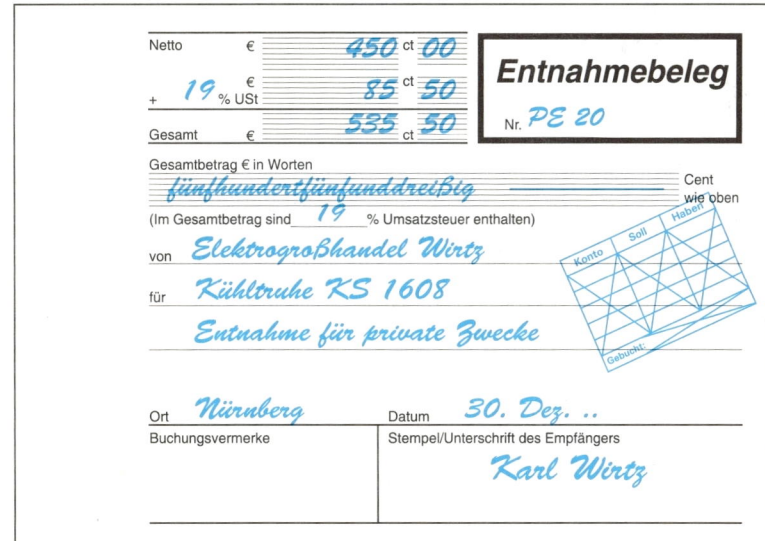

Netto	€	450	ct	00
+ 19 % USt	€	85	ct	50
Gesamt		535	ct	50

Entnahmebeleg

Nr. PE 20

Gesamtbetrag € in Worten

fünfhundertfünfunddreißig — Cent wie oben

(Im Gesamtbetrag sind 19 % Umsatzsteuer enthalten)

von *Elektrogroßhandel Wirtz*

für *Kühltruhe KS 1608*

Entnahme für private Zwecke

Konto	Soll	Haben

Gebucht:

Ort *Nürnberg*   Datum *30. Dez. ..*

Buchungsvermerke   Stempel/Unterschrift des Empfängers

Karl Wirtz

Beleg 19

Karl Wirtz e. K. ELEKTROGROSSHANDEL

Elektrogroßhandel K. Wirtz e. K., Rheinstr. 44, 90451 Nürnberg

Haushaltsgerätevertrieb
Rolf Naumann e. K.
Amselweg 14
67063 Ludwigshafen

Unsere Auftrags-Nr.	20 337
Lieferschein-Nr.	20 587
Versanddatum:	..-12-29
Versandart:	LKW
Verpackungsart:	Original

Ihr Zeichen/Bestellung Nr. vom	Kunden-Nr.
LZ/2 112/..-12-27	10 003

Bitte bei Zahlung angeben:
Rechnungs-Nr.   4 569
Rechnungsdatum: ..-12-30

Steuer-Nr. 543 221 19439

Rechnung

Position	Sachnummer	Bezeichnung der Lieferung/Leistung	Menge und Einheit	Preis je Einheit €	Betrag €
KS	5 634	Kühlschrank 150 l	12	240,00	2.880,00
GT	4 321	Geschirrspülmaschine	4	375,00	1.500,00
					4.380,00
		+ 19 % Umsatzsteuer			832,20
					5.212,20

Bei Zahlung innerhalb von 8 Tagen 2 % Skonto.

Geschäftsräume	Telefon: 0911 56356-0	Stadtsparkasse Nürnberg	Postbank Nürnberg
Rheinstraße 44	Telefax: 0911 44481	Konto-Nr. 218 435 717	Konto-Nr. 9987 96-850
90451 Nürnberg	Internet: www.elektrowirtz-wvd.de	BLZ 760 501 01	BLZ 760 100 85

Beleg 20

Kontoauszug

 Stadtsparkasse Nürnberg

Konto-Nr.	Datum	Ausz.-Nr.	Blatt	Buchungstag	PN-Nr.	Wert	Umsatz
218 435 717	..-12-30	68	1				
GUTSCHRIFT				12-30	8744	12-30	2.380,00 H

STADTWERKE NÜRNBERG
RE 4 541 VOM 12. DEZ. ..
(KONTO 10 004)

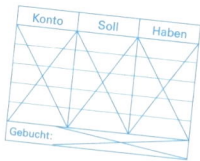

ELEKTROGROSSHANDEL
KARL WIRTZ E. K.
RHEINSTR. 44
90451 NÜRNBERG

Alter Saldo
H 267.438,00 EUR

Neuer Saldo
H 269.818,00 EUR

Belege 21 und 22

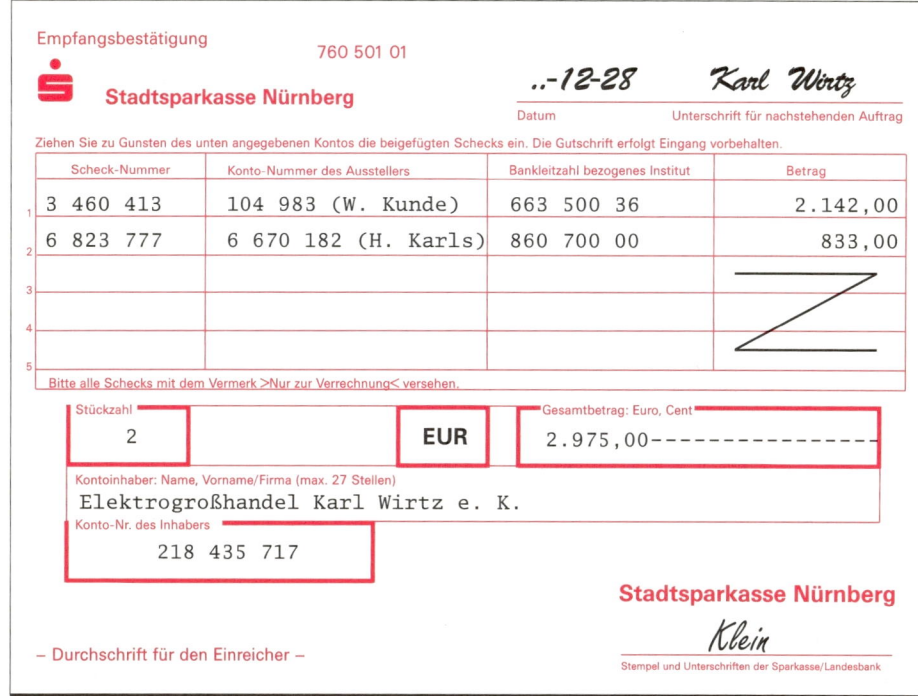

Kontoauszug zu den Belegen 21, 22 und 23[1]

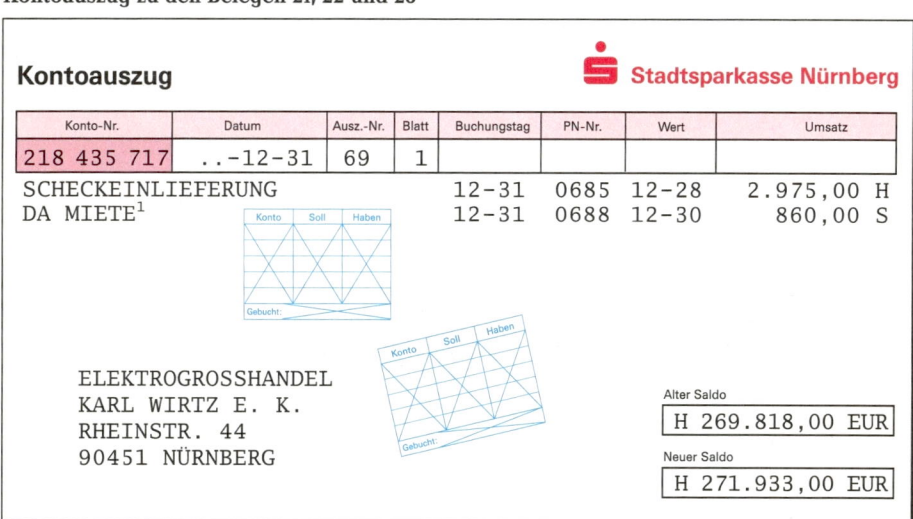

---

1   Beleg 23: DA = Dauerauftrag für die Wohnungsmiete des Geschäftsinhabers.

Beleg 24

Beleg 25

Beleg 26

Buchungsanweisung Datum: . . -12-31	Beleg-Nr.:			
Betreff: Abschreibungen auf Sachanlagen lt. Anlagenkartei	Gebucht: Datum:			
Buchungstext	Soll		Haben	
	Konto	Betrag	Konto	Betrag
0330 Betriebs- und Geschäftsausstattung... 0340 Fuhrpark..............				

Beleg 27

Buchungsanweisung Datum: . . -12-31	Beleg-Nr.: 4932			
Betreff: Umbuchungen/Vorbereitende Abschlussbuchungen	Gebucht: Datum:			
Buchungstext	Soll		Haben	
	Konto	Betrag	Konto	Betrag
1410 Vorsteuerübertragung.. 1610 Privatentnahmen....... 3020 Bezugskosten.......... 3060 Nachlässe von Lieferern 3080 Liefererskonti........ 3910 Warenmehrbestand...... 8060 Nachlässe an Kunden.... 8080 Kundenskonti.........				

14   Auswertung des Jahresabschlusses

Aus dem Jahresabschluss lassen sich wertvolle **Erkenntnisse über die Vermögens-, Finanz- und Erfolgslage** des Unternehmens gewinnen, wenn man die Abschlusszahlen entsprechend auswertet. Ein Vergleich mit den Jahresabschlüssen der Vorjahre **(Zeitvergleich)** gibt außerdem Auskunft über die betriebseigene **Entwicklung.** Wie das Unternehmen innerhalb seiner Branche zu beurteilen ist, zeigt ein Vergleich mit den Zahlen branchengleicher Unternehmen **(Betriebsvergleich).**

Die betriebswirtschaftliche Auswertung des Jahresabschlusses umfasst die
- ▶ **Aufbereitung (Analyse)** und die
- ▶ **Beurteilung (Kritik)** des Zahlenmaterials.

Allgemein spricht man auch von **„Bilanzanalyse und Bilanzkritik".**

14.1   Auswertung der Bilanz

14.1.1   Aufbereitung der Bilanz (Bilanzanalyse)

Umgliederung der Bilanzposten. Die Bilanzen müssen zunächst für eine kritische Beurteilung entsprechend aufbereitet werden. Die zahlreichen Bilanzposten sind daher nach bestimmten Gesichtspunkten umzugliedern und gruppenmäßig zusammenzufassen. Die Vermögensseite umfasst die beiden Hauptgruppen **„Anlagevermögen"** und **„Umlaufvermögen"**, die Kapitalseite **„Eigenkapital"** und **„Fremdkapital".** Das Umlaufvermögen ist nach der **Flüssigkeit** in die Gruppen „Vorräte", „Forderungen" und „Flüssige Mittel" zu gliedern. Die Positionen des Fremdkapitals sind nach der **Fälligkeit** in „Langfristiges Fremdkapital" und „Kurzfristiges Fremdkapital" zu ordnen. Aktive Rechnungsabgrenzungssammelposten werden den Forderungen, passive Rechnungsabgrenzungsposten den kurzfristigen Verbindlichkeiten zugeordnet.

Die Bilanzstruktur ist das Ergebnis der Aufbereitung der Bilanzposten. Sie lässt bereits deutlich den **Vermögens- und Kapitalaufbau** des Unternehmens erkennen:

Vermögen		Bilanzstruktur	Kapital
I. Anlagevermögen		**I. Eigenkapital**	
II. Umlaufvermögen	1. Vorräte 2. Forderungen 3. Flüssige Mittel	**II. Fremdkapital** 1. langfristig 2. kurzfristig	
Wie ist das Kapital angelegt?		*Woher stammt das Kapital?*	

Zur besseren Vergleichbarkeit und Überschaubarkeit stellt man die **Bilanzstruktur** nicht nur in absoluten Zahlen, sondern auch **in Prozentzahlen** dar, wobei die **Bilanzsumme die Basis (≙ 100 %)** bildet. Damit wird auf einen Blick erkennbar, welches Gewicht die einzelnen Hauptgruppen innerhalb des Gesamtvermögens (Aktiva) und Gesamtkapitals (Passiva) haben. Vermögens- und Kapitalaufbau werden dadurch noch anschaulicher dargestellt.

Merke:	**Die aufbereiteten Bilanzen eines Unternehmens zeigen deutlich**
	● **die Finanzierung** ▷ Eigenkapital : Fremdkapital
	● **den Vermögensaufbau** ▷ Anlagevermögen : Umlaufvermögen
	● **die Anlagendeckung** ▷ Eigenkapital : Anlagevermögen
	● **die Zahlungsfähigkeit** ▷ flüssige Mittel : kurzfristige Verbindlichkeiten

6577128

Beispiel: Die Bilanzen der Werkzeuggroßhandlung Marc Gruppe e. K. lauten für die beiden letzten Geschäftsjahre:

Aktiva	Berichtsjahr T€	Vorjahr T€	Passiva	Berichtsjahr T€	Vorjahr T€
Gebäude	1.200	850	Eigenkapital 1. Jan.	1.710	1.600
Maschinen	290	240	− Entnahmen	166	120
BuG-Ausstattung ...	170	90		1.544	1.480
Fuhrpark	140	120	+ Einlagen	700	—
Waren	1.300	1.940		2.244	1.480
Forderungen a. LL ..	950	400	+ Gewinn	366	230
Kasse	15	10	Eigenkapital 31. Dez.	2.610	1.710
Postbankguthaben ..	55	20	Rückstellungen	200	400
Bankguthaben	380	130	Hypothekenschulden	440	331
			Darlehensschulden ..	520	305
			Verbindlichk. a. LL ..	680	929
			Sonstige Verbindl. ..	50	125
	4.500	3.800		4.500	3.800

Anmerkungen zur Bilanzaufbereitung: Die Rückstellungen sind je zur Hälfte als langfristig und kurzfristig zu behandeln. Der Gewinn verbleibt im Unternehmen.

Die Aufbereitung der Bilanzen wird nach folgendem Schema vorgenommen:

AKTIVA	Berichtsjahr T€	%	Vorjahr T€	%	Zu- oder Abnahme T€
Anlagevermögen	**1.800**	**40**	**1.300**	**34**	**+ 500**
Vorräte	1.300	29	1.940	51	− 640
Forderungen a. LL	950	21	400	11	+ 550
Flüssige Mittel	450	10	160	4	+ 290
Umlaufvermögen	**2.700**	**60**	**2.500**	**66**	**+ 200**
Gesamtvermögen	4.500	100	3.800	100	+ 700

PASSIVA	Berichtsjahr T€	%	Vorjahr T€	%	Zu- oder Abnahme T€
Eigenkapital	**2.610**	**58**	**1.710**	**45**	**+ 900**
50 % Rückstellungen	100	2	200	5	− 100
Hypothekenschulden	440	10	331	9	+ 109
Darlehensschulden	520	12	305	8	+ 215
Langfr. Fremdkapital	**1.060**	**24**	**836**	**22**	**+ 224**
50 % Rückstellungen	100	2	200	5,3	− 100
Verbindlichkeiten a. LL	680	15	929	24,4	− 249
Sonstige Verbindlichk.	50	1	125	3,3	− 75
Kurzfr. Fremdkapital	**830**	**18**	**1.254**	**33**	**− 424**
Gesamtkapital	4.500	100	3.800	100	+ 700

14.1.2   Beurteilung der Bilanz (Bilanzkritik)

Die aufbereiteten Bilanzen enthalten bereits die wichtigsten Kennzahlen und Angaben zur **Beurteilung** der

- ▶ **Kapitalausstattung,**
- ▶ **Anlagenfinanzierung,**
- ▶ **Zahlungsfähigkeit** und des
- ▶ **Vermögensaufbaues**

des Unternehmens. Die nun einsetzende Bilanzbeurteilung stellt zwischen den durch die Aufbereitung gewonnenen Verhältniszahlen sinnvolle **Beziehungen** her und wertet diese im Hinblick auf die **Lage und Entwicklung** des Unternehmens.

14.1.2.1   Beurteilung der Kapitalausstattung (Finanzierung)

Grad der Unabhängigkeit. Bei der Beurteilung der **Kapitalausstattung oder Finanzierung** geht es vor allem um die Frage, ob das Unternehmen überwiegend mit **eigenem oder fremdem Kapital** arbeitet. In der Regel kann die Finanzierung eines Unternehmens als günstig bezeichnet werden, wenn das **Eigenkapital als Haftungs- bzw. Schutzkapital** das Fremdkapital überwiegt; denn je höher der Anteil des Eigenkapitals am Gesamtkapital, umso **sicherer** ist die Lage des Unternehmens in Krisenzeiten und umso **unabhängiger** ist das Unternehmen **gegenüber** seinen **Gläubigern.** Der Anteil des Eigenkapitals am Gesamtkapital ist daher zugleich Ausdruck des Grades der finanziellen Unabhängigkeit des Unternehmens.

Der Grad der Verschuldung kommt durch den Anteil des Fremdkapitals am Gesamtkapital zum Ausdruck. Ein im Verhältnis zum Eigenkapital zu hohes Fremdkapital bedeutet eine erhebliche **Einengung der Selbstständigkeit des Unternehmens,** da mit jeder weiteren Kreditaufnahme stets der Nachweis der Kreditverwendung und ständige Kontrollen durch Gläubiger verbunden sind. Ist der Anteil an kurzfristigen Schulden sehr hoch, so wird die **Liquidität (Zahlungsfähigkeit)** des Unternehmens stark eingeschränkt. Die **Zusammensetzung des Fremdkapitals** (lang- und kurzfristig) ist daher eine wichtige Frage bei der Beurteilung der Finanzierung eines Unternehmens.

Kennzahlen der Finanzierung (Kapitalstruktur)		B	V
❶ Grad der finanziellen Unabhängigkeit	$= \dfrac{\text{Eigenkapital} \cdot 100\,\%}{\text{Gesamtkapital}}$	58 %	45 %
❷ Grad der Verschuldung	$= \dfrac{\text{Fremdkapital} \cdot 100\,\%}{\text{Gesamtkapital}}$	42 %	55 %
❸ Anteil des langfristigen Fremdkapitals	$= \dfrac{\text{lgfr. Fremdkapital} \cdot 100\,\%}{\text{Gesamtkapital}}$	24 %	22 %
❹ Anteil des kurzfristigen Fremdkapitals	$= \dfrac{\text{kfr. Fremdkapital} \cdot 100\,\%}{\text{Gesamtkapital}}$	18 %	33 %

Die Kennzahlen zeigen deutlich, dass sich im Berichtsjahr der **Grad der finanziellen Unabhängigkeit von 45 % auf 58 %** und damit entsprechend der **Grad der Verschuldung von 55 % auf 42 %** entscheidend verbessert haben. Die beachtliche Steigerung des Eigenkapitals ist auf eine **Kapitaleinlage** des Unternehmers in Höhe **von 700 T€** sowie auf den im Berichtsjahr erwirtschafteten hohen **Jahresgewinn von 366 T€** zurückzuführen. Erfreulicherweise konnte dadurch der Anteil des Fremdkapitals und somit der Einfluss der Gläubiger erheblich vermindert werden. Der **Rückgang des kurzfristigen Fremdkapitals von 33 % auf 18 %** ist im Hinblick auf die Liquidität des Unternehmens besonders positiv zu beurteilen. Der beachtliche Abbau der kurzfristigen Fremdmittel ist vor allem auf eine **Umschuldung** zurückzuführen, also auf eine Umwandlung kurzfristiger in langfristige Schulden. So steht einer Abnahme an kurzfristigen Fremdmitteln in Höhe von 424 T€ eine Zunahme der langfristigen Schulden in Höhe von 224 T€ gegenüber (vgl. aufbereitete Bilanzen auf Seite 129).

Die Unternehmensleitung hat im Berichtsjahr sinnvolle Maßnahmen durchgeführt, um die Finanzierung des Unternehmens noch krisenfester zu gestalten.

Merke: **Je größer das Eigenkapital im Verhältnis zum Fremdkapital ist, desto solider und krisenfester ist die Finanzierung und desto geringer ist die Abhängigkeit gegenüber Gläubigern.**

14.1.2.2 Beurteilung der Anlagenfinanzierung (Investierung)

Die Finanzierung (Deckung) des Anlagevermögens durch

- **Eigenkapital** ➡ **Deckungsgrad I** und durch
- **langfristiges Kapital** (Eigenkapital und langfr. Fremdkapital) ➡ **Deckungsgrad II**

ist zugleich ein wichtiger **Maßstab zur Beurteilung der Kapitalausstattung** des Unternehmens schlechthin. Da **Anlagegegenstände** in der Regel langfristig gebundenes Vermögen darstellen, müssen sie durch **entsprechend langfristiges Kapital** finanziert werden. Damit wird sichergestellt, dass im Krisenfalle keine Anlagegüter veräußert werden müssen, um den Tilgungsverpflichtungen termingerecht nachzukommen. Deshalb sollen Wirtschaftsgüter des Anlagevermögens grundsätzlich **nicht kurzfristig** finanziert werden. Die Anlagenfinanzierung kann somit als sehr gut bezeichnet werden, wenn das Anlagevermögen voll durch Eigenkapital **(Deckungsgrad I)** gedeckt ist. Reicht das Eigenkapital jedoch nicht zur Finanzierung des Anlagevermögens aus, so darf zusätzlich nur langfristiges Fremdkapital herangezogen werden. Der **Deckungsgrad II** muss mindestens 100 % betragen, wenn eine volle Deckung durch langfristiges Kapital gegeben sein soll.

Kennzahlen der Anlagendeckung (Investierung)	Berichtsjahr	Vorjahr
Deckungsgrad I $= \dfrac{\text{Eigenkapital} \cdot 100\,\%}{\text{Anlagevermögen}}$	145 %	132 %
Deckungsgrad II $= \dfrac{\text{Langfristiges Kapital} \cdot 100\,\%}{\text{Anlagevermögen}}$	204 %	196 %

Die Anlagendeckung durch Eigenkapital (Deckungsgrad I) war bereits im Vorjahr sehr gut. Sie konnte im Berichtsjahr durch die bereits erwähnte **Erhöhung des Eigenkapitals** noch wesentlich verbessert werden. **Nicht nur das Anlagevermögen, sondern auch der größte Teil der Warenvorräte werden** nunmehr **durch eigene Mittel finanziert.** Besonders erfreulich ist auch die Tatsache, dass die erheblichen **Anschaffungen (Investitionen)** im Anlagevermögen in Höhe von 500 T€ **ebenfalls** in vollem Umfang **durch Eigenkapital finanziert** wurden.

Die Anlagendeckung durch langfristiges Kapital (Deckungsgrad II) ist in den beiden Vergleichsjahren ausgezeichnet. Besonders im Berichtsjahr wird der größte Teil des Umlaufvermögens **langfristig** finanziert, was sich auf die Liquidität des Unternehmens zwangsläufig günstig auswirken muss.

Die für das Berichtsjahr als **sehr gut beurteilte Finanzierung wird durch die Anlagendeckung I und II voll bestätigt.**

Merke:
- **Die Anlagendeckung ist zugleich Maßstab zur Beurteilung der Finanzierung (Kapitalausstattung) des Unternehmens.**
- **Das Anlagevermögen und der eiserne Bestand an Waren sollten stets durch entsprechend langfristiges Kapital finanziert sein.**

14.1.2.3 Beurteilung der Zahlungsfähigkeit (Liquidität)

Liquidität ist die Zahlungsfähigkeit eines Unternehmens, die sich aus dem **Verhältnis der flüssigen (liquiden) Mittel zu den fälligen kurzfristigen Verbindlichkeiten** erkennen lässt. Es muss deshalb untersucht werden, ob das Unternehmen in der Lage sein wird, die **fälligen** Verbindlichkeiten fristgerecht zu begleichen. Denn Zahlungsunfähigkeit (Illiquidität) führt in der Regel meist zur zwangsweisen Auflösung eines Unternehmens im Rahmen eines Insolvenzverfahrens.

Aufgrund der Bilanzzahlen kann die **Liquidität** eines Unternehmens natürlich **nur überschlägig** ermittelt werden, da wichtige Angaben aus den Bilanzen nicht hervorgehen, wie **Fälligkeiten** der Verbindlichkeiten und Forderungen, **laufende Zahlungen** für Steuern, Mieten u. a. m. Dennoch lassen sich verschiedene Stufen oder Grade der Zahlungsfähigkeit aus den Abschlusszahlen errechnen, die im Vergleich der Jahre Aufschluss über die Liquidität des Unternehmens geben.

Die Kennzahlen der Liquidität berücksichtigen jeweils den Grad der Zahlungsfähigkeit. Die **Liquidität I (1. Grades),** auch **Barliquidität** genannt, setzt die flüssigen Mittel (Kasse, Bank- und Postbankguthaben, börsenfähige Wertpapiere des Umlaufvermögens) ins Verhältnis zu den kurzfristigen Fremdmitteln. Die **Liquidität II,** auch **einzugsbedingte Liquidität** genannt, berücksichtigt zusätzlich die Forderungen. Die **umsatzbedingte Liquidität III** setzt schließlich das gesamte Umlaufvermögen zum kurzfristigen Fremdkapital in Beziehung. Nach einer **Erfahrungsregel** sollte mindestens die Liquidität II bereits eine volle Deckung der kurzfristigen Schulden bringen. Die Liquidität III müsste nach einer amerikanischen Faustregel zu einer zweifachen Deckung (200 %) führen.

Liquiditätskennzahlen		Berichtsjahr	Vorjahr
Liquidität I =	$\dfrac{\text{flüssige Mittel} \cdot 100\,\%}{\text{kurzfristiges Fremdkapital}}$	54 %	13 %
Liquidität II =	$\dfrac{(\text{flüssige Mittel} + \text{Forderungen}) \cdot 100\,\%}{\text{kurzfristiges Fremdkapital}}$	169 %	45 %
Liquidität III =	$\dfrac{\text{Umlaufvermögen} \cdot 100\,\%}{\text{kurzfristiges Fremdkapital}}$	325 %	199 %

Die Liquiditätslage des Unternehmens hat sich im Berichtsjahr gegenüber dem Vorjahr ganz entschieden verbessert. Selbst unter Berücksichtigung der Forderungen konnte im Vorjahr keine volle Deckung der kurzfristigen Verbindlichkeiten erreicht werden. Im Berichtsjahr führte dagegen die Liquidität II bereits zu einer erheblichen Überdeckung. Die Liquidität 3. Grades zeigt im Berichtsjahr deutlich die ausgezeichnete finanzielle Lage des Unternehmens. Das Umlaufvermögen ist über dreimal so groß wie die kurzfristigen Fremdmittel. Diese äußerst positive Entwicklung der Zahlungsfähigkeit ist einerseits auf die bereits erwähnte Kapitalerhöhung sowie Umschuldung und andererseits vor allem auch auf die erhebliche Absatzsteigerung zurückzuführen. Diese von der Unternehmensleitung getroffenen **Maßnahmen dienten** nicht zuletzt der **Stärkung der Liquidität.**

Merke:	● Je mehr die flüssigen Mittel 1., 2. und 3. Grades die kurzfristigen Verbindlichkeiten decken, desto liquider und damit sicherer ist das Unternehmen.
	● Für die fälligen Schulden müssen stets Zahlungsmittel bereitstehen, denn Zahlungsunfähigkeit führt in der Regel zu einem Insolvenzverfahren.
	● Nach einer Erfahrungsregel gilt die Zahlungsfähigkeit eines Unternehmens als gesichert, wenn das gesamte Umlaufvermögen doppelt so groß ist wie das kurzfristige Fremdkapital.

14.1.2.4 Beurteilung des Vermögensaufbaues (Vermögensstruktur)

Die Vermögensstruktur (Konstitution) zeigt sich im **Verhältnis zwischen Anlage- und Umlaufvermögen.** Dieses Verhältnis ist weitgehend abhängig von der Branche, der das Unternehmen angehört, sowie vom **Ausmaß der Ausstattung und Automatisierung.** So sind beispielsweise Unternehmen der Grundstoff- und Schwerindustrie mit einem Anlagenanteil von 60–70 % besonders anlagenintensiv, im Gegensatz zu Großhandelsunternehmen, in denen in der Regel das Umlaufvermögen deutlich überwiegt.

Das Anlagevermögen verursacht erhebliche **fixe (feste) Kosten,** wie Abschreibungen, Instandhaltungen u. a., **die unabhängig von der Beschäftigungs- und Absatzlage,** also **auch in Krisenzeiten, anfallen** und ständig die Erfolgsrechnung als Aufwand belasten. Je niedriger das Anlagevermögen im Verhältnis zum Umlaufvermögen ist, desto geringer ist die Belastung mit festen Kosten und desto besser kann sich ein Unternehmen **den veränderten Marktverhältnissen anpassen.**

Das Umlaufvermögen besteht in der Regel aus Warenvorräten, Forderungen sowie flüssigen Mitteln. Vergleicht man die Posten mit den **Verkaufserlösen,** lassen sich wertvolle **Erkenntnisse über die Absatzlage** des Unternehmens in den Vergleichsjahren erzielen. Ein erhöhter Bestand an Forderungen bedeutet Absatzsteigerung, wenn zugleich die Verkaufserlöse entsprechend gestiegen sind. Eine Veränderung der Vorräte und flüssigen Mittel sollte daher auch im Zusammenhang mit den Verkaufserlösen (Umsatzerlösen) gesehen werden.

Kennzahlen der Vermögensstruktur		Berichts-jahr	Vorjahr
❶ Anteil des Anlagevermögens =	$\dfrac{\text{AV} \cdot 100\,\%}{\text{Gesamtvermögen}}$	40 %	34 %
❷ Anteil des Umlaufvermögens =	$\dfrac{\text{UV} \cdot 100\,\%}{\text{Gesamtvermögen}}$	60 %	66 %
❸ Anteil der Vorräte =	$\dfrac{\text{Vorräte} \cdot 100\,\%}{\text{Gesamtvermögen}}$	29 %	51 %
❹ Anteil der Forderungen =	$\dfrac{\text{Forderungen} \cdot 100\,\%}{\text{Gesamtvermögen}}$	21 %	11 %
❺ Anteil der flüssigen Mittel =	$\dfrac{\text{Flüssige Mittel} \cdot 100\,\%}{\text{Gesamtvermögen}}$	10 %	4 %

Angaben lt. GuV-Rechnung:	Berichtsjahr	Vorjahr
Verkaufserlöse	8.200 T€	5.500 T€

Die Kennzahlen der Vermögensstruktur zeigen deutlich die positive Entwicklung des Unternehmens im Vergleichszeitraum. Die Steigerung des Anlagevermögens ist auf **Neuanschaffungen** in Höhe von 500 T€ zurückzuführen, die zu einer **Kapazitätserweiterung** führten, worauf auch die gestiegenen Verkaufserlöse hinweisen. Auch der **Abbau der Vorräte** und die **Erhöhung der Forderungen** sowie der flüssigen Mittel stehen offensichtlich im Zusammenhang mit einer **erheblichen Absatzsteigerung.**

Merke:	• Das Verhältnis zwischen Anlage- und Umlaufvermögen wird weitgehend von der Branche und dem Grad der Ausstattung des Unternehmens bestimmt. • Der Anteil der Vorräte und Forderungen ist stets im Zusammenhang mit den Verkaufserlösen zu beurteilen.

Aufgaben

127

1. Welche Möglichkeiten hat der Unternehmer, die Finanzierung (Kapitalausstattung des Unternehmens) zu verbessern?

2. Ein Unternehmer hat einen sehr großen Teil des Anlagevermögens mit einem kurzfristigen Bankkredit finanziert. Wie beurteilen Sie das?

3. Wodurch wird die Vermögensstruktur (AV : UV) bestimmt?

4. Welche Gefahr liegt in einem a) zu geringen und b) zu großen Anlagevermögen?

5. Welche Gefahr liegt in einem a) zu geringen und b) zu hohen Umlaufvermögen?

128

1. Welche Möglichkeiten hat der Unternehmer, die Liquidität zu verbessern?

2. Der Bestand an sofort greifbaren flüssigen Mitteln ist im Verhältnis zu hoch. Was empfehlen Sie dem Unternehmen?

3. Vermittelt die Bilanz ein eindeutiges Bild der Zahlungsfähigkeit?

4. Beurteilen Sie die folgenden Bilanzstrukturen:

Bilanz 1	
Anlagevermögen 40 %	Eigenkapital 50 %
Umlaufvermögen 60 %	Fremdkapital 50 %

Bilanz 2	
Anlagevermögen 40 %	Eigenkapital 30 %
	langfristiges Fremdkapital 10 %
Umlaufvermögen 60 %	kurzfristiges Fremdkapital 60 %

129 Nach der Aufbereitung zeigt die Bilanz eines Großhandelsunternehmens die folgende Vermögens- und Kapitalstruktur:

Vermögen	Aufbereitete Bilanz			Kapital	
	T€	%		T€	%
I. **Anlagevermögen** ...	2.400	30	I. **Eigenkapital**	4.800	60
II. **Umlaufvermögen**			II. **Fremdkapital**		
1. *nicht* flüssig ...... (Vorräte)	3.300		1. *langfristig* .... (Hyp.- u. Darl.-Sch.)	2.000	
2. *bedingt* flüssig ... (Forderungen a.LL)	1.700	70	2. *kurzfristig* .... (Verbindlichkeiten a. LL u.a.)	1.200	40
3. *sofort* flüssig ..... (Kasse, Postbank, Bankguthaben)	600				
	8.000	100		8.000	100

1. Beurteilen Sie auch unter Berücksichtigung von Branchen-Richtwerten ( )

   a) die Finanzierung oder Kapitalausstattung (35 : 65),
   b) den Vermögensaufbau (25 : 75),
   c) die Anlagenfinanzierung bzw. -deckung (Deckung I: 80 %; II: 120 %) sowie
   d) die Zahlungsfähigkeit (Liquidität) des Unternehmens.

2. Inwiefern erübrigt sich im vorliegenden Fall die Ermittlung des Deckungsgrades II im Rahmen der Beurteilung der Anlagenfinanzierung?

3. Welchen entscheidenden Vorteil bietet die Auswertung bei einem Bilanzvergleich (Zeit- oder Betriebsvergleich)?

6577134

130

Aktiva	Berichts-jahr	Vorjahr	Passiva	Berichts-jahr	Vorjahr
	T€	T€		T€	T€
I. Anlagevermögen			**I. Eigenkapital**	3.000	1.600
1. Gebäude	1.480	1.000	**II. Fremdkapital**		
2. BuG-Ausstattg.	500	200	1. Hypothekensch.	650	680
3. Fuhrpark	280	100	2. Darlehenssch.	880	520
			3. Liefererschulden	470	1.200
II. Umlaufvermögen					
1. Vorräte	1.400	1.650			
2. Forderungen	900	750			
3. Kasse	20	10			
4. Postbankguth.	30	40			
5. Bankguthaben	390	250			
	5.000	4.000		5.000	4.000

1. *Bereiten Sie obige Bilanzen der Textilgroßhandlung Janine Kolberg e. Kffr. entsprechend dem Aufbereitungsschema auf Seite 129 auf und stellen Sie jeweils die Veränderungen der Vermögens- und Kapitalposten fest.*
2. *Ermitteln Sie die Kennzahlen zur Beurteilung der*
   a) Finanzierung, b) Anlagendeckung, c) Liquidität, d) Vermögensstruktur.
3. *Beurteilen Sie die Entwicklung des Unternehmens in den Vergleichsjahren aufgrund der Kennzahlen und versuchen Sie die Ursachen der Veränderungen offen zu legen. Stellen Sie sich dabei stets* **folgende Fragen:**

- *Wie ist die Entwicklung in absoluten und relativen Zahlen?*
- *Worauf könnte die positive oder negative Entwicklung zurückzuführen sein?*
- *Welche Maßnahmen zur Verbesserung der Finanzierung, Anlagendeckung, Liquidität und Vermögensstruktur würden Sie der Unternehmensleitung empfehlen?*

131

Aktiva	Berichtsjahr T€	Vorjahr T€	Passiva	Berichtsjahr T€	Vorjahr T€
Gebäude	960	710	Eigenkapital 1. Jan.	1.160	1.030
BuG-Ausstattung	610	390	− Entnahmen	80	60
Fuhrpark	130	160		1.080	970
Waren	1.200	1.850	+ Einlagen	400	–
Forderungen a. LL	820	370		1.480	970
Kasse	20	15	+ Gewinn	320	190
Bank	260	105	Eigenkapital 31. Dez.	1.800	1.160
			Rückstellungen	80	60
			Hypothekenschulden ...	670	480
			Darlehensschulden	930	750
			Verbindlichkeiten a. LL ..	520	1.150
	4.000	3.600		4.000	3.600

Anmerkungen: Die Rückstellungen sind je zur Hälfte lang- und kurzfristig. Die Verkaufserlöse betrugen im Berichtsjahr 7.800 T€, im Vorjahr 5.800 T€.

1. *Bereiten Sie oben stehende Bilanzen der Elektrogroßhandlung Georg Heider e. K. auf.*
2. *Ermitteln und beurteilen Sie die Kennzahlen a) der Finanzierung, b) der Anlagendeckung, c) der Liquidität und d) der Vermögensstruktur.*
3. *Worauf führen Sie die hohen Vorräte im Vorjahr zurück?*
4. *Fassen Sie in einem Kurzbericht das Ergebnis Ihrer Auswertung zusammen.*

14.2 Auswertung der Erfolgsrechnung

14.2.1 Beurteilung der Rentabilität

Die Rentabilität ist Maßstab für den Erfolg eines Unternehmens. Sie wird ermittelt, indem man den Gewinn zum **Eigenkapital** oder **Umsatz** in Beziehung setzt.

Unternehmerlohn. Bei **Einzelunternehmen und Personengesellschaften** muss der Jahresgewinn vorab noch um einen Unternehmerlohn für den **mitarbeitenden** Inhaber (Gesellschafter) gekürzt werden. Nur so ist ein **Vergleich mit einer Kapital-gesellschaft** der gleichen Branche (z.B. GmbH) möglich, in der die Gehälter der geschäftsführenden Gesellschafter Aufwand (Betriebsausgabe) darstellen und somit den Gewinn schmälern. Die Höhe des Unternehmerlohns bemisst sich nach dem Gehalt eines leitenden Angestellten in vergleichbarer Position.

Beispiel: Großhandlung M. Gruppe e. K.	Berichtsjahr	Vorjahr
Jahresgewinn (vgl. Bilanz S. 129)[1]	366 T€	230 T€
− **Unternehmerlohn**	120 T€	120 T€
= **Unternehmergewinn**	**246 T€**	**110 T€**

14.2.1.1 Eigenkapitalrentabilität (Unternehmerrentabilität)

Die Rentabilität des Eigenkapitals wird ermittelt, indem man den Unternehmer-gewinn (UG) zum Eigenkapital ins Verhältnis setzt. Um Zufallsschwankungen auszu-schalten, rechnet man beim **Eigenkapital** mit dem **Durchschnittswert aus Anfangs- und Schlussbestand** des Geschäftsjahres (vgl. Bilanzen S. 129).

Beispiel: Großhandlung M. Gruppe e. K.	Berichtsjahr	Vorjahr
Eigenkapitalrentabilität $= \dfrac{UG \cdot 100\%}{\text{Eigenkapital}}$	$\dfrac{246 \cdot 100}{2.160} = 11,4\%$	$\dfrac{110 \cdot 100}{1.655} = 6,7\%$

Risikoprämie. Vergleicht man nun die ermittelte Eigenkapitalrendite mit dem landes-üblichen Zinssatz für langfristig angelegte Gelder (im Beispiel werden 5 % unterstellt), so ist der **Überschuss** der Eigenkapitalverzinsung ein Entgelt oder eine Prämie für das allgemeine Risiko des Unternehmers.

Beispiel: Großhandlung M. Gruppe e. K.	Berichtsjahr	Vorjahr
Eigenkapitalrentabilität	11,4 %	6,7 %
− landesüblicher Zinssatz für langfr. Kapital	5,0 %	5,0 %
= **Risikoprämie für Unternehmerwagnis**	**6,4 %**	**1,7 %**

Beurteilung der Erfolgslage. Der Jahresgewinn der Werkzeuggroßhandlung Marc Gruppe e. K. ist von absolut 230 T€ im Vorjahr auf 366 T€ im Berichtsjahr, also um 136 T€ oder 59 %, gestiegen. Diese beachtliche Gewinnsteigerung konnte sich bei der Eigenkapitalrentabilität nicht entsprechend auswirken, da sich im Berichtsjahr auch das Eigenkapital erheblich erhöht hatte. Dennoch zeigte die Rentabilität des Eigenkapitals eine erfreuliche Steigerung von 6,7 % auf 11,4 %. Im Berichtsjahr wurde außer der landesüblichen Verzinsung eine Risikoprämie von 6,4 % erwirtschaftet.

Merke:	Der Jahresgewinn eines Personenunternehmens sollte Folgendes entgelten:
	1. einen angemessenen Unternehmerlohn,
	2. eine landesübliche Verzinsung des Eigenkapitals und
	3. zusätzlich eine branchenübliche Prämie für das Unternehmerrisiko.

---

1 Der Jahresgewinn enthält keine außerordentlichen Aufwendungen und Erträge.

14.2.1.2 Gesamtkapitalrentabilität (Unternehmungsrentabilität)

Der Gewinn wird mit dem Gesamtkapital der Unternehmung erzielt. Will man die Rentabilität des Gesamtkapitals **(Eigen- und Fremdkapital)** ermitteln, muss man die für das Fremdkapital gezahlten **Zinsen** dem Unternehmergewinn wieder hinzurechnen, da diese als **Aufwand** den Gewinn gemindert haben.

$$\text{Gesamtkapitalrentabilität} = \frac{(\text{Unternehmergewinn} + \text{Zinsen}) \cdot 100\,\%}{\text{Gesamtkapital}}$$

Beispiel: Großhandlung M. Gruppe e. K.	Berichtsjahr	Vorjahr
Gesamtkapital am 1. Januar	3.800 T€	3.600 T€
Gesamtkapital am 31. Dezember	4.500 T€	3.800 T€
Durchschnittliches Gesamtkapital (GK)	4.150 T€	3.700 T€
Unternehmergewinn (UG)	246 T€	110 T€
Zinsen lt. GuV-Rechnung (Z)	106 T€	85 T€
Gesamtkapitalrentabilität $= \dfrac{(\text{UG} + \text{Z}) \cdot 100\,\%}{\text{GK}}$	$\dfrac{(246 + 106) \cdot 100}{4.150}$ $= 8{,}5\,\%$	$\dfrac{(110 + 85) \cdot 100}{3.700}$ $= 5{,}3\,\%$
Eigenkapitalrentabilität	11,4 %	6,7 %

Beurteilung. Die Gesamtkapitalrentabilität gibt Aufschluss darüber, ob sich die Aufnahme von Fremdkapital gelohnt hat. Das ist stets der Fall, wenn der **Fremdkapitalzins niedriger ist als die Gesamtkapitalrentabilität** oder – anders ausgedrückt –, wenn die **Rentabilität des Eigenkapitals größer ist als die des Gesamtkapitals.** Das Unternehmen muss daher bestrebt sein **möglichst zinsniedriges Fremdkapital aufzunehmen.** In beiden Vergleichsjahren übersteigt die Eigenkapitalrentabilität die Gesamtkapitalrendite, wobei sich das Ergebnis im Berichtsjahr deutlich verbessert hat.

14.2.1.3 Umsatzrentabilität (Umsatzverdienstrate)

Umsatzverdienstrate. Setzt man den Unternehmergewinn zu den Verkaufserlösen in Beziehung, erhält man Auskunft darüber, wie viel Prozent der Verkaufserlöse als Gewinn dem Unternehmen zugeflossen sind. Oder anders ausgedrückt: wie viel € je 100,00 € Umsatz verdient wurden.

Beispiel: Großhandlung M. Gruppe e. K.	Berichtsjahr	Vorjahr
Umsatzrentabilität $= \dfrac{\text{Unternehmergewinn} \cdot 100\,\%}{\text{Verkaufserlöse}}$	$\dfrac{246 \cdot 100}{8.200} = 3\,\%$	$\dfrac{110 \cdot 100}{5.500} = 2\,\%$

Beurteilung. Die sehr positive Entwicklung des Unternehmens zeigt sich auch deutlich in der Umsatzrendite, die im Vergleichszeitraum von 2 % auf 3 %, also um 50 %, erhöht werden konnte. Im Berichtsjahr wurden somit 3,00 € je 100,00 € Umsatz gegenüber 2,00 € im Vorjahr verdient. Das bedeutete eine erhebliche Steigerung der Ertragskraft des Unternehmens.

Merke:	Aus Gründen der besseren Vergleichbarkeit der Ergebnisse sollte der Jahresgewinn vorab um einmalige und zufällige Posten bereinigt werden:
	Jahresgewinn
	+ außergewöhnliche Aufwendungen
	− außergewöhnliche Erträge
	= Bereinigter Jahresgewinn

Aufgaben

132

Zahlen (T€) des Baustoffgroßhandels Erwin Lang e. K.	Berichtsjahr	Vorjahr
Eigenkapital zum 1. Januar	1.260	1.130
Eigenkapital zum 31. Dezember	1.800	1.260
Bereinigter Jahresgewinn	320	190
Unternehmerlohn	90	90
Verkaufserlöse	7.800	5.800

1. *Ermitteln Sie*   *a) das durchschnittliche Eigenkapital*   *und*   *b) den Unternehmergewinn.*
2. *Berechnen Sie*   *a) die Rentabilität des Eigenkapitals und*
                        b) die Risikoprämie bei einem landesüblichen Zinssatz von 4,5 %.
3. *Berechnen Sie die Umsatzrentabilität in Prozent.*
4. *Beurteilen Sie die Erfolgslage des Unternehmens im Vergleichszeitraum.*

133

Zahlen (T€) der Textilgroßhandlung Uwe Hay e. K.	1. Jahr	2. Jahr	3. Jahr
Eigenkapital zum 1. Januar	2.400	2.600	3.400
Eigenkapital zum 31. Dezember	2.600	3.400	4.600
Jahresgewinn	520	660	790
außergewöhnliche Aufwendungen	20	10	30
außergewöhnliche Erträge	50	30	—
Unternehmerlohn	120	120	120
Verkaufserlöse	12.880	15.200	18.100

1. *Ermitteln Sie den bereinigten Jahresgewinn.*
2. *Ermitteln Sie a) das Durchschnittskapital und b) den Unternehmergewinn.*
3. *Berechnen Sie a) die Eigenkapitalrendite und b) die Risikoprämie bei einer unterstellten landesüblichen Verzinsung von 5,5 %.*
4. *Wie viel € je 100,00 € Umsatz wurden jeweils verdient?*
5. *Fassen Sie die Ergebnisse der Rentabilitätsauswertung in einem Kurzbericht zusammen.*

134 Den Jahresabschlüssen eines Großhandelsunternehmens entnehmen wir folgende Zahlen:

Jahresabschlusszahlen (T€)	1. Jahr	2. Jahr	3. Jahr
Durchschnittl. Eigenkapital	2.500	3.000	4.000
Durchschnittl. Gesamtkapital	4.000	6.000	6.500
Jahresgewinn	550	750	880
außergewöhnliche Aufwendungen	40	60	120
außergewöhnliche Erträge	30	70	80
Unternehmerlohn	100	100	100
Zinsaufwendungen	90	200	180
Verkaufserlöse	13.860	16.200	19.100

1. *Ermitteln Sie den bereinigten Unternehmergewinn.*
2. *Berechnen Sie die Rentabilität des*   *a) Eigenkapitals,*   *b) Gesamtkapitals,*   *c) Umsatzes.*
3. *Beurteilen Sie die Entwicklung der Rentabilitätskennzahlen.*
4. *Worüber gibt die Gesamtkapitalrentabilität Auskunft?*
5. *Inwiefern ist bei Rentabilitätsberechnungen vom bereinigten Jahresgewinn auszugehen?*
6. *Was sollte der Jahresgewinn eines Personenunternehmens im Einzelnen abdecken?*
7. *Welcher Zusammenhang besteht zwischen Wirtschaftszweig und Risikoprämie?*

14.2.2 Umschlagskennzahlen

Maßstab der Wirtschaftlichkeit. Umschlagskennzahlen sind ein Maßstab zur Beurteilung und Kontrolle der Wirtschaftlichkeit des Betriebsprozesses, also des **Verhältnisses der betriebsbedingten Aufwendungen** (= Kosten) zu den **betriebsbedingten Erträgen** (= Leistungen). Sie werden ermittelt, indem man bestimmte Posten der Bilanz **(Waren, Forderungen a. LL, Kapital)** zum **Wareneinsatz** bzw. zu den **Verkaufserlösen** in Beziehung setzt.

14.2.2.1 Lagerumschlag der Warenbestände

Die Lagerumschlagshäufigkeit des Warenbestandes errechnet sich aus dem Verhältnis von **Wareneinsatz** zum **Durchschnittsbestand der Waren**. Sie gibt an, **wie oft** in einem Jahr der durchschnittliche Lagerbestand umgesetzt, d. h. verkauft und ersetzt wurde:

$$\text{Lagerumschlagshäufigkeit} \quad = \quad \frac{\text{Wareneinsatz}}{\varnothing \text{ Lagerbestand an Waren}}$$

Die durchschnittliche Lagerdauer ergibt sich, indem man das Jahr mit 360 Tagen ansetzt und durch die Umschlagshäufigkeit dividiert:

$$\text{Durchschnittliche Lagerdauer} \quad = \quad \frac{360}{\text{Lagerumschlagshäufigkeit}}$$

Aus den Angaben der Werkzeuggroßhandlung Marc Gruppe e. K. ergeben sich folgende Ergebnisse. Für das Vorjahr wurde das entsprechende Vergleichsjahr vorgeschaltet:

Beispiel: Großhandlung M. Gruppe e. K.	Berichtsjahr	Vorjahr
Warenbestand zum 1. Januar . . . . Warenbestand zum 31. Dezember	1.940 T€ 1.300 T€	1.660 T€[1] 1.940 T€
Wareneinsatz lt. GuV-Rechnung	6.480 T€	4.500 T€
Durchschn. Lagerbestand an Waren . . .	$\frac{1.940 + 1.300}{2} = \textbf{1.620}$	$\frac{1.660 + 1.940}{2} = \textbf{1.800}$
Lagerumschlagshäufigkeit	$\frac{6.480}{1.620} = \textbf{4-mal}$	$\frac{4.500}{1.800} = \textbf{2,5-mal}$
Durchschnittliche Lagerdauer	$\frac{360}{4} = \textbf{90 Tage}$	$\frac{360}{2,5} = \textbf{144 Tage}$

Lagerumschlagshäufigkeit und -dauer haben sich im Berichtsjahr ganz entscheidend verbessert. Die **hohe** Umschlagshäufigkeit trägt dazu bei, dass der **Kapitaleinsatz geringer** wird, da **in kürzeren Abständen** (90 statt 144 Tage) immer wieder **Kapital zurückfließt.** Dadurch werden **Zinsen und Lagerkosten geringer,** was sich positiv auf die Wirtschaftlichkeit, den Gewinn und die Rentabilität auswirkt.

Merke:	**Je höher die Umschlagshäufigkeit des Lagerbestandes ist, desto** ● kürzer ist die Lagerdauer, ● geringer sind der Kapitaleinsatz und das Lagerrisiko, ● geringer sind die Kosten für die Lagerhaltung (Zinsen, Schwund, Verwaltungskosten), ● höher ist die Wirtschaftlichkeit und desto ● höher ist letztlich der Gewinn und damit die Rentabilität.

---

1   angenommener Bestand

14.2.2.2 Umschlag der Forderungen

Die Kennzahlen des Forderungsumschlags sind zugleich ein Maßstab zur Beurteilung der Liquidität eines Unternehmens:

$$\text{Umschlagshäufigkeit der Forderungen} = \frac{\text{Verkaufserlöse}}{\text{Ø Forderungsbestand}}$$

Daraus ergibt sich die **Laufzeit** der Forderungen, d.h. die von den Kunden durchschnittlich in Anspruch genommene **Kreditdauer (Zahlungsziel):**

$$\text{Durchschnittliche Kreditdauer} = \frac{360}{\text{Umschlagshäufigkeit der Forderungen}}$$

Beispiel: Großhandlung M. Gruppe e. K.	Berichtsjahr	Vorjahr
Forderungsbestand zum 1. Januar	400 T€	822 T€[1]
Forderungsbestand zum 31. Dezember	950 T€	400 T€
Durchschnittlicher Forderungsbestand	$\frac{400 + 950}{2} = 675$	$\frac{822 + 400}{2} = 611$
Verkaufserlöse lt. GuV-Rechnung	8.200	5.500
Umschlagshäufigkeit	8.200 : 675 = **12,15-mal**	5.500 : 611 = **9-mal**
Durchschnittliche Kreditdauer	360 : 12,15 = **30 Tage**	360 : 9 = **40 Tage**

Im Berichtsjahr nahmen die Kunden durchschnittlich ein Zahlungsziel von 30 Tagen gegenüber 40 Tagen im Vorjahr in Anspruch. Unterstellt man ein übliches Zahlungsziel von 30 Tagen, so wird es im Berichtsjahr gerade erreicht.

Merke: **Je rascher der Forderungsumschlag, desto**
- **kürzer ist die durchschnittliche Kreditdauer,**
- **besser ist die eigene Liquidität,**
- **geringer sind Zinsbelastung und Wagnis (Kosten),**
- **höher sind Wirtschaftlichkeit und Rentabilität.**

14.2.2.3 Kapitalumschlag

Zur Ermittlung der Kapitalumschlagshäufigkeit wird der Umsatz mit dem Eigen- oder Gesamtkapital (Eigen- und Fremdkapital) in Beziehung gesetzt:

$$\text{Umschlagshäufigkeit des Eigenkapitals} = \frac{\text{Verkaufserlöse}}{\text{Eigenkapital}}$$

$$\text{Umschlagshäufigkeit des Gesamtkapitals} = \frac{\text{Verkaufserlöse}}{\text{Gesamtkapital}}$$

$$\text{Durchschnittliche Kapitalumschlagsdauer} = \frac{360}{\text{Kapitalumschlagshäufigkeit}}$$

Die Kapitalumschlagshäufigkeit gibt an, **wie oft** das **eingesetzte Kapital** in Form von Erlösen **zurückgeflossen** ist. Je rascher der Umschlagsprozess vor sich geht, desto geringer ist der erforderliche Kapitaleinsatz. **Bei hoher Kapitalumschlagshäufigkeit** kann man deshalb mit einem verhältnismäßig **niedrigen Kapitaleinsatz** zu einer entsprechend **hohen Rendite** und infolge des raschen Kapitalrückflusses zu einer **günstigen Liquidität** gelangen.

---

1   angenommener Bestand

Beispiel: Großhandlung M. Gruppe e. K.	Berichtsjahr	Vorjahr
Durchschn. Eigenkapital	2.160 T€	1.655 T€
Verkaufserlöse lt. GuV	8.200 T€	5.500 T€
EK-Umschlagshäufigkeit	8.200 : 2.160 = **3,8-mal**	5.500 : 1.655 = **3,3-mal**
EK-Umschlagsdauer	360 : 3,8 = **95 Tage**	360 : 3,3 = **109 Tage**

Die Kapitalumschlagszahlen der Werkzeuggroßhandlung Marc Gruppe e. K. kennzeichnen ebenfalls die positive Entwicklung des Unternehmens im Berichtsjahr.

Merke: **Je höher die Kapitalumschlagshäufigkeit ist, desto**
- **rascher fließt das Kapital über die Erlöse zurück,**
- **geringer ist der erforderliche Kapitaleinsatz,**
- **höher ist die Rentabilität,**
- **günstiger ist die Liquidität des Unternehmens.**

Aufgaben

Die Jahresabschlüsse eines Großhandelsunternehmens weisen folgende Zahlen aus: **135**

	1. Jahr	2. Jahr	3. Jahr
Warenbestand zum 1. Januar	160.000,00	240.000,00	280.000,00
Warenbestand zum 31. Dezember .	240.000,00	280.000,00	200.000,00
Wareneinsatz	1.600.000,00	2.340.000,00	2.880.000,00

1. *Berechnen Sie jeweils a) den Durchschnittsbestand und b) die Lagerumschlagshäufigkeit und Lagerdauer. Beurteilen Sie die Entwicklung in den Vergleichsjahren.*
2. *Begründen Sie, inwiefern die Lagerumschlagshäufigkeit Kapitalbedarf, Kosten, Risiko, Wirtschaftlichkeit und damit die Rentabilität des Unternehmens beeinflusst.*

Die Jahresabschlüsse eines Großhandelsunternehmens weisen folgende Zahlen aus: **136**

Forderungen	1. Jahr	2. Jahr	3. Jahr
Anfangsbestand	450.000,00	580.000,00	800.000,00
Schlussbestand	580.000,00	800.000,00	1.200.000,00
Verkaufserlöse	5.150.000,00	8.280.000,00	12.000.000,00

1. *Berechnen Sie für die einzelnen Jahre   a) den durchschnittlichen Forderungsbestand, b) die Umschlagshäufigkeit der Forderungen, c) die durchschnittliche Laufzeit (Kreditdauer) der Außenstände.*
2. *Begründen und erklären Sie den Zusammenhang zwischen der Umschlagshäufigkeit der Außenstände und der Liquidität, Wirtschaftlichkeit und Rentabilität.*
3. *Wie beurteilen Sie die Entwicklung? Welche Schlüsse ziehen Sie daraus?*

Die Kapitalstruktur eines Großhandelsunternehmens (Durchschnittswerte) lautet: **137**

Kapital (Mittelwerte)	1. Jahr	2. Jahr	3. Jahr
Eigenkapital	2.000 T€	2.500 T€	2.500 T€
Fremdkapital	1.000 T€	1.500 T€	600 T€
Verkaufserlöse	15.000 T€	16.400 T€	13.200 T€

1. *Ermitteln Sie a) die Kapitalumschlagshäufigkeit des Eigen- und Gesamtkapitals, b) die Kapitalumschlagsdauer des Eigen- und Gesamtkapitals.*
2. *Welcher Zusammenhang besteht zwischen Kapitalumschlagshäufigkeit einerseits und Kapitaleinsatz, Liquidität und Rentabilität andererseits?*
3. *Wie beurteilen Sie die Entwicklung im Beispiel?*

15   Aufgaben zur Wiederholung und Vertiefung

138   *Wonach werden im Inventar die Vermögensposten i. d. R. gegliedert?*

Nach der   1. Fälligkeit,
2. Größe der Posten,
3. Flüssigkeit oder
4. Fristigkeit?

139   *Erklären Sie den Inhalt der Passivseite der Bilanz:*

1. Die Passivseite der Bilanz enthält das Anlage- und Umlaufvermögen.
2. Die Passivseite zeigt die Verwendung des Kapitals.
3. Die Passivseite zeigt die Herkunft des Kapitals.
4. Die Passivseite enthält das Gesamtvermögen abzüglich der Schulden.
5. Die Passivseite zeigt die Finanzierung des Vermögens.

140   *Bei welchem Geschäftsfall vermindert sich die Bilanzsumme?*

1. Unsere Barzahlung an einen Lieferer.
2. Barabhebung vom Bankkonto.
3. Kauf von Betriebsstoffen.
4. Umwandlung einer Liefererschuld in eine Darlehensschuld.

141   *Wie verhalten sich die aktiven und passiven Bestandskonten?*

1. Anfangsbestand und Mehrungen stehen bei Passivkonten auf der Sollseite.
2. Minderungen und Schlussbestand stehen bei Aktivkonten auf der Sollseite.
3. Minderungen und Schlussbestand stehen bei Passivkonten auf der Sollseite.
4. Anfangsbestand und Mehrungen stehen bei Aktivkonten auf der Habenseite.

142   *Welcher Geschäftsfall liegt dem Buchungssatz „Postbank an Forderungen a. LL" zugrunde?*

1. Wir begleichen eine Rechnung.
2. Kunde begleicht eine Rechnung bar.
3. Lieferer begleicht Rechnung durch Postbanküberweisung.
4. Kunde begleicht Rechnung durch Postbanküberweisung.

143   *Worin unterscheiden sich Inventar und Bilanz? Nennen Sie mindestens drei Merkmale.*

144   *Ergänzen Sie:*

1. Erträge > Aufwendungen = ●●●
2. Vorsteuer > Umsatzsteuer = ●●●
3. Verkaufserlöse > Warenaufwendungen = ●●●
4. Aufwendungen > Erträge = ●●●
5. Umsatzsteuer > Vorsteuer = ●●●
6. Warenaufwendungen > Verkaufserlöse = ●●●
7. Warenanfangsbestand > Warenschlussbestand = Gewinnauswirkung: + oder −?
8. Warenanfangsbestand < Warenschlussbestand = Gewinnauswirkung: + oder −?

145   Doppelte Buchführung bedeutet ●●● Ermittlung des Erfolges. Der Erfolg kann nämlich durch

1. Vergleich ●●● und
2. durch Gegenüberstellung der ●●● und ●●●

ermittelt werden. *Ergänzen Sie.*

6577142

Welcher der nachstehenden Geschäftsfälle führt zu folgender Bilanzveränderung: **146**

(A) Aktivtausch   (C) Aktiv-Passivmehrung
(B) Passivtausch   (D) Aktiv-Passivminderung

1. Zieleinkauf von Waren lt. ER 456.
2. Kauf einer EDV-Anlage gegen Bankscheck.
3. Kunde begleicht AR 678 durch Banküberweisung.
4. Unsere Banküberweisung zum Ausgleich von ER 456.
5. Privatentnahme bar durch den Geschäftsinhaber.
6. Umwandlung einer kurzfristigen Liefererschuld in eine Darlehensschuld.
7. Banküberweisung der Gehälter.
8. Banklastschrift für Tilgungsrate des Darlehens.
9. Banküberweisung der Kraftfahrzeugsteuer für den LKW.
10. Aufnahme eines Darlehens bei der Bank.
11. Kapitaleinlage des Geschäftsinhabers durch Bankeinzahlung.
12. Zinsgutschrift der Bank.

Welche Geschäftsfälle liegen den folgenden Buchungssätzen zugrunde? **147**

1.	3010	und	1410	an	1710	11.	8060	und	1810	an	1010
2.	3020	und	1410	an	1510	12.	1710	an	3070	und	1410
3.	4810	und	1410	an	1510	13.	8080	und	1810	an	1010
4.	4710	und	1410	an	1710	14.	1710	an	3080	und	1410
5.	4610	und	1410	an	1710	15.	3080	an	1410		
6.	8050	und	1810	an	1010	16.	1810	an	8080		
7.	8070	und	1810	an	1010	17.	1710	an	3050	und	1410
8.	4620	und	1410	an	1510	18.	1610	an	8710	und	1810
9.	0310	und	1410	an	1710	19.	0340	und	1410	an	1710
10.	1710	an	3060	und	1410	20.	1310	an	1620		

Bei den nachstehenden Geschäftsfällen ist zu prüfen, ob sie **148**

(1) den Jahresgewinn erhöhen.
(2) den Jahresgewinn vermindern.
(3) den Jahresverlust erhöhen.
(4) den Jahresverlust vermindern.
(5) keinen Einfluss auf das Jahresergebnis haben.
(6) eine Bilanzverkürzung bewirken.
(7) eine Bilanzverlängerung bewirken.

Beachten Sie: Es können mehrere Ergebnisse zutreffen.

a) Kauf einer Maschine auf Ziel
b) Zahlung der Darlehenszinsen
c) Abschreibung auf Maschinen
d) Banküberweisung an den Lieferer abzüglich Skonto
e) Aufnahme eines Darlehens bei der Bank
f) Lastschrift der Bank für Zinsen
g) Zinsgutschrift der Bank
h) Barentnahme aus der Geschäftskasse für Privatzwecke

Die Anschaffungskosten eines Tiefkühltransporters betragen 120.000,00 €. **149**

a) Wie hoch sind Abschreibungsbetrag und Buchwert am Ende des 2. Nutzungsjahres, wenn jährlich 20 % linear abgeschrieben werden?

b) Wie hoch sind Abschreibungsbetrag und Buchwert am Ende des 2. Jahres, wenn jährlich 20 % degressiv abgeschrieben werden?

150 *Bilden Sie unter Angabe der Kontennummern und Kontenbezeichnungen für folgende Geschäfts-*
fälle die Buchungssätze:

1.	Wir verkaufen Waren auf Ziel lt. AR 4352	5.000,00	
	+ Umsatzsteuer	950,00	5.950,00
2.	Zieleinkauf von Waren lt. ER 3456	16.500,00	
	+ Umsatzsteuer	3.135,00	19.635,00
3.	Unsere Rückzahlung des Darlehens durch Banküberweisung		8.500,00
4.	Banküberweisung an Lieferer zum Ausgleich von ER 3450		9.520,00
5.	Warenentnahme für Privatzwecke	300,00	
	+ Umsatzsteuer	57,00	357,00
6.	Postbanküberweisung eines Kunden zum Ausgleich von AR 4350		6.545,00
7.	Kauf von vier PCs einschließlich Drucker lt. ER 3457	4.800,00	
	+ Umsatzsteuer	912,00	5.712,00
8.	Lastschriften der Bank für Miete der Geschäftsräume	9.250,00	
	für Miete der Privatwohnung	950,00	10.200,00
9.	Banküberweisung der Gehälter		15.600,00
10.	Kunde zahlt zum Ausgleich von AR 4349		14.280,00
	durch Banküberweisung		10.710,00
	durch Postbanküberweisung		3.570,00
11.	Banküberweisung an Lieferer zum Ausgleich von ER 3451	5.950,00	
	abzüglich 2 % Skonto (brutto)	119,00	5.831,00
12.	Kunde sendet beschädigte Ware zurück, Warenwert	800,00	
	+ Umsatzsteuer	152,00	952,00
13.	Postbanküberweisung eines Kunden zum Ausgleich von AR 4314 ..	4.760,00	
	abzüglich 2 % Skonto (brutto)	95,20	4.664,80
14.	Lieferer gewährt uns nachträglich Preisnachlass	750,00	
	+ Umsatzsteuer	142,50	892,50
15.	Kunde erhält von uns Bonus	1.200,00	
	+ Umsatzsteuer	228,00	1.428,00
16.	Lieferer gewährt uns Bonus	2.100,00	
	+ Umsatzsteuer	399,00	2.499,00
17.	Banküberweisung der Kfz-Steuer: Betrieb	4.800,00	
	privat	600,00	5.400,00
18.	Einlage des Geschäftsinhabers durch Bankeinzahlung		30.000,00

151 *Nennen Sie jeweils den Geschäftsfall der folgenden Buchungen auf dem Bankkonto:*

Soll		1310 Bank		Haben
1. 9100	86.000,00	5. 1710		18.400,00
2. 1510	5.000,00	6. 1810		12.300,00
3. 0820	25.000,00	7. 4020		24.300,00
4. 1010	12.000,00	8. 9400		73.000,00
	128.000,00			128.000,00

Sie sind Buchhalter/-in in der Finanzbuchhaltung der Papiergroßhandlung Seitz KG. Nennen Sie **152**
*den Buchungssatz für den folgenden Beleg. Die Kontonummer des Kreditorenkontos „Zendermühle
AG", Düsseldorf, lautet: 60003.*

Zendermühle AG
Düsseldorf

Zendermühle AG, Postfach 3 26 45, 40233 Düsseldorf

Telefon	0211 336744-0
Telefax	0211 33674428
E-Mail	vertrieb@zendermuehle-wvd.de
Internet	www.zendermuehle-wvd.de
USt-IdNr.	DE 265 389 712

Papiergroßhandlung
Seitz KG
Industriestraße 42 – 44
50735 Köln

Unser Angebot vom	Ihre Bestellung vom	Zeitpunkt der Lieferung	Datum
..-06-17	..-06-27	..-07-04	..-07-05

Rechnung Nr. 48 321/..

Pos.	Menge	Artikel	Einzelpreis	Rabatt	Gesamtpreis
1	10 000	Küchenrollen (2er-Packung)	1,25 €/Pack.	20 %	10.000,00 €
		+ Verpackung			400,00 €
		+ LKW-Fracht			300,00 €
					10.700,00 €
		+ 19 % Umsatzsteuer			2.033,00 €
					12.733,00 €
					===========

Zahlungsbedingungen: Der Rechnungsbetrag ist innerhalb von 10 Tagen mit 2 % Skonto
oder nach spätestens 30 Tagen ohne Abzug zu begleichen.

Bankverbindung: Bankhaus Drengler AG, Düsseldorf, Konto-Nr. 3 440 532, BLZ 500 700 20

Der Rechnungsbetrag der obigen Rechnung wird innerhalb der Skontofrist durch Banküber- **153**
weisung beglichen.

1. *Ermitteln Sie*

   a) *den Nettoskonto,*

   b) *die Steuerberichtigung und*

   c) *den Überweisungsbetrag.*

2. *Nennen Sie den Buchungssatz*

   a) *bei Nettobuchung und*

   b) *bei Bruttobuchung des Skontos.*

154 a) Ein Warenlieferer gewährt uns wegen Mängelrüge einen Preisnachlass von 10 % des Rechnungsbetrages. Der Rechnungsbetrag (ER 488) lautete über 11.900,00 €.

b) Wir gewähren einem Kunden aufgrund seiner Mängelrüge nachträglich einen Preisnachlass von 20 % des Rechnungsbetrages. Die Ausgangsrechnung (AR 811) weist einen Rechnungsbetrag von 17.850,00 € aus.

1. *Ermitteln Sie jeweils die Gutschrift und die Steuerberichtigung.*
2. *Erstellen Sie die entsprechende Gutschriftsanzeige.*
3. *Nennen Sie den Buchungssatz aufgrund der Gutschriftsanzeige der Fälle a) und b).*

155 Gutschrift über eine Umsatzvergütung von 3 % auf den Nettowarenumsatz des 2. Halbjahres in Höhe von 350.000,00 €.

1. *Erstellen Sie die Gutschriftsanzeige.*
2. *Wie bucht a) der Lieferer und b) der Kunde?*
3. *Erläutern Sie die Auswirkung der Boni im Ein- und Verkaufsbereich.*

156 *Buchen Sie den folgenden Beleg in der Finanzbuchhaltung des Möbelgroßhandels Jörg Breuer e. K.*

Jörg Breuer e. K. MÖBELGROSSHANDEL

Möbelgroßhandel Jörg Breuer e. K., Karlstraße 44, 51379 Leverkusen

Möbelfachgeschäft
Werner Theuer e. Kfm.
Am Gierlichshof 15
51381 Leverkusen

Konto | Soll | Haben

Gebucht:

Ihr Zeichen, Ihre Nachricht vom	Unser Zeichen	Telefon, Name 02171 56356-	Datum
WG ..-12-20	L/by	42	..-12-28

Rechnung Nr. 1 315

Sehr geehrte Damen und Herren,

aufgrund Ihrer Beanstandung schreiben wir Ihnen gut:

```
10 % von 10.000,00 € Warenwert
lt. o. g. Rechnung .................. 1.000,00 €
19 % Umsatzsteuer ....................   190,00 €
                                      1.190,00 €
                                      ==========
```

Mit freundlichen Grüßen

MÖBELGROSSHANDEL
JÖRG BREUER E. K.

i. A. *Schreiner*

(Schreiner)

Geschäftsräume	Telefon: 02171 56356-0	Sparkasse Leverkusen	Postbank Köln
Karlstraße 44	Telefax: 02171 56739	Konto-Nr.: 218 435 717	Konto-Nr. 9987 96-500
51379 Leverkusen	E-Mail: service@moebelbreuer-wvd.de	BLZ 375 514 40	BLZ 370 100 50
Steuer-Nr. 065 262 44119	Internet: www.moebelbreuer-wvd.de		

157

Bilden Sie die Buchungssätze:

1. Das GuV-Konto weist einen Verlust aus.
2. Abschluss des Kontos „1620 Privateinlagen".
3. Die Umsatzsteuer ist größer als die Vorsteuer.
4. Aktivierung eines Vorsteuerüberhangs.
5. Der Lieferer gewährt uns einen Bonus.
6. Kunde erhält von uns Preisnachlass wegen Mängelrüge.
7. Rücksendung beschädigter Waren an unseren Lieferer.

158

Auszug aus der Saldenbilanz	Soll	Haben
Waren	450.000,00	–
Bezugskosten	25.000,00	–
Nachlässe, brutto	–	23.800,00
Liefererboni, brutto	–	17.850,00
Liefererskonti, brutto	–	9.520,00
Vorsteuer	18.000,00	–

1. *Ermitteln Sie die Steuerberichtigungen.*
2. *Nennen Sie zu 1. die entsprechenden Buchungssätze.*
3. *Ermitteln Sie die Anschaffungskosten der Waren.*

159

Auszug aus der Saldenbilanz	Soll	Haben
Vorsteuer	76.000,00	–
Umsatzsteuer	–	20.000,00
Liefererskonti (brutto)	–	16.660,00
Kundenskonti (brutto)	20.230,00	–

1. *Ermitteln Sie die Steuerberichtigungen.*
2. *Nennen Sie die Buchungssätze zu 1.*
3. *Wie hoch ist der Saldo nach Verrechnung der Beträge auf den Steuerkonten?*
4. *Wie lauten die Abschlussbuchungen zum 31. Dezember?*

160

Ein Kunde überweist den Rechnungsbetrag in Höhe von 5.950,00 € unter Abzug von 2 % Skonto durch die Bank.

1. *Nennen Sie den Buchungssatz bei Nettobuchung des Skontos.*
2. *Wie lautet die Buchung im Falle der Bruttobuchung?*
3. *Nennen Sie auch die Steuerberichtigungsbuchung im Fall 2.*

161

Auf welchen Konten werden die folgenden Geschäftsfälle im Haben gebucht?

1. Zielverkauf von Waren.
2. Kunde erhält Preisnachlass wegen Mängelrüge.
3. Unser Kunde löst Barscheck für Umsatzbonus ein.
4. Lastschrift unseres Lieferers wegen unberechtigten Skontoabzugs.
5. Unentgeltliche Entnahme von Waren.
6. Wareneinkauf auf Ziel.
7. Zum 31. Dezember ergibt sich ein Vorsteuerüberhang.
8. Unser Warenlieferer gewährt Preisnachlass wegen Mängelrüge.
9. Wir erhalten Provision durch Banküberweisung.
10. Zum 31. Dezember ergibt sich eine Umsatzsteuerzahllast.

162 **Anfangsbestände**

BGA	320.000,00
Fuhrpark	120.000,00
Waren	350.000,00
Forderungen a. LL	68.600,00
Bankguthaben	92.400,00
Kasse	3.100,00
Eigenkapital	650.000,00
Darlehensschulden	197.700,00
Verbindlichkeiten a. LL	90.600,00
Umsatzsteuerschuld	15.800,00

Kontenplan

0330, 0340, 0610, 0820, 1010, 1310, 1410, 1510, 1610, 1620, 1710, 1810, 2050, 2110, 2610, 3010, 3020, 3050, 3910, 4020, 4100, 4710, 4810, 4821, 4910, 8010, 8060, 8710, 9100, 9300, 9400.

Buchungen nach Belegangaben

AR (Ausgangsrechnung), **ER** (Eingangsrechnung), **BA** (Bankbeleg), **KB** (Kassenbeleg), **PA** (Postbankbeleg), **BR** (Brief), **BAW** (Buchungsanweisung).

1.	ER 486:	Waren von Lieferer Heise: 22.000,00 € + 4.180,00 € USt	26.180,00
2.	ER 487:	Fracht für ER 486: 1.200,00 € + 228,00 € USt	1.428,00
3.	ER 488:	LKW-Reparatur: 1.800,00 € + 342,00 € USt	2.142,00
4.	ER 489:	Geschäftsdrucksachen: 850,00 € + 161,50 € USt	1.011,50
5.	AR 612–648:	Warenverkäufe: 310.400,00 € + 58.976,00 € USt	369.376,00
6.	AR 649:	Belastung des Kunden Lang mit Verzugszinsen	56,00
7.	BA 44:	Überweisung an Lieferer Schneider für ER 484	17.850,00
8.	BA 45:	Überweisung des Kunden Kurz zum Ausgleich von AR 600	77.350,00
9.	BA 46:	Unsere Zahlung der Geschäftsmiete	12.000,00
10.	BA 47:	Überweisung der Gehälter	26.200,00
11.	BA 48:	Überweisung der Umsatzsteuer an das Finanzamt	15.800,00
12.	BA 49:	Zahlung der Wohnungsmiete des Geschäftsinhabers	950,00
13.	BA 50:	Lastschrift für Darlehenszinsen	7.800,00
14.	KB 86:	Portoauslagen	600,00
15.	KB 87:	Entnahme des Geschäftsinhabers	1.500,00
16.	KB 88:	Bareinnahmen aus Warenverkäufen einschließlich USt	2.975,00
17.	KB 89:	Barspende des Geschäftsinhabers an das Rote Kreuz	250,00
18.	BA 51:	Kapitaleinlage des Geschäftsinhabers	50.000,00
19.	BR 14:	Gutschrift des Lieferers Heinze für zurückgesandte Waren: 3.500,00 € + 665,00 € USt	4.165,00
20.	BR 15:	Kunde Brandt erhält Preisnachlass wegen Mängelrüge in Höhe von 2.300,00 € + 437,00 € USt	2.737,00
21.	BAW 1:	Abschreibungen: BGA .... Fuhrpark	6.400,00 2.400,00
22.	BAW 2:	Warenschlussbestand lt. Inventur	160.000,00
23.	BAW 3:	Kassenfehlbetrag lt. Inventur	200,00
24.	BAW 4:	Warenentnahme des Inhabers 1.800,00 € + 342,00 € USt	2.142,00

Kontenplan und vorläufige Saldenbilanz	Soll	Haben
0330 Betriebs- und Geschäftsausstattung	360.000,00	–
0340 Fuhrpark	160.000,00	–
0610 Eigenkapital	–	700.000,00
1010 Forderungen a. LL	330.856,00	–
1310 Bank	180.400,00	–
1410 Vorsteuer	80.723,00	–
1510 Kasse	4.300,00	–
1610 Privatentnahmen	68.200,00	–
1710 Verbindlichkeiten a. LL	–	148.400,00
1810 Umsatzsteuer	–	280.079,00
2610 Zinserträge	–	800,00
2780 Entnahme von sonstigen Gegenständen und Leistungen	–	1.200,00
3010 Wareneingang	850.600,00	–
3020 Bezugskosten	45.400,00	–
3050 Rücksendungen an Lieferer	–	14.000,00
3060 Nachlässe von Lieferern	–	40.800,00
3080 Liefererskonti	–	23.200,00
3910 Warenbestände	280.000,00	–
4890 Diverse Aufwendungen	320.900,00	–
4910 Abschreibungen auf Sachanlagen		
8010 Warenverkauf	–	1.521.300,00
8050 Rücksendungen von Kunden	15.200,00	–
8060 Nachlässe an Kunden	1.200,00	–
8070 Kundenboni	25.800,00	–
8080 Kundenskonti	22.100,00	–
8710 Entnahme von Waren	–	15.900,00
Abschlusskonten: 9300 und 9400	2.745.679,00	2.745.679,00

163

Geschäftsfälle vom 28. Dezember bis 31. Dezember

1. Gutschriftsanzeige an Kunden für Bonus: 8.500,00 € + 1.615,00 € USt 10.115,00
2. Banküberweisung an Lieferer: 29.750,00 € – 595,00 € Skonto 29.155,00
3. Rücksendung beschädigter Waren an Lieferer, Warenwert 5.500,00
4. Kunde erhält Preisnachlass wegen Mängelrüge, brutto 2.380,00
5. Banküberweisung von Kunden: 17.850,00 € – 357,00 € Skonto 17.493,00
6. Die Heizungsanlage im Wohnhaus des Geschäftsinhabers wird durch einen Installateur des eigenen Betriebes repariert, netto 1.800,00
7. Zinsgutschrift der Bank 280,00
8. Privatentnahme von Waren, Warenwert 2.500,00
9. Banküberweisung einer Spende an die Caritas 450,00
10. Lieferer gewährt uns Preisnachlass wegen Mängelrüge, brutto 1.011,50

Abschlussangaben

1. Abschreibungen auf BGA: 42.000,00 €; auf Fuhrpark: 34.000,00 €.
2. Warenschlussbestand lt. Inventur: 200.000,00 €.

Weisen Sie auch den Erfolg des Unternehmens durch Kapitalvergleich nach.

164   **Kontenplan und vorläufige Saldenbilanz der Aufgabe 163** (zusätzliches Konto: 2040 Verluste aus dem Abgang von AV)

Geschäftsfälle vom 28. Dezember bis 31. Dezember

1. Kauf eines Gabelstaplers lt. ER 806: 30.000,00 € + 5.700,00 € USt	35.700,00
2. ER 807: Warenwert 125.000,00 € + 23.750,00 € USt	148.750,00
3. ER 808: Transportkosten (Fall 2): 850,00 € + 161,50 € USt	1.011,50
4. Gutschriftsanzeige des Lieferers aufgrund einer Mängelrüge, brutto	3.034,50
5. Private Warenentnahme, Warenwert	6.000,00
6. Gutschriftsanzeige des Lieferers für zurückgesandte Waren, brutto	16.660,00
7. Totalschaden eines LKWs (kein Versicherungsanspruch); Buchwert	12.500,00
8. Brief: Kunde wird mit Verzugszinsen belastet	50,00
9. ER 806 (Fall 1) wird durch Banküberweisung beglichen 35.700,00	
abzüglich 2 % Skonto 714,00	34.986,00
10. Banküberweisung des Kunden Bär: 17.850,00 € − 357,00 € Skonto	17.493,00
11. Bankgutschrift für Zinsen	1.200,00
12. Gutschriftsanzeige an Kunden für zurückgesandte Waren, netto	2.250,00
13. Private Nutzung betrieblicher Leistungen, netto	1.200,00
14. Banküberweisung der Lebensversicherungsprämie des Geschäftsinhabers	2.400,00

Abschlussangaben

1. Abschreibungen auf BGA: 46.000,00 €; auf Fuhrpark: 28.000,00 €.
2. Warenschlussbestand: 300.000,00 €.

165   **Auswertung der Aufgabe 164**

1. Wie hoch sind Roh- und Reinergebnisse des Unternehmens?

2. Ermitteln Sie die Rentabilität (Verzinsung) des Eigenkapitals in %, indem Sie den Reingewinn nach Abzug eines jährlichen Unternehmerlohnes von 96.000,00 € zum eingesetzten Eigenkapital (Anfangsbestand vom 1. Januar) in Beziehung setzen.

3. Wie beurteilen Sie die Rendite des eingesetzten Eigenkapitals, wenn die landesübliche Verzinsung für langfristig angelegtes Kapital 7 % beträgt?

4. Wie beurteilen Sie die Kapitalausstattung (Finanzierung) des Unternehmens?

5. Erläutern Sie die Finanzierung (Deckung) des Anlagevermögens durch eigene Mittel. Beurteilen Sie das Verhältnis zwischen Eigenkapital und Anlagevermögen.

6. Gibt die Bilanz Auskunft über die Zahlungsfähigkeit (Liquidität) des Unternehmens? Nehmen Sie kritisch Stellung.

166

Erfolgsermittlung durch Kapitalvergleich	1	2
Eigenkapital zum 31. Dezember	300.000,00	400.000,00
Eigenkapital zum 1. Januar	240.000,00	430.000,00
= + bzw. −	●●●	●●●
Privatentnahmen	36.000,00	40.000,00
= + bzw. −	●●●	●●●
Kapitaleinlage	33.000,00	50.000,00
Gewinn (+) bzw. Verlust (−)	●●●	●●●

Der Möbelgroßhändler Peter Schreiner e. K. hat von einer Geschäftsreise folgende Belege zu buchen: **167**

Beleg 1

Beleg 2

```
TANK-STATION ILKA PETZOLD E. K.
RAIFFEISENSTR. 52, 26180 RASTEDE
          TEL. 04402 82545
     Steuer-Nr. 065 234 66257
     Beleg Nr. 168

*SUPER BLEIFREI  47,64 EUR *
* ZP 2         38,11 1      *

ZWISCHENSUMME        47,64

UST-BRUTTOUMS.       47,64
19,00 % UST
BAR                  47,64

BON   DATUM       BED   KASS
0282  ..-06-29    0002  0001
```

Der folgende Bankkontoauszug der Möbelgroßhandlung Peter Schreiner e. K. ist auszuwerten: **168**

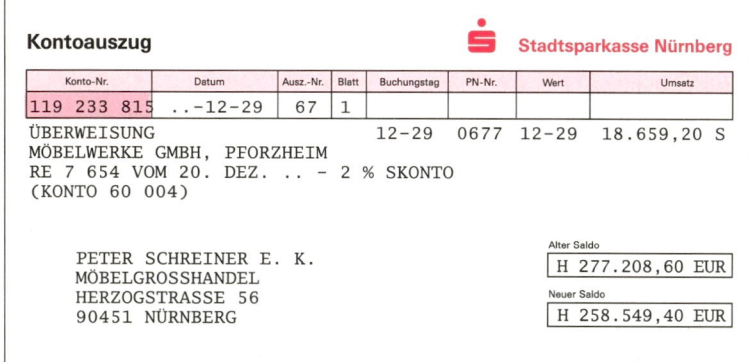

1. *Ermitteln Sie*
   a) *den Rechnungsbetrag der Möbelwerke GmbH vom 20. Dezember, den Warenwert und die auf der Rechnung ausgewiesene Umsatzsteuer,*
   b) *den Bruttoskontobetrag,*
   c) *die Steuerkorrektur aufgrund der Skontoausnutzung,*
   d) *den Nettoskontobetrag.*
2. *Bilden Sie den Buchungssatz*
   a) *für die Erfassung der Eingangsrechnung,*
   b) *für die Banklastschrift bei Nettobuchung des Skontos.*

Die Umsatzsteuerkonten der Möbelgroßhandlung Peter Schreiner e. K. weisen zum 31. Dezember folgende Summen aus: **169**

Auszug aus der Summenbilanz	Soll	Haben
1410 Vorsteuer	120.500,00	88.300,00
1810 Umsatzsteuer	143.450,00	163.400,00
9400 Schlussbilanzkonto	—	—

1. *Übertragen Sie die Summen auf die entsprechenden Konten.*
2. *Führen Sie den kontenmäßigen Abschluss der Steuerkonten durch.*
3. *Bilden Sie den Abschlussbuchungssatz.*

170

Auszug aus der Summenbilanz	Soll	Haben
3910 Warenbestände	980.000,00	–
3010 Wareneingang	15.200.000,00	350.000,00
3020 Warenbezugskosten	780.000,00	–
3060 Nachlässe von Lieferern	–	430.000,00
8010 Warenverkauf	210.000,00	22.800.000,00
8060 Nachlässe an Kunden	112.000,00	–

Der Warenschlussbestand lt. Inventur beträgt 540.000,00 €.

1. *Bilden Sie die Buchungssätze*
    a) zum Abschluss der Konten   *aa) 3020 Warenbezugskosten,*
                                               ab) 3060 Nachlässe von Lieferern,
                                             ac) 8060 Nachlässe an Kunden;
    b) zur Erfassung der Warenbestandsveränderung;
    c) zum Abschluss der Konten   *ca) 3010 Wareneingang,*
                                             cb) 8010 Warenverkauf.

2. *Ermitteln Sie*
    a) den Wareneinsatz,
    b) die Nettoverkaufserlöse,
    c) den Rohgewinn,
    d) den durchschnittlichen Lagerbestand,
    e) die Umschlagshäufigkeit,
    f) die durchschnittliche Lagerdauer,
    g) die Rentabilität des Eigenkapitals, wenn der Unternehmerlohn 120.000,00 €, der Unternehmungsgewinn 780.000,00 € und das Anfangseigenkapital 3.500.000,00 € betragen.

171   Der folgende Kontoauszug der Möbelgroßhandlung Peter Schreiner e. K. ist auszuwerten:

Kontoauszug    **Stadtsparkasse Nürnberg**

Konto-Nr.	Datum	Ausz.-Nr.	Blatt	Buchungstag	PN-Nr.	Wert	Umsatz
119 233 815	..–12–30	68	1				

GUTSCHRIFT   12–30   8744   12–30   9.621,15 H
MÖBELEINKAUFSCENTER NÜRNBERG
RE 4 541 VOM 22. DEZ. .. – 2 % SKONTO
(KONTO 10 004)

                                          Alter Saldo

      PETER SCHREINER E. K.   H 258.549,40 EUR
      MÖBELGROSSHANDEL
      HERZOGSTRASSE 56   Neuer Saldo
      90451 NÜRNBERG   H 268.170,55 EUR

---

1. *Ermitteln Sie aus dem Überweisungsbetrag den Rechnungsbetrag der Ausgangsrechnung sowie den Warenwert und die Umsatzsteuer.*

2. *Bilden Sie den Buchungssatz zur Erfassung der Ausgangsrechnung.*

3. *Ermitteln Sie die Steuerkorrektur aufgrund der Skontoausnutzung.*

4. *Buchen Sie die Bankgutschrift bei Nettobuchung des Skontos.*

Bilden Sie die Buchungssätze für die Umbuchungen/Vorbereitenden Abschlussbuchungen zum Jahresschluss.

172

Buchungsanweisung	Datum: ..-12-31		Beleg-Nr.: 4932	
Betreff: Umbuchungen/Vorbereitende Abschlussbuchungen			Gebucht: Datum:	
Buchungstext	Soll		Haben	
	Konto	Betrag	Konto	Betrag
1410 Vorsteuerübertragung..				
1610 Privatentnahmen.......				
3020 Bezugskosten..........				
3060 Nachlässe von Lieferern				
3080 Liefererskonti........				
3910 Warenmehrbestand......				
8060 Nachlässe an Kunden....				
8080 Kundenskonti..........				

173

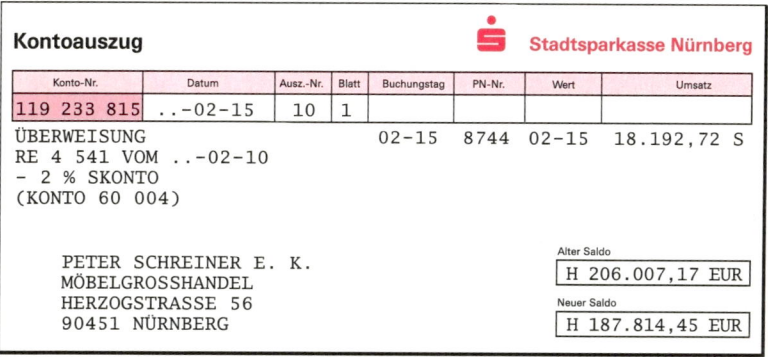

```
Kontoauszug                                          Stadtsparkasse Nürnberg
```

Konto-Nr.	Datum	Ausz.-Nr.	Blatt	Buchungstag	PN-Nr.	Wert	Umsatz
119 233 815	..-02-15	10	1				

```
ÜBERWEISUNG                          02-15   8744   02-15   18.192,72 S
RE 4 541 VOM ..-02-10
- 2 % SKONTO
(KONTO 60 004)


PETER SCHREINER E. K.            Alter Saldo
MÖBELGROSSHANDEL                 H 206.007,17 EUR
HERZOGSTRASSE 56                 Neuer Saldo
90451 NÜRNBERG                   H 187.814,45 EUR
```

1. Ermitteln Sie aus dem vorstehenden Beleg den Warenwert, die Umsatzsteuer und den Rechnungsbetrag der Eingangsrechnung.
2. Bilden Sie den Buchungssatz für die Eingangsrechnung.
3. Ermitteln Sie die Steuerkorrektur aufgrund des Rechnungsausgleichs.
4. Bilden Sie den Buchungssatz für den Rechnungsausgleich (Nettobuchung).

Nennen Sie als Buchhalter/-in der Papiergroßhandlung Katja Kern e. Kffr. die Buchungssätze zu folgenden Belegen:

174

Beleg 2

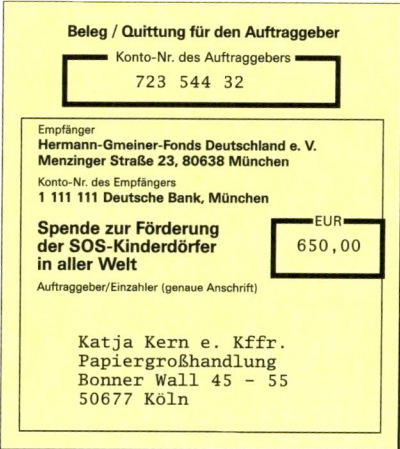

```
Beleg / Quittung für den Auftraggeber

Konto-Nr. des Auftraggebers
        723 544 32

Empfänger
Hermann-Gmeiner-Fonds Deutschland e. V.
Menzinger Straße 23, 80638 München
Konto-Nr. des Empfängers
1 111 111 Deutsche Bank, München

Spende zur Förderung          EUR
der SOS-Kinderdörfer          650,00
in aller Welt
Auftraggeber/Einzahler (genaue Anschrift)

        Katja Kern e. Kffr.
        Papiergroßhandlung
        Bonner Wall 45 - 55
        50677 Köln
```

Beleg 1

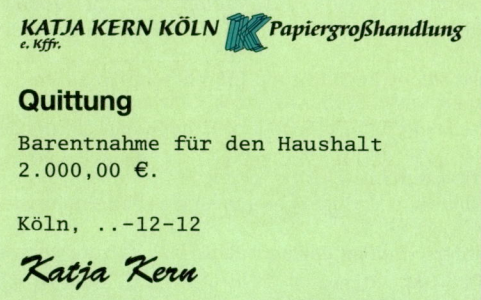

```
KATJA KERN KÖLN   Papiergroßhandlung
e. Kffr.

Quittung

Barentnahme für den Haushalt
2.000,00 €.

Köln, ..-12-12

Katja Kern
```

175

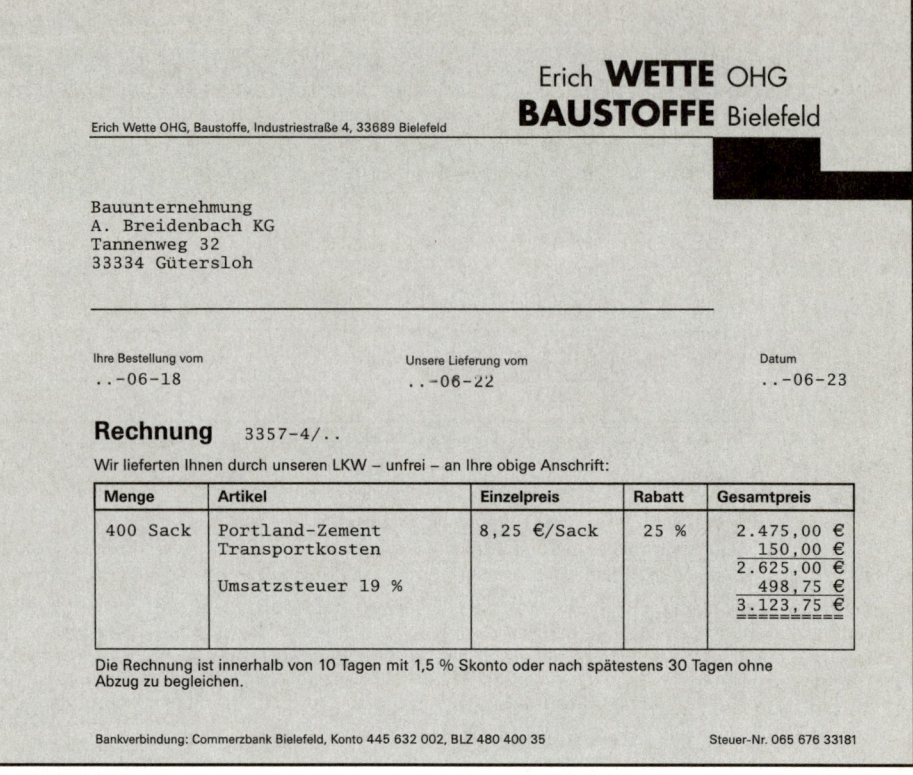

Erich **WETTE** OHG
BAUSTOFFE Bielefeld

Erich Wette OHG, Baustoffe, Industriestraße 4, 33689 Bielefeld

Bauunternehmung
A. Breidenbach KG
Tannenweg 32
33334 Gütersloh

Ihre Bestellung vom	Unsere Lieferung vom	Datum
. . –06–18	. . –06–22	. . –06–23

Rechnung 3357-4/. .

Wir lieferten Ihnen durch unseren LKW – unfrei – an Ihre obige Anschrift:

Menge	Artikel	Einzelpreis	Rabatt	Gesamtpreis
400 Sack	Portland-Zement	8,25 €/Sack	25 %	2.475,00 €
	Transportkosten			150,00 €
				2.625,00 €
	Umsatzsteuer 19 %			498,75 €
				3.123,75 €

Die Rechnung ist innerhalb von 10 Tagen mit 1,5 % Skonto oder nach spätestens 30 Tagen ohne Abzug zu begleichen.

Bankverbindung: Commerzbank Bielefeld, Konto 445 632 002, BLZ 480 400 35   Steuer-Nr. 065 676 33181

1. Nennen Sie den Buchungssatz für den oben stehenden Beleg.
2. Berechnen Sie den Bezugs- bzw. Einstandspreis für einen Sack Zement.

176 Untersuchen Sie die folgenden Aussagen auf ihre Richtigkeit:

1. Nach dem HGB ist jeder Unternehmer zur Buchführung verpflichtet.
2. Buchführungsvorschriften enthält lediglich das Handelsgesetzbuch.
3. Die handelsrechtlichen Vorschriften zur Buchführung sind im dritten Buch des Handelsgesetzbuches „Handelsbücher" enthalten.
4. Das HGB verpflichtet nur den im Handelsregister eingetragenen Kaufmann zur Führung von Büchern.
5. Das Grundgesetz enthält die Grundsätze ordnungsmäßiger Buchführung.
6. Kasseneinnahmen und Kassenausgaben sind wöchentlich zu erfassen.
7. Vermögenswerte und Schulden sowie Aufwendungen und Erträge dürfen verrechnet werden.
8. Alle Bilanzen und alle Buchungsunterlagen dürfen auf Bild- oder Datenträgern aufbewahrt werden.
9. Verstöße gegen die Grundsätze ordnungsmäßiger Buchführung führen beim Finanzamt zu einer Schätzung der Besteuerungsgrundlagen, wie z. B. Umsatzerlöse, Gewinn u. a.
10. Bei einer EDV-Buchführung müssen die gespeicherten Daten jederzeit durch Bildschirm oder Ausdruck lesbar gemacht werden können.
11. Konten können nach sechs Jahren vernichtet werden.
12. Der Jahresabschluss, also Bilanz und Gewinn- und Verlustrechnung, dürfen von Prokuristen unterschrieben werden.
13. Inventare sind vom Geschäftsinhaber zu unterschreiben und acht Jahre lang aufzubewahren.
14. Buchungsbelege sind zehn Jahre aufzubewahren.
15. Die sachliche Ordnung der Buchungen erfolgt im Grundbuch.

16 Wichtige Rechnungslegungsvorschriften (HGB)[1]

Das Handelsgesetzbuch enthält in seinem 3. Buch „Handelsbücher" eine geschlossene Darstellung der handelsrechtlichen Rechnungslegungsvorschriften. Sie gliedern sich:

- 1. Abschnitt: **Vorschriften für alle Kaufleute:** §§ 238–263 HGB
- 2. Abschnitt: **Vorschriften für Kapitalgesellschaften:** §§ 264–335 HGB
- 3. Abschnitt: **Vorschriften für eingetragene Genossenschaften:** §§ 336–339 HGB

Wesentliche Vorschriften des ersten und zweiten Abschnitts, die im Lehrbuch in den entsprechenden Kapiteln zugrunde gelegt und auf den folgenden Seiten **zusammengestellt** werden, sollen den Lernerfolg mit dem Lehrbuch rechtlich noch vertiefen.

Erster Abschnitt: Vorschriften für alle Kaufleute

§ 240 Inventar

(1) Jeder Kaufmann hat zu Beginn seines Handelsgewerbes seine Grundstücke, seine Forderungen und Schulden, den Betrag seines baren Geldes sowie seine sonstigen Vermögensgegenstände genau zu verzeichnen und dabei den Wert der einzelnen Vermögensgegenstände und Schulden anzugeben.

(2) Er hat demnächst für den Schluss eines jeden Geschäftsjahrs ein solches Inventar aufzustellen. Die Dauer des Geschäftsjahrs darf zwölf Monate nicht überschreiten.

(3) Vermögensgegenstände des Sachanlagevermögens sowie Roh-, Hilfs- und Betriebsstoffe können, wenn sie regelmäßig ersetzt werden und ihr Gesamtwert für das Unternehmen von nachrangiger Bedeutung ist, mit einer gleich bleibenden Menge und einem gleich bleibenden Wert angesetzt werden, sofern ihr Bestand in seiner Größe, seinem Wert und seiner Zusammensetzung nur geringen Veränderungen unterliegt. Jedoch ist in der Regel alle drei Jahre eine körperliche Bestandsaufnahme durchzuführen.

(4) Gleichartige Vermögensgegenstände des Vorratsvermögens sowie andere gleichartige oder annähernd gleichwertige bewegliche Vermögensgegenstände können jeweils zu einer Gruppe zusammengefasst und mit dem gewogenen Durchschnittswert angesetzt werden.

§ 241 Inventurvereinfachungsverfahren

(1) Bei der Aufstellung des Inventars darf der Bestand der Vermögensgegenstände nach Art, Menge und Wert auch mithilfe anerkannter mathematisch-statistischer Methoden aufgrund von Stichproben ermittelt werden.

(2) Bei der Aufstellung des Inventars für den Schluss eines Geschäftsjahrs bedarf es einer körperlichen Bestandsaufnahme der Vermögensgegenstände für diesen Zeitpunkt nicht, soweit durch Anwendung eines entsprechenden anderen Verfahrens gesichert ist, dass der Bestand der Vermögensgegenstände nach Art, Menge und Wert auch ohne die körperliche Bestandsaufnahme für diesen Zeitpunkt festgestellt werden kann.

(3) In dem Inventar für den Schluss eines Geschäftsjahrs brauchen Vermögensgegenstände nicht verzeichnet zu werden, wenn

1. der Kaufmann ihren Bestand aufgrund einer körperlichen Bestandsaufnahme oder aufgrund eines nach Absatz 2 zulässigen anderen Verfahrens nach Art, Menge und Wert in einem besonderen Inventar verzeichnet hat, das für einen Tag innerhalb der letzten drei Monate vor oder der beiden ersten Monate nach dem Schluss des Geschäftsjahrs aufgestellt ist, und

2. aufgrund des besonderen Inventars durch Anwendung eines den Grundsätzen ordnungsmäßiger Buchführung entsprechenden Fortschreibungs- oder Rückrechnungsverfahrens gesichert ist, dass der am Schluss des Geschäftsjahrs vorhandene Bestand der Vermögensgegenstände für diesen Zeitpunkt ordnungsgemäß bewertet werden kann.

---

1 Einige Vorschriften können aus Platzgründen nur gekürzt wiedergegeben werden.

§ 242 Pflicht zur Aufstellung der Eröffnungsbilanz und des Jahresabschlusses

(1) Der Kaufmann hat zu Beginn seines Handelsgewerbes und für den Schluss eines jeden Geschäftsjahrs einen das Verhältnis seines Vermögens und seiner Schulden darstellenden Abschluss (Eröffnungsbilanz, Bilanz) aufzustellen.

(2) Er hat für den Schluss eines jeden Geschäftsjahrs eine Gegenüberstellung der Aufwendungen und Erträge des Geschäftsjahrs (Gewinn- und Verlustrechnung) aufzustellen.

(3) Die Bilanz und die Gewinn- und Verlustrechnung bilden den Jahresabschluss.

§ 249 Rückstellungen

(1) Rückstellungen sind für ungewisse Verbindlichkeiten und für drohende Verluste aus schwebenden Geschäften zu bilden. Ferner sind Rückstellungen zu bilden für

1. im Geschäftsjahr unterlassene Aufwendungen für Instandhaltung, die im folgenden Geschäftsjahr innerhalb von drei Monaten nachgeholt werden,

2. Gewährleistungen, die ohne rechtliche Verpflichtung erbracht werden.

Im Falle des Satzes 2 Nr. 1 dürfen Rückstellungen auch gebildet werden, wenn die Instandhaltung nach Ablauf der Frist innerhalb des Geschäftsjahrs nachgeholt wird.

(2) Rückstellungen dürfen außerdem für ihrer Eigenart nach genau umschriebene, dem Geschäftsjahr oder einem früheren Geschäftsjahr zuzuordnende Aufwendungen gebildet werden, die am Abschluss-Stichtag wahrscheinlich oder sicher, aber hinsichtlich ihrer Höhe oder des Zeitpunkts ihres Eintritts unbestimmt sind.

§ 250 Rechnungsabgrenzungsposten

(1) Als Rechnungsabgrenzungsposten sind auf der Aktivseite Ausgaben vor dem Abschluss-Stichtag auszuweisen, soweit sie Aufwand für eine bestimmte Zeit nach diesem Tag darstellen.

(2) Auf der Passivseite sind als Rechnungsabgrenzungsposten Einnahmen vor dem Abschluss-Stichtag auszuweisen, soweit sie Ertrag für eine bestimmte Zeit nach diesem Tag darstellen.

§ 251 Haftungsverhältnisse

Unter der Bilanz sind, sofern sie nicht auf der Passivseite auszuweisen sind, Verbindlichkeiten aus der Begebung und Übertragung von Wechseln, aus Bürgschaften, Wechsel- und Scheckbürgschaften und aus Gewährleistungsverträgen sowie Haftungsverhältnisse aus der Bestellung von Sicherheiten für fremde Verbindlichkeiten zu vermerken; sie dürfen in einem Betrag angegeben werden.

§ 252 Allgemeine Bewertungsgrundsätze

(1) Bei der Bewertung der im Jahresabschluss ausgewiesenen Vermögensgegenstände und Schulden gilt insbesondere Folgendes:

1. Die Wertansätze in der Eröffnungsbilanz des Geschäftsjahrs müssen mit denen der Schlussbilanz des vorhergehenden Geschäftsjahrs übereinstimmen.

2. Bei der Bewertung ist von der Fortführung der Unternehmenstätigkeit auszugehen, sofern dem nicht tatsächliche oder rechtliche Gegebenheiten entgegenstehen.

3. Die Vermögensgegenstände und Schulden sind zum Abschluss-Stichtag einzeln zu bewerten.

4. Es ist vorsichtig zu bewerten, namentlich sind alle vorhersehbaren Risiken und Verluste, die bis zum Abschluss-Stichtag entstanden sind, zu berücksichtigen, selbst wenn diese erst zwischen dem Abschluss-Stichtag und dem Tag der Aufstellung des Jahresabschlusses bekannt geworden sind; Gewinne sind nur zu berücksichtigen, wenn sie am Abschluss-Stichtag realisiert sind.

5. Aufwendungen und Erträge des Geschäftsjahrs sind unabhängig von den Zeitpunkten der entsprechenden Zahlungen im Jahresabschluss zu berücksichtigen.

6. Die auf den vorhergehenden Jahresabschluss angewandten Bewertungsmethoden sollen beibehalten werden.

(2) Von den Grundsätzen des Absatzes 1 darf nur in begründeten Ausnahmefällen abgewichen werden.

§ 253 Wertansätze der Vermögensgegenstände und Schulden

(1) Vermögensgegenstände sind höchstens mit den Anschaffungs- oder Herstellungskosten, vermindert um Abschreibungen nach den Absätzen 2 und 3, anzusetzen. Verbindlichkeiten sind zu ihrem Rückzahlungsbetrag, Rentenverpflichtungen, für die eine Gegenleistung nicht mehr zu erwarten ist, zu ihrem Barwert und Rückstellungen nur in Höhe des Betrages anzusetzen, der nach vernünftiger kaufmännischer Beurteilung notwendig ist.

(2) Bei Vermögensgegenständen des Anlagevermögens, deren Nutzung zeitlich begrenzt ist, sind die Anschaffungs- oder Herstellungskosten um planmäßige Abschreibungen zu vermindern. Der Plan muss die Anschaffungs- oder Herstellungskosten auf die Geschäftsjahre verteilen, in denen der Vermögensgegenstand voraussichtlich genutzt werden kann. Ohne Rücksicht darauf, ob ihre Nutzung zeitlich begrenzt ist, können bei Vermögensgegenständen des Anlagevermögens außerplanmäßige Abschreibungen vorgenommen werden, um die Vermögensgegenstände mit dem niedrigeren Wert anzusetzen, der ihnen am Abschluss-Stichtag beizulegen ist; sie sind vorzunehmen bei einer voraussichtlich dauernden Wertminderung.

(3) Bei Vermögensgegenständen des Umlaufvermögens sind Abschreibungen vorzunehmen, um diese mit dem niedrigeren Wert anzusetzen, der sich aus einem Börsen- oder Marktpreis am Abschluss-Stichtag ergibt. Ist ein Börsen- oder Marktpreis nicht festzustellen und übersteigen die Anschaffungs- oder Herstellungskosten den Wert, der den Vermögensgegenständen am Abschluss-Stichtag beizulegen ist, so ist auf diesen Wert abzuschreiben. Außerdem dürfen Abschreibungen vorgenommen werden, soweit diese nach vernünftiger kaufmännischer Beurteilung notwendig sind, um zu verhindern, dass in der nächsten Zukunft der Wertansatz dieser Vermögensgegenstände aufgrund von Wertschwankungen geändert werden muss.

(4) Abschreibungen sind außerdem bei vernünftiger kaufmännischer Beurteilung zulässig.

(5) Ein niedrigerer Wertansatz nach Absatz 2 Satz 3, Absatz 3 oder 4 darf (in Einzelunternehmen und Personengesellschaften) beibehalten werden, auch wenn die Gründe dafür nicht mehr bestehen (siehe § 280 HGB).

§ 255 Anschaffungs- und Herstellungskosten

(1) Anschaffungskosten sind die Aufwendungen, die geleistet werden, um einen Vermögensgegenstand zu erwerben und ihn in einen betriebsbereiten Zustand zu versetzen, soweit sie dem Vermögensgegenstand einzeln zugeordnet werden können. Zu den Anschaffungskosten gehören auch die Nebenkosten sowie die nachträglichen Anschaffungskosten. Anschaffungspreisminderungen sind abzusetzen.

(2) Herstellungskosten sind die Aufwendungen, die durch den Verbrauch von Gütern und die Inanspruchnahme von Diensten für die Herstellung eines Vermögensgegenstandes, seine Erweiterung oder für eine über seinen ursprünglichen Zustand hinausgehende wesentliche Verbesserung entstehen. Dazu gehören die Materialkosten, die Fertigungskosten und die Sonderkosten der Fertigung. Bei der Berechnung der Herstellungskosten dürfen auch angemessene Teile der notwendigen Materialgemeinkosten, der notwendigen Fertigungsgemeinkosten und des Wertverzehrs des Anlagevermögens, soweit er durch die Fertigung veranlasst ist, eingerechnet werden. Kosten der allgemeinen Verwaltung sowie Aufwendungen für soziale Einrichtungen des Betriebs, für freiwillige soziale Leistungen und für betriebliche Altersversorgung brauchen nicht eingerechnet zu werden. Aufwendungen im Sinne der Sätze 3 und 4 dürfen nur insoweit berücksichtigt werden, als sie auf den Zeitraum der Herstellung entfallen. Vertriebskosten dürfen nicht in die Herstellungskosten einbezogen werden.

(3) Zinsen für Fremdkapital gehören nicht zu den Herstellungskosten. Zinsen für Fremdkapital, das zur Finanzierung der Herstellung eines Vermögensgegenstands verwendet wird, dürfen angesetzt werden, soweit sie auf den Zeitraum der Herstellung entfallen; in diesem Falle gelten sie als Herstellungskosten des Vermögensgegenstands.

(4) Als Geschäfts- oder Firmenwert darf der Unterschiedsbetrag angesetzt werden, um den die für die Übernahme eines Unternehmens bewirkte Gegenleistung den Wert der einzelnen Vermögensgegenstände des Unternehmens abzüglich der Schulden zum Zeitpunkt der Übernahme übersteigt. Der Betrag ist in jedem folgenden Geschäftsjahr zu mindestens einem Viertel durch Abschreibungen zu tilgen. Die Abschreibung des Firmenwerts kann aber auch planmäßig auf die Geschäftsjahre verteilt werden, in denen er voraussichtlich genutzt wird.[1]

---

1 Für die Steuerbilanz beträgt die Nutzungsdauer 15 Jahre.

> ## Zweiter Abschnitt: Ergänzende Vorschriften für Kapitalgesellschaften

§ 264 Pflicht zur Aufstellung des Jahresabschlusses und des Lageberichtes

(1) Die gesetzlichen Vertreter einer Kapitalgesellschaft haben den Jahresabschluss (§ 242) um einen Anhang zu erweitern, der mit der Bilanz und der Gewinn- und Verlustrechnung eine Einheit bildet, sowie einen Lagebericht aufzustellen. Der Jahresabschluss und der Lagebericht sind von den gesetzlichen Vertretern in den ersten drei Monaten des Geschäftsjahrs für das vergangene Geschäftsjahr aufzustellen. Kleine Kapitalgesellschaften (§ 267 Abs. 1) dürfen den Jahresabschluss und den Lagebericht auch später aufstellen, wenn dies einem ordnungs- gemäßen Geschäftsgang entspricht; diese Unterlagen sind jedoch innerhalb der ersten sechs Monate des Geschäftsjahrs aufzustellen.

(2) Der Jahresabschluss der Kapitalgesellschaft hat unter Beachtung der Grundsätze ord- nungsmäßiger Buchführung ein den tatsächlichen Verhältnissen entsprechendes Bild der Vermögens-, Finanz- und Ertragslage der Kapitalgesellschaft zu vermitteln.

§ 266 Gliederung der Bilanz

(1) Die Bilanz ist in Kontoform aufzustellen. Dabei haben große und mittelgroße Kapitalgesell- schaften (§ 267 Abs. 3, 2) auf der Aktivseite die in Absatz 2 und auf der Passivseite die in Absatz 3 bezeichneten Posten gesondert und in der vorgeschriebenen Reihenfolge auszu- weisen. Kleine Kapitalgesellschaften (§ 267 Abs. 1) brauchen nur eine verkürzte Bilanz auf- zustellen, in die nur die in den Absätzen 2 und 3 mit Buchstaben und römischen Zahlen bezeichneten Posten in der vorgeschriebenen Reihenfolge aufgenommen werden.

(2) Gliederung der **Aktivseite** ⎫
(3) Gliederung der **Passivseite** ⎬ **siehe Rückseite des Kontenrahmens (Faltblatt).**

§ 268 Vorschriften zu einzelnen Posten der Bilanz. Bilanzvermerke

(1) Die Bilanz darf auch unter Berücksichtigung der vollständigen oder teilweisen Verwen- dung des Jahresergebnisses aufgestellt werden. Wird die Bilanz nach teilweiser Verwendung des Jahresergebnisses aufgestellt, so tritt an die Stelle des Postens „Jahresüberschuss/Jahres- fehlbetrag" und „Gewinnvortrag/Verlustvortrag" der Posten „Bilanzgewinn/Bilanzverlust"; ein vorhandener Gewinn- oder Verlustvortrag ist in den Posten „Bilanzgewinn/ Bilanzverlust" ein- zubeziehen und in der Bilanz oder im Anhang gesondert anzugeben.

(2) In der Bilanz oder im Anhang ist die Entwicklung der einzelnen Posten des Anlagevermö- gens und des Postens „Aufwendungen für die Ingangsetzung und Erweiterung des Geschäfts- betriebs" darzustellen. Dabei sind, ausgehend von den gesamten Anschaffungs- und Herstel- lungskosten, die Zugänge, Abgänge, Umbuchungen und Zuschreibungen des Geschäftsjahrs sowie die Abschreibungen in ihrer gesamten Höhe gesondert aufzuführen. Die Abschreibun- gen des Geschäftsjahrs sind entweder in der Bilanz bei dem betreffenden Posten zu vermer- ken oder im Anhang der Gliederung des Anlagevermögens entsprechend anzugeben.

(3) Ist das Eigenkapital durch Verluste aufgebraucht und ergibt sich ein Überschuss der Pas- sivposten über die Aktivposten, so ist dieser Betrag am Schluss der Bilanz auf der Aktivseite gesondert unter „Nicht durch Eigenkapital gedeckter Fehlbetrag" auszuweisen.

(4) Der Betrag der Forderungen mit einer Restlaufzeit von mehr als einem Jahr ist bei jedem gesondert ausgewiesenen Posten zu vermerken.

(5) Der Betrag der Verbindlichkeiten mit einer Restlaufzeit bis zu einem Jahr ist bei jedem gesondert ausgewiesenen Posten zu vermerken. Erhaltene Anzahlungen auf Bestellungen sind, soweit Anzahlungen auf Vorräte nicht von dem Posten „Vorräte" offen abgesetzt werden, unter den Verbindlichkeiten gesondert auszuweisen. Sind unter dem Posten „Verbindlichkei- ten" Beträge für Verbindlichkeiten ausgewiesen, die erst nach dem Abschluss-Stichtag recht- lich entstehen, so müssen Beträge, die einen größeren Umfang haben, im Anhang erläutert werden.

(7) Die in § 251 bezeichneten Haftungsverhältnisse sind gesondert unter der Bilanz oder im Anhang unter Angabe der gewährten Pfandrechte und sonstigen Sicherheiten anzugeben.

§ 272 Eigenkapital

(1) Gezeichnetes Kapital ist das Kapital, auf das die Haftung der Gesellschafter für die Verbindlichkeiten der Kapitalgesellschaft gegenüber den Gläubigern beschränkt ist. Die ausstehenden Einlagen auf das gezeichnete Kapital sind auf der Aktivseite vor dem Anlagevermögen gesondert auszuweisen und entsprechend zu bezeichnen; die davon eingeforderten Einlagen sind zu vermerken. Die nicht eingeforderten ausstehenden Einlagen dürfen aber auch von dem Posten „Gezeichnetes Kapital" offen abgesetzt werden; in diesem Falle ist der verbleibende Betrag als Posten „Eingefordertes Kapital" in der Hauptspalte der Passivseite auszuweisen und ist außerdem der eingeforderte, aber noch nicht eingezahlte Betrag unter den Forderungen gesondert auszuweisen und entsprechend zu bezeichnen.

(2) Als Kapitalrücklage sind auszuweisen

1. der Betrag, der bei der Ausgabe von Anteilen einschließlich von Bezugsanteilen über den Nennbetrag hinaus erzielt wird;

3. der Betrag von Zuzahlungen, die Gesellschafter gegen Gewährung eines Vorzugs für ihre Anteile leisten;

4. der Betrag von anderen Zuzahlungen, die Gesellschafter in das Eigenkapital leisten.

(3) Als Gewinnrücklagen dürfen nur Beträge ausgewiesen werden, die im Geschäftsjahr oder in einem früheren Geschäftsjahr aus dem Ergebnis gebildet worden sind. Dazu gehören aus dem Ergebnis zu bildende gesetzliche oder auf Gesellschaftsvertrag oder Satzung beruhende Rücklagen und andere Gewinnrücklagen.

§ 275 Gliederung der Gewinn- und Verlustrechnung

(1) Die Gewinn- und Verlustrechnung ist in Staffelform nach dem Gesamtkostenverfahren oder dem Umsatzkostenverfahren aufzustellen. Dabei sind die in Absatz 2 oder 3 bezeichneten Posten in der angegebenen Reihenfolge gesondert auszuweisen.

(2) Gliederung nach dem **Gesamtkostenverfahren** ⎫ **siehe Rückseite des Kontenrahmens**
(3) Gliederung nach dem **Umsatzkostenverfahren** ⎭ **(Faltblatt).**

(4) Veränderungen der Kapital- und Gewinnrücklagen dürfen in der Gewinn- und Verlustrechnung erst nach dem Posten „Jahresüberschuss/Jahresfehlbetrag" ausgewiesen werden.

§ 279 Nichtanwendung von Vorschriften. Abschreibungen

(1) § 253 Abs. 4 ist nicht anzuwenden. § 253 Abs. 2 Satz 3 darf, wenn es sich nicht um eine voraussichtlich dauernde Wertminderung handelt, nur auf Vermögensgegenstände, die Finanzanlagen sind, angewendet werden.

§ 280 Wertaufholungsgebot

(1) Wird bei einem Vermögensgegenstand eine Abschreibung nach § 253 Abs. 2 Satz 3, Abs. 3 oder § 254 Satz 1 vorgenommen und stellt sich in einem späteren Geschäftsjahr heraus, dass die Gründe dafür nicht mehr bestehen, so ist der Betrag dieser Abschreibung im Umfang der Werterhöhung unter Berücksichtigung der Abschreibungen, die inzwischen vorzunehmen gewesen wären, zuzuschreiben. § 253 Abs. 5, § 254 Satz 2 sind insoweit nicht anzuwenden.

(2) Von der Zuschreibung nach Absatz 1 kann abgesehen werden, wenn der niedrigere Wertansatz bei der steuerrechtlichen Gewinnermittlung beibehalten werden kann und Voraussetzung für die Beibehaltung ist, dass der niedrigere Wertansatz auch in der Bilanz (Handelsbilanz) beibehalten wird.

(3) Im Anhang ist der Betrag der im Geschäftsjahr aus steuerrechtlichen Gründen unterlassenen Zuschreibungen anzugeben und hinreichend zu begründen.

§ 284 Anhang: Erläuterung der Bilanz und der Gewinn- und Verlustrechnung

(1) In den Anhang sind diejenigen Angaben aufzunehmen, die zu den einzelnen Posten der Bilanz oder der Gewinn- und Verlustrechnung vorgeschrieben oder die im Anhang zu machen sind, weil sie in Ausübung eines Wahlrechts nicht in die Bilanz oder in die Gewinn- und Verlustrechnung aufgenommen wurden. Im Anhang müssen

1. die auf die Posten der Bilanz und der Gewinn- und Verlustrechnung angewandten Bilanzierungs- und Bewertungsmethoden angegeben werden;

2. Abweichungen von Bilanzierungs- und Bewertungsmethoden angegeben und begründet werden; deren Einfluss auf die Vermögens- und Ertragslage ist gesondert darzustellen.

§ 285 Sonstige Pflichtangaben im Anhang

1. zu den in der Bilanz ausgewiesenen Verbindlichkeiten

    a) der Gesamtbetrag der Verbindlichkeiten mit einer Restlaufzeit von mehr als fünf Jahren,

    b) der Gesamtbetrag der Verbindlichkeiten, die durch Pfandrechte gesichert sind;

9. für die Mitglieder des Geschäftsführungsorgans, eines Aufsichtsrats oder einer ähnlichen Einrichtung jeweils die für jede Personengruppe gewährten Gesamtbezüge ...

§ 289 Lagebericht

(1) Im Lagebericht sind zumindest der Geschäftsverlauf und die Lage der Kapitalgesellschaft so darzustellen, dass ein den tatsächlichen Verhältnissen entsprechendes Bild vermittelt wird.

(2) Der Lagebericht soll auch eingehen auf:

1. Vorgänge von besonderer Bedeutung nach dem Schluss des Geschäftsjahrs;

2. die voraussichtliche Entwicklung der Kapitalgesellschaft;

3. den Bereich Forschung und Entwicklung.

§ 316 Pflicht zur Prüfung

(1) Der Jahresabschluss und der Lagebericht von Kapitalgesellschaften, die nicht kleine im Sinne des § 267 Abs. 1 sind, sind durch einen Abschlussprüfer zu prüfen.

§ 322 Bestätigungsvermerk

(1) Der Abschlussprüfer hat das Ergebnis der Prüfung in einem Bestätigungsvermerk zum Jahresabschluss und Konzernabschluss zusammenzufassen. Der Bestätigungsvermerk hat neben einer Beschreibung der Prüfung auch eine Beurteilung ihres Ergebnisses zu enthalten. Sind vom Abschlussprüfer keine Einwendungen zu erheben, so hat er das in seinem Bestätigungsvermerk zu erklären und festzuhalten, dass der von den gesetzlichen Vertretern der Gesellschaft aufgestellte Jahres- oder Konzernabschluss ein den tatsächlichen Verhältnissen entsprechendes Bild der Vermögens-, Finanz- und Ertragslage des Unternehmens oder Konzerns vermittelt.

(4) Sind Einwendungen zu erheben, so hat der Abschlussprüfer seine Erklärung nach Absatz 1 einzuschränken oder zu versagen.

§ 325 Offenlegung

(1) Die gesetzlichen Vertreter von Kapitalgesellschaften haben den Jahresabschluss unverzüglich nach seiner Vorlage an die Gesellschafter, jedoch spätestens vor Ablauf des neunten Monats des dem Abschluss-Stichtag nachfolgenden Geschäftsjahrs, mit dem Bestätigungsvermerk oder dem Vermerk über dessen Versagung zum Handelsregister des Sitzes der Kapitalgesellschaft einzureichen; gleichzeitig sind der Lagebericht, der Vorschlag für die Verwendung des Ergebnisses und der Beschluss über seine Verwendung unter Angabe des Jahresüberschusses oder Jahresfehlbetrags einzureichen. Die gesetzlichen Vertreter haben im Bundesanzeiger bekannt zu machen, bei welchem Handelsregister diese Unterlagen eingereicht worden sind.

(2) Absatz 1 ist auf große Kapitalgesellschaften (§ 267 Abs. 3) mit der Maßgabe anzuwenden, dass die in Absatz 1 bezeichneten Unterlagen zunächst im Bundesanzeiger bekannt zu machen sind und die Bekanntmachung unter Beifügung der bezeichneten Unterlagen zum Handelsregister des Sitzes der Kapitalgesellschaft einzureichen ist.

§ 329 Prüfungspflicht des Registergerichts

(1) Das Gericht prüft, ob die vollständig oder teilweise zum Handelsregister einzureichenden Unterlagen vollzählig sind und, sofern vorgeschrieben, bekannt gemacht worden sind.